人工智能通识

孙福权　唐四元　主编

清华大学出版社

北　京

内 容 简 介

本书是面向大学本科一年级学生的人工智能入门教材，系统介绍人工智能的基础知识、核心技术及其社会影响，主要内容如下：

- 计算机科学基础——涵盖编程、数据结构等必备知识，为学生打下扎实的理论基础。
- 人工智能核心技术——详细讲解机器学习、深度学习、人工神经网络、自然语言处理等关键技术，注重原理阐述与实践结合。
- 人工智能应用与前沿探索——通过智能医疗、金融科技等本土案例，展示技术在实际场景中的创新应用。
- 人工智能伦理与社会影响——探讨数据隐私、算法偏见等伦理问题，引导学生思考技术发展的社会责任。

本书通俗易懂，图表丰富，知识模块呈阶梯式递进，注重直观理解而非复杂推导，兼顾理工科与文科学生的需求，旨在帮助学生掌握人工智能基础知识，培养学生的跨学科思维，提高学生解决实际问题的能力。本书适合作为通识课程教材或自学参考书。

图书在版编目(CIP)数据

人工智能通识 / 孙福权, 唐四元主编. -- 北京：
清华大学出版社, 2025. 8. -- ISBN 978-7-302-70082-1

Ⅰ. TP18

中国国家版本馆 CIP 数据核字第 20254V81C2 号

责任编辑：高　岫
封面设计：周晓亮
版式设计：思创景点
责任校对：成凤进
责任印制：曹婉颖

出版发行：清华大学出版社
　　　　　网　　　址：https://www.tup.com.cn，https://www.wqxuetang.com
　　　　　地　　　址：北京清华大学学研大厦 A 座　　　　邮　　编：100084
　　　　　社 总 机：010-83470000　　　　　　　　　　邮　　购：010-62786544
　　　　　投稿与读者服务：010-62776969, c-service@tup.tsinghua.edu.cn
　　　　　质 量 反 馈：010-62772015, zhiliang@tup.tsinghua.edu.cn
印 装 者：三河市君旺印务有限公司
经　　销：全国新华书店
开　　本：185mm×260mm　　　印　　张：13.75　　　字　　数：361 千字
版　　次：2025 年 8 月第 1 版　　　印　　次：2025 年 8 月第 1 次印刷
定　　价：58.00 元

产品编号：112751-01

本书编委会

主　　编：孙福权　　唐四元

副 主 编：孙梦迪　　张　磊　　崔建江

　　　　　尚巧玲　　王殿洋

在当今世界，科技正以前所未有的速度蓬勃发展，人工智能(AI)作为新一轮科技革命和产业变革的核心驱动力，已成为推动社会进步和经济转型的重要引擎。党的二十大报告明确提出，要加快实施创新驱动发展战略，加强基础研究，突出原创，鼓励自由探索，提升科技投入效能，深化科技体制改革。在此背景下，我们编写了这本《人工智能通识》教材，旨在全面、系统地向大学本科一年级学生介绍人工智能基础知识，同时培养学生的科学素养、创新精神和社会责任感。

国家出台了一系列政策，如《新一代人工智能发展规划》《促进新一代人工智能产业发展三年行动计划(2018—2020年)》等，为人工智能的教育与研究提供了强有力的政策保障。本教材紧跟国家战略需求，内容涵盖 AI 基础理论和前沿技术，并融入大量中国本土案例，如智能医疗中的影像诊断技术、金融科技中的风控模型等，帮助学生了解我国在人工智能领域的创新与实践。同时，教材特别强调了自主创新能力的重要性，鼓励学生立足国情，探索具有中国特色的技术解决方案。

人工智能不仅是技术的革新，更是人类智慧的延伸。从计算机科学的基石到深度学习的尖端技术，从自然语言处理的突破到计算机视觉的广泛应用，人工智能正在深刻改变着人们的生活和工作方式。然而，技术的快速发展也带来诸多挑战，如数据隐私、算法偏见、伦理争议等。因此，在学习人工智能技术的同时，我们更需要关注其背后的社会影响和伦理责任。本教材不仅涵盖技术原理与实践，还特别设置了"伦理与责任"一章，引导学生思考技术发展的边界与责任，培养其成为兼具技术能力与人文关怀素养的新时代人才。

本教材在编写过程中，始终贯彻立德树人，培养德智体美劳全面发展的社会主义建设者和接班人这一精神，注重知识传授与价值引领的结合。例如，不仅分析算法的技术原理，还通过案例探讨算法公平性；在介绍行业应用时，结合医疗、金融、制造等领域的实际场景，展现人工智能如何服务社会、造福人类。我们希望学生通过学习，不仅能掌握技术，更能理解技术背后的使命与担当。

本教材采用模块化设计。第1~2章介绍计算机科学基础知识；重点讲解算法基础、数据结构、计算理论等核心内容，为后续学习奠定坚实基础。第3~7章讲述人工智能核心技术，系统阐述机器学习、深度学习、自然语言处理、计算机视觉等关键技术的原理。第8~10章探索人工智能应用与前沿态势，呈现智慧医疗、智能金融、智能制造等典型应用场景，分析大模型、生成式 AI 等前沿技术发展趋势，专门设计了人工智能实践项目，通过行业案例和前沿技术拓宽学生视野、展现技术创新价值。第11~12章讲述人工智能伦理与社会影响，创新性地设置技术伦理专题；通过研讨算法偏见、数据隐私等热点议题的案例，培养学生的社会责任感和科技伦理意识。

本书的编写工作凝聚了多位专家学者的智慧与心血，具体分工如下：第1章(计算机系统与数据基础)、第 2 章(算法、编程与软件工程)由张磊执笔撰写,第 11 章(伦理与责任)、第 12 章(社会影响与职业发展)由东北大学孙梦迪博士与张磊合作撰写,第 4 章(机器学习基础)、第 5 章(深度学习与神经网络)由孙梦迪博士与唐四元合作撰写,第 6 章(自然语言处理)由孙梦迪博士与崔建江合作撰写,第 3 章(人工智能概述与技术演进)、第 7 章(计算机视觉)、第 9 章(前沿技术探索)由尚巧玲撰写,第 8 章(人工智能行业应用案例)、第 10 章(人工智能项目实践)由王殿洋撰写。全书由孙福权和唐四元担任主编,负责整体框架设计、内容统稿和质量把控工作。在编写过程中,编写团队多次召开研讨会,就知识体系构建、案例选取、表述方式等进行了深入讨论,确保教材内容的科学性、系统性和适用性。

在编写过程中,我们特别注重教材的易读性和实用性;对复杂的数学公式和冗长的理论推导进行了精简处理,转而采用直观的示意图、生活化的类比和丰富的应用案例来阐释人工智能的核心原理。这种"重理解,轻推导"的写作风格,使本书具有以下特色:①语言表述通俗化——用平实的语言解释专业概念;②知识呈现可视化——通过精心设计的图表展示技术原理;③学习路径阶梯化——设置循序渐进的知识模块。这种编写方式使本书具有广泛的适用性:可作为本科一年级通识课程的理想教材,可作为理工科学生的人工智能启蒙读物,可帮助文科生快速了解 AI 基础知识,也可为社会人士自学提供参考。

期待读者通过学习,不仅能掌握人工智能的基本概念,更能在学习过程中逐步培养对技术本质的洞察力、跨学科思考的创新能力及解决实际问题的应用能力。这些素养将成为读者在未来智能时代发展的重要基石。

在教材编写过程中,我们广泛参考了国内外权威教材、经典专著和最新研究论文,力求跟踪人工智能领域最新发展与前沿技术。鉴于人工智能领域发展迅速,术语体系尚未完全统一,我们在概念表述上遵循以下原则:① 优先采用外语中文译写规范部际联席会议专家委员会发布的推荐使用外语词规范中文译名;② 对存在多种表述的专业术语,选择学术文献中使用频率最高的版本;③ 在首次出现时标注英文原名及常见变体。

本书配有丰富的教学资源,包括教学课件、案例分析视频、教学大纲、教案、教学计划、学时分配表、习题答案等,以方便教师教学和学生自学,可扫描右侧二维码获取。

教学资源

由于人工智能领域发展迅速且涉及的学科广泛,加之编者学识有限,本书难免存在疏漏与不足之处。我们诚挚欢迎各位读者朋友和学界同仁提出宝贵意见。

衷心感谢清华大学出版社各位领导、编辑和发行同仁为本书出版倾注的心血和付出的不懈努力。

孙福权

2025 年 7 月

目 录

第1章 计算机系统与数据基础 …………1

1.1 计算机系统架构：硬件组成与
操作系统核心功能…………………1
 1.1.1 计算机硬件组成………………1
 1.1.2 操作系统核心功能……………3

1.2 数据表示与存储：二进制、
数据类型与数据库系统简介……4
 1.2.1 二进制：计算机的底层语言……4
 1.2.2 数据类型：程序设计的基石……5
 1.2.3 数据库系统：数据管理的核心……6

1.3 计算机网络与分布式系统：从
局域网到云计算架构……………7
 1.3.1 计算机网络基础概念与分层
体系 ……………………………7
 1.3.2 计算机网络分类与典型应用……8
 1.3.3 分布式系统原理与特性………8
 1.3.4 云计算架构详解与应用模式……9

课后习题 ……………………………9

第2章 算法、编程与软件工程 ………11

2.1 算法基础：复杂度分析与经典
算法………………………………11
 2.1.1 算法复杂度分析………………11
 2.1.2 经典排序算法…………………12
 2.1.3 搜索算法………………………13
 2.1.4 图算法…………………………13

2.2 编程语言范式：面向过程、面向
对象与函数式编程 ……………14
 2.2.1 面向过程编程范式……………14
 2.2.2 面向对象编程范式……………14
 2.2.3 函数式编程范式………………15

2.2.4 三种编程范式的比较与应用
场景选择 ………………………15

2.3 Python 实践入门：语法基础、
科学计算库 ……………………16
 2.3.1 Python 语法基础………………16
 2.3.2 NumPy 科学计算库……………16
 2.3.3 Pandas 数据处理库……………17

2.4 软件开发流程：需求分析、版本
控制与测试规范 ………………18
 2.4.1 需求分析………………………18
 2.4.2 版本控制与 Git 工具…………19
 2.4.3 软件测试规范…………………20
 2.4.4 软件开发流程的协同与
优化 ……………………………21

课后习题 ……………………………21

第3章 人工智能概述与技术演进………23

3.1 人工智能的定义与分类…………24
 3.1.1 人工智能的定义………………24
 3.1.2 人工智能的分类………………24

3.2 技术发展脉络……………………25

3.3 主流技术分支……………………26

课后习题 ……………………………28

第4章 机器学习基础……………………29

4.1 机器学习的概念与分类…………29
 4.1.1 机器学习的概念………………29
 4.1.2 机器学习的任务类别…………31
 4.1.3 机器学习策略…………………32

4.2 分类………………………………33
 4.2.1 数据收集与预处理……………33
 4.2.2 特征提取………………………34

4.2.3　特征与特征向量·············34
4.2.4　标签与标签数据·············34
4.2.5　分类器·····················35

4.3　回归··································55
4.3.1　线性回归···················56
4.3.2　多项式回归·················59
4.3.3　LASSO 回归与岭回归········62

4.4　聚类··································66
4.4.1　K 均值聚类·················66
4.4.2　DBSCAN 算法···············69

4.5　模型评估与选择·····················72
4.5.1　泛化能力···················72
4.5.2　数据集划分·················72
4.5.3　性能度量···················74

课后习题································75

第5章　深度学习与神经网络···········77

5.1　深度学习的发展·····················77
5.1.1　深度学习产生的背景·········79
5.1.2　深度学习·················80
5.1.3　深度学习与浅层学习的主要
　　　　区别·····················80
5.1.4　深度学习模型···············80

5.2　人工神经网络基础···················81
5.2.1　生物神经元·················81
5.2.2　人工神经网络···············81
5.2.3　多层人工神经网络的学习
　　　　过程·····················86

5.3　卷积神经网络(CNN)·················89
5.3.1　卷积神经网络的功能组件······89
5.3.2　卷积层·····················90
5.3.3　池化层·····················94
5.3.4　感受野·····················96
5.3.5　典型卷积神经网络结构
　　　　LeNet-5 模型···············97

5.4　循环卷积神经网络(RNN)·········100
5.4.1　RNN 的网络结构和工作
　　　　过程····················100
5.4.2　LSTM 的结构和工作过程·····101

课后习题·······························106

第6章　自然语言处理·················108

6.1　自然语言处理概述··················108
6.1.1　初识自然语言处理··········108
6.1.2　自然语言处理概述··········109

6.2　文本预处理和词向量···············116
6.2.1　文本预处理流程···········116
6.2.2　文本的向量化工具
　　　　Word2Vec···············117
6.2.3　联系上下文的 BERT 模型·····121

6.3　语言模型与对话系统···············123
6.3.1　语言模型和对话系统实例·····123
6.3.2　ChatGPT 原理·············124

6.4　应用实例·························126
6.4.1　电商评论情感分析应用
　　　　实例····················126
6.4.2　机器翻译应用实例··········128

课后习题·······························130

第7章　计算机视觉·················132

7.1　计算机视觉概述··················133
7.1.1　初识计算机视觉··········133
7.1.2　计算机视觉的定位与内涵·····134

7.2　图像获取与预处理···············136
7.2.1　图像获取·················136
7.2.2　图像预处理···············136

7.3　特征提取与表示··················137
7.3.1　传统手工特征提取··········137
7.3.2　基于深度学习的特征提取·····138
7.3.3　特征表示方法·············139

7.4　目标检测与识别··················139
7.4.1　目标检测与识别简介········139
7.4.2　目标检测的发展脉络········140
7.4.3　目标检测与识别经典算法·····141
7.4.4　Faster R-CNN 算法的详细
　　　　介绍····················142
7.4.5　目标检测与识别前沿技术·····147

7.5　图像生成技术··················148
7.5.1　图像生成技术基本介绍·······148
7.5.2　图像生成技术发展脉络·······149
7.5.3　图像生成经典算法··········149

7.5.4　GAN 和扩散模型的比较 …… 151

7.6　实战案例：人脸识别与视频

分析………………………… 152

课后习题 …………………………… 154

第8章　人工智能行业应用案例……… 155

8.1　精确诊断——人工智能与医疗

健康……………………………… 155

8.1.1　智能超声孕检系统 ……… 155

8.1.2　DeepSeek 赋能诊疗全流程 …… 156

8.2　智慧银行——人工智能与

金融……………………………… 157

8.2.1　人性化的数字银行职员 … 157

8.2.2　首个 AI 原生手机银行上线 … 158

8.3　未来世界——人工智能与智能

制造和自动驾驶………………… 159

8.3.1　24 小时无人化作业智慧

钢厂 ………………………… 159

8.3.2　高寒地区 5G 无人驾驶

系统 ………………………… 159

课后习题 …………………………… 160

第9章　前沿技术探索……………… 161

9.1　生成式 AI ……………………… 162

9.2　边缘计算与 AIoT ……………… 163

9.3　量子机器学习与脑机接口 …… 165

课后习题 …………………………… 167

第10章　人工智能项目实践………… 168

10.1　人工智能实践准备 ………… 168

10.1.1　Jupyter NoteBook 的安装 … 168

10.1.2　Jupyter NoteBook 的基本

用法 ……………………… 170

10.2　人工智能实践流程 ………… 173

10.3　机器学习案例实战 ………… 174

10.3.1　鸢尾花分类 …………… 174

10.3.2　糖尿病进展预测 ……… 176

10.4　深度学习案例实战 ………… 181

10.4.1　预测波士顿房价 ……… 181

10.4.2　手写数字分类 ………… 186

10.5　综合案例——构建简单的聊天

机器人 ………………………… 190

课后习题 …………………………… 191

第11章　伦理与责任………………… 193

11.1　数据隐私与算法偏见 ……… 193

11.1.1　数据隐私保护 ………… 193

11.1.2　算法偏见剖析 ………… 194

11.2　AI 的可解释性与透明性 …… 195

11.2.1　可解释性的意义 ……… 195

11.2.2　可解释性技术 ………… 195

11.3　军事 AI 与伦理红线 ………… 195

11.3.1　自主武器系统的争议 … 195

11.3.2　军事数据安全与隐私…… 196

课后习题 …………………………… 196

第12章　社会影响与职业发展………… 198

12.1　AI 对就业市场的冲击与

机遇 …………………………… 198

12.1.1　传统岗位面临的挑战 …… 198

12.1.2　AI 催生的新兴职业 ……… 199

12.1.3　应对就业格局变化的

策略 ……………………… 199

12.2　全球政策与行业监管 ……… 200

12.2.1　欧盟 AI 法案的引领

作用 ……………………… 200

12.2.2　美国的分散式监管模式 …… 201

12.2.3　中国的 AI 发展与监管

体系 ……………………… 201

12.3　职业规划与技能树 ………… 201

12.3.1　算法工程师 …………… 201

12.3.2　AI 产品经理 …………… 202

12.3.3　AI 伦理专家 …………… 203

12.4　求职指南 …………………… 203

12.4.1　简历撰写 ……………… 203

12.4.2　面试技巧 ……………… 204

12.4.3　技术博客与 GitHub 建设 … 205

课后习题 …………………………… 206

参考文献……………………………… **208**

第 1 章

计算机系统与数据基础

1.1 计算机系统架构：硬件组成与操作系统核心功能

1.1.1 计算机硬件组成

计算机系统的硬件架构是一个高度精密且协同运作的整体，各组成部分各司其职又紧密配合，如同现代化工厂里有序运转的生产线，每一个环节都不可或缺，共同支撑起计算机复杂的运算与处理任务。

中央处理器(CPU)：作为计算机系统的核心，CPU 的性能直接决定了计算机的整体运行速度和处理能力。其内部的运算器和控制器分工明确又相互协作。运算器中包含多个关键部件，如算术逻辑单元(ALU)，它是执行算术和逻辑运算的核心模块。在进行加法运算时，ALU 会按照特定的逻辑电路设计，将两个二进制数的各位进行相加，并处理进位等情况；而在逻辑运算中，比如判断两个数据的大小关系，ALU 会通过比较操作输出相应的结果。以常见的 32 位 ALU 为例，它一次能够处理 32 位二进制数据，极大提升了运算效率。控制器则如同整个 CPU 的"指挥官"，它通过指令寄存器、指令译码器和控制单元等部件协同工作。当 CPU 需要执行一条指令时，指令首先被加载到指令寄存器中，指令译码器对其进行解析，确定指令的类型和操作数，然后控制单元根据译码结果，发出一系列控制信号，协调 CPU 内部及与其他硬件组件之间的数据传输和操作执行。例如，在执行"将内存中的数据读取到 CPU 寄存器"这一指令时，控制单元会发出相应的信号，控制内存控制器和数据总线，完成数据的传输。

现代CPU在架构上不断创新，以Intel Core i9系列为代表，采用了多核架构和超线程技术。多核架构是在一个CPU芯片上集成多个独立的处理器核心，每个核心都可独立执行任务，就像多个工人同时在工厂的不同工位工作，大大提高了并行处理能力。超线程技术则允许每个物理核心模拟出多个逻辑核心，使得CPU在同一时间内能够处理更多的线程任务。例如，一个具有8个物理核心的CPU，通过超线程技术可模拟出16个逻辑核心，在多任务处理场景下，如同时进行视频渲染、代码编译和多个网页浏览时，能够显著提升系统的响应速度和处理效率。此外，CPU的性能与时钟频率密切相关。时钟频率以赫兹(Hz)为单位，表示CPU每秒能够执行的时钟周期数。例如，一款3.6GHz的CPU，意味着它每秒可执行36亿个时钟周期，时钟频率越高，理论上CPU执行指令的速度就越快。

存储器系统：存储器系统是计算机存储数据和程序的关键组件，分为内存储器(内存)和外存储器，它们在存储速度、容量和数据持久性上各有特点，相互配合以满足计算机系统不同的存储需求。

内存采用随机存取存储器(RAM)技术,其工作原理基于半导体存储单元的电容充放电特性。每个存储单元可以存储一位二进制数据(0或1)，通过地址译码器和读写控制电路，CPU能快速地对指定地址的存储单元进行读写操作。内存的读写速度极快，通常在纳秒(ns)级别，这使得它能及时响应CPU对数据和指令的快速访问需求。然而，内存具有易失性，即一旦断电，存储在其中的数据就会丢失。内存的容量大小对计算机的多任务处理能力有着重要影响。例如，当用户同时打开多个大型应用程序，如Photoshop、Premiere Pro和多个浏览器窗口时，这些程序的运行数据、临时文件及正在编辑的内容都会存储在内存中。如果内存容量不足，计算机就会出现运行缓慢甚至卡顿的现象，此时操作系统可能频繁地将内存中的数据交换到外存(虚拟内存)，进一步降低系统性能。目前，常见的计算机内存容量有8GB、16GB、32GB甚至更高，随着计算机应用场景的复杂性和多样性的增加，对内存容量的需求也在持续增长。

外存储器主要包括传统机械硬盘(HDD)和固态硬盘(SSD)。HDD的存储原理基于磁性介质的磁化特性，盘片上均匀分布着磁性涂层，磁头通过感应盘片上磁性的变化来读取和写入数据。当HDD工作时，盘片高速旋转(常见转速为5400转/分钟和7200转/分钟)，磁头在盘片上方微小的距离内移动，定位到指定的磁道和扇区进行数据操作。虽然HDD的存储容量较大，能够满足用户对大量数据存储的需求，但由于其机械结构的限制，数据读写速度相对较慢，尤其是在随机读写小文件时，磁头需要频繁地寻道和等待盘片旋转到合适的位置，这会产生较大的延迟。

SSD则基于闪存技术，其内部没有机械部件，数据存储在闪存芯片的存储单元中。闪存芯片采用浮动栅晶体管来存储数据，通过控制栅极电压来改变存储单元的电荷状态，从而表示0或1。SSD具有读写速度快、抗震性强、功耗低等显著优势。在顺序读写方面，高端SSD的读取速度可以达到每秒数千兆字节，写入速度也能达到每秒数百兆字节甚至更高；在随机读写性能上，相比HDD更有质的飞跃，能够大幅提升系统的启动速度和应用程序的加载速度。此外，由于没有机械部件，SSD在受到震动或碰撞时，数据丢失的风险也大大降低，因此在笔记本电脑、移动硬盘等设备中得到了广泛应用。

　　输入输出设备：输入输出设备是实现人机交互的重要桥梁，它们将人类能够理解和操作的信息形式与计算机能够处理的二进制数据进行相互转换，使得用户能够方便地使用计算机完成各种任务。

　　输入设备种类繁多，除了常见的键盘和鼠标外，还包括麦克风、摄像头、手写板、扫描仪等。键盘通过按键矩阵和电路扫描技术，将用户按下的按键信息转换为相应的电信号，再经过编码芯片将其转换为计算机能够识别的二进制代码。例如，当用户按下键盘上的A键时，键盘内部的电路会检测到该按键的闭合，并通过编码芯片将其转换为ASCII码中的01000001，传输给计算机。鼠标则通过光电传感器或机械滚球来检测自身的移动，将位移信息转换为电信号，经过处理后发送给计算机，计算机根据接收到的信号来更新屏幕上鼠标指针的位置，实现用户对图形界面的精准操作。

　　麦克风作为音频输入设备，其工作原理是利用声波振动引起麦克风内部的振膜振动，进而带动线圈在磁场中运动，产生感应电流，这个电流信号经过放大和模数转换后，成为计算机能够处理的数字音频信号。在语音识别系统中，麦克风采集到的语音信号经过一系列处理和分析，被转换为文字信息，实现语音到文字的转换。摄像头则通过图像传感器(如 CMOS 或 CCD)将光学图像转换为电信号，再经过模拟数字转换和图像处理芯片的加工，将图像数据以数字形式存储在计算机中或实时传输到显示器上显示。现代智能手机的摄像头像素不断提高，能够拍摄出高清晰度的照片和视频，这得益于图像传感器技术和图像处理算法的不断进步。

　　输出设备中，显示器是最主要的视觉输出设备。常见的显示器类型有液晶显示器(LCD)和有机发光二极管显示器(OLED)。LCD 显示器通过液晶分子的偏转来控制光线的透过量，从而显示不同的颜色和图像。它需要背光源提供光线，通过彩色滤光片和偏振片等部件，将白色背光源的光线过滤和调制为红、绿、蓝三种基色光，按照不同的比例混合形成各种颜色。LCD 显示器的分辨率和刷新率是衡量其性能的重要指标，分辨率越高，图像显示的细节就越清晰；刷新率越高，图像在动态显示时就越流畅，不会出现明显的拖影现象。OLED 显示器则采用有机材料作为发光层，每个像素点都可以独立发光，不需要背光源，因此在对比度、黑色表现和响应速度方面具有明显优势，能够呈现更加鲜艳、逼真的图像效果。

　　打印机作为常见的纸质输出设备，根据工作原理的不同，可分为喷墨打印机、激光打印机和针式打印机。喷墨打印机通过喷头将墨水喷到纸张上，形成文字和图像，其优点是打印成本较低，能够实现彩色打印，适合家庭和小型办公场景；激光打印机则利用激光扫描技术和静电成像原理，将墨粉吸附到纸张上，再通过加热定影的方式将墨粉固定在纸张表面，具有打印速度快、打印质量高的特点，常用于企业办公环境；针式打印机通过打印头的针头击打色带，将色带上的油墨印在纸张上，虽然打印质量和速度较低，但具有耐用、适合打印多联票据等特点，在银行、税务等领域仍有广泛应用。

1.1.2　操作系统核心功能

　　操作系统作为计算机系统的核心软件，承担着资源管理、程序运行控制、用户接口提供等关键任务，其功能的实现依赖于一系列复杂而精妙的机制。

　　在进程管理方面，进程是操作系统中进行资源分配和调度的基本单位。以 Linux 操作系统的完全公平调度算法(CFS)为例,它摒弃了传统调度算法中基于优先级的调度方式,采用了一种更公平的调度策略。CFS 为每个进程维护一个虚拟运行时间(vruntime),虚拟运行时间是根据进程实际占用 CPU 的时间和进程的权重计算得出的。进程的权重反映了其优先级,权重越高,进程在相同的实际运行时间内增加的虚拟运行时间越短。当多个进程同时请求 CPU 资源时,CFS 会选择虚拟运行时间最短的进程投入运行,确保所有进程都能得到公平的执行机会。例如,在一个多任务系统中,有一个前台运行的图形界面应用程序和一个在后台运行的系统更新任务,CFS 会根据它们的权重和已运行时间,动态地分配 CPU 资源,使得前台应用程序能够保持流畅的用户交互体验,同时后台任务也能在适当的时候得到执行,避免出现某些进程长时间占用CPU 导致其他进程饥饿的情况。此外,操作系统提供了进程创建、终止、暂停和恢复等管理功能,使得用户和应用程序能够灵活地控制进程的生命周期。

内存管理是操作系统的另一项重要功能,现代操作系统普遍采用虚拟内存技术来解决物理内存容量有限的问题。虚拟内存技术将部分硬盘空间模拟为内存使用,通过页表机制实现虚拟地址到物理地址的映射。当程序运行时,操作系统会将程序的代码和数据按照一定的大小(页)划分,并存储在物理内存和虚拟内存中。当物理内存不足时,操作系统会将暂时不用的程序页面交换到硬盘的虚拟内存区域(交换空间),从而释放物理内存空间,保证其他程序的正常运行。例如,当用户同时打开多个大型应用程序,导致物理内存耗尽时,操作系统会将一些长时间未使用的程序页面写入硬盘的交换空间,当这些程序再次被使用时,再将其从交换空间读取回物理内存。此外,操作系统采用了内存分页、分段等管理方式,提高内存的利用率和访问效率,减少内存碎片的产生。

设备驱动程序管理是操作系统实现硬件与软件无缝对接的关键环节。由于不同厂商生产的硬件设备在功能和接口上存在差异,操作系统需要通过设备驱动程序来实现对硬件设备的控制和管理。设备驱动程序是一段专门为特定硬件设备编写的软件代码,它为操作系统提供了统一的接口,使得操作系统能够以标准化的方式访问和操作硬件设备。例如,显卡驱动程序负责将操作系统的图形指令转换为显卡能够理解的控制信号,控制显卡进行图形渲染和输出,更新显卡驱动程序往往能够提升计算机的图形处理性能,解决兼容性问题和修复漏洞;打印机驱动程序则负责将计算机中的文档数据转换为打印机能够识别的打印指令,控制打印机完成打印任务。操作系统通过设备驱动程序管理功能,自动识别新连接的硬件设备,并加载相应的驱动程序,确保硬件设备能够正常工作。同时,操作系统提供了驱动程序的安装、卸载和更新等管理工具,方便用户对硬件设备的驱动程序进行维护。

1.2　数据表示与存储:二进制、数据类型与数据库系统简介

在计算机世界里,数据的表示与存储是一切信息处理的基石。从最底层的二进制编码,到程序设计中的数据类型,再到庞大的数据管理系统,这些知识层层递进,构成了数据处理的完整链条。深入理解这些内容,不仅是掌握计算机科学基础的关键,更是探索人工智能技术的前提。

1.2.1　二进制:计算机的底层语言

二进制仅由 0 和 1 两个数字符号组成,却成为计算机处理信息的通用语言,这一现象的根

源在于计算机硬件的物理特性。电子元件(如晶体管)作为计算机硬件的基础构建单元,具有导通和截止两种稳定状态,这种天然的二元特性正好与二进制的 0 和 1 完美对应。通过对大量晶体管 0 和 1 状态的组合与排列,计算机得以实现数据存储、复杂运算及指令执行等一系列核心操作。

在数值表示领域,二进制采用位权展开法进行数值转换,这一方法基于二进制数的每一位所具有的特定位权。例如,对于二进制数1010,转换为十进制的计算过程为$1\times2^3+0\times2^2+1\times2^1+0\times2^0=8+0+2+0=10$。在实际应用中,计算机的算术逻辑单元(ALU)基于二进制的位运算规则,高效地执行加、减、乘、除等算术运算,以及与、或、非等逻辑运算,为计算机的各种复杂计算任务提供了坚实的基础。

在字符编码方面,ASCII 码作为早期广泛应用的字符编码标准,使用 7 位二进制数为 128 个字符分配编码,涵盖了英文字母、数字、标点符号等常用字符,如字符'A'的 ASCII 码是01000001。然而,随着全球化的发展,ASCII 码无法满足多语言信息处理的需求,Unicode 编码标准应运而生。Unicode 采用 16 位或 32 位二进制数,为全球各种语言文字提供统一编码,几乎涵盖了世界上所有的字符,彻底解决了多语言信息处理的难题,使得计算机能够无障碍地处理不同语言的文本信息。

在图像和音频数据的表示中,二进制同样发挥着关键且不可或缺的作用。在位图图像中,每个像素点的颜色信息由红、绿、蓝(RGB)三个分量的二进制数值描述。例如,一个 RGB 值为(255, 0, 0)的像素点,在二进制中分别对应红色分量 11111111、绿色分量 00000000 和蓝色分量00000000,通过对每个像素点 RGB 分量的不同二进制数值组合,能够呈现出丰富、多彩、细腻、逼真的图像效果。而对于音频数据,计算机则是将声音的模拟信号经过采样、量化和编码等一系列处理后,转换为二进制数字信号进行存储。其中,采样频率决定了每秒对模拟信号进行采样的次数,量化位数则决定了每个采样点的精度,这两个关键参数直接决定了音频的质量,采样频率越高、量化位数越大,音频的还原度和音质就越好。

值得一提的是,随着量子计算技术的兴起,传统的二进制计算模式面临着新的挑战与机遇。量子计算机基于量子比特(qubit)进行计算,量子比特不仅可以表示 0 和 1,还可以处于 0 和 1的叠加态,这使得量子计算机在处理某些特定问题时,能够展现出远超传统二进制计算机的计算能力,为未来的数据表示和计算模式带来了全新的发展方向。

1.2.2 数据类型:程序设计的基石

数据类型定义了数据的存储格式、取值范围及可执行的操作,是程序设计中不可或缺的核心元素。在高级编程语言(如 Python)中,数据类型丰富多样,可大致分为基本数据类型和复合数据类型,它们各自具有独特的特性和适用场景。

基本数据类型包括整数(int)、浮点数(float)、布尔值(bool)和字符串(str)等。整数类型用于表示没有小数部分的数值,在Python中,整数的取值范围几乎不受限制,能够满足各种大规模数值计算的需求。浮点数用于表示带有小数的数值,但由于计算机内部采用二进制存储,在进行浮点数运算时会存在精度误差。例如,在Python中执行0.1+0.2,其结果并非精确的0.3,而是0.30000000000000004,这是因为小数在二进制表示中可能存在无限循环的情况,计算机只能进行近似存储和计算。布尔值只有True和False两个取值,常用于条件判断语句,如if语句和while语句,通过布尔值来控制程序的流程走向。字符串则是字符的序列,可通过索引和切片操作进行灵活处理，在文本处理、信息输出等场景中广泛应用。

复合数据类型如列表(list)、元组(tuple)和字典(dict)，为数据的组织和管理提供了更强大、灵活的方式。列表是一种有序的可变数据集合，可存储不同类型的数据，支持添加、删除、修改元素等多种操作。例如，my_list = [1, "hello", 3.14]，通过列表可以方便地存储和处理一组相关但类型各异的数据。元组与列表类似，但元组一旦创建便不可修改，这种不可变性使得元组适用于存储固定不变的数据，如函数的返回值、坐标点等，同时元组在内存占用和访问效率上往往具有一定优势。字典是一种键值对结构，通过键来快速查找对应的值，具有极高的查找效率，例如，my_dict = {"name": "Alice", "age": 25}。在处理具有映射关系的数据，如学生姓名与成绩的对应关系、商品编号与价格的对应关系时，字典能够极大地提高数据的查询和处理速度。

在实际的程序设计中，数据类型的合理选择至关重要。以数据分析场景为例，当处理大量数值数据时，使用NumPy库中的数组类型相较于Python原生列表，能大幅提升计算效率。这是因为NumPy数组在内存中采用连续存储方式，并且针对数值运算进行了高度优化，支持向量化操作，避免了Python原生列表在循环计算时的额外开销。此外，在面向对象编程中，自定义类和对象可以看作一种特殊的数据类型。通过类的定义，可以将数据和操作数据的方法封装在一起，实现数据的抽象和模块化，提高程序的可维护性和可扩展性。

1.2.3　数据库系统：数据管理的核心

数据库系统是用于高效存储、管理和查询大量数据的软件系统，在当今数字化时代，其重要性愈发凸显。关系数据库因其简洁的结构和强大的功能，成为目前应用最广泛的数据库类型之一。在关系数据库中，数据以二维表格的形式存储，每个表格对应一个实体集，例如"学生表"用于存储学生的基本信息；表格中的每一行代表一个具体的实体实例，即一个学生的记录；每一列代表实体的一个属性，如学号、姓名、年龄等字段。这种表格化的存储方式，使得数据的组织和管理更加直观、清晰，便于进行数据的查询、更新和分析。

SQL(结构化查询语言)作为操作关系数据库的标准语言，具有丰富的功能和强大的表达能力，包含数据定义语言(DDL)、数据操作语言(DML)和数据查询语言(DQL)等多个部分。通过DDL，用户可以创建、修改和删除数据库对象，如使用 CREATE TABLE students (id INT, name VARCHAR(50), age INT);语句创建 students 表，定义表的结构和字段类型；DML 用于对数据进行增删改操作，例如 INSERT INTO students (id, name, age) VALUES (1, 'Bob', 20);语句用于向 students 表中插入一条学生记录；DQL 则用于检索数据，SELECT name, age FROM students WHERE age > 18 语句将从 students 表中查询年龄大于 18 岁的学生的姓名和年龄信息。除了这些基本操作，SQL 还支持复杂的多表连接查询、聚合函数计算等高级功能，能够满足各种复杂的数据查询和分析需求。

数据库的规范化设计是确保数据完整性、减少数据冗余的重要手段。遵循第一范式(1NF)、第二范式(2NF)和第三范式(3NF)等规则，可将复杂的数据结构分解为合理的表格关系。例如，在设计电商订单系统时，如果将订单信息、客户信息和商品信息全部存储在一个大表中，会导致大量的数据冗余，且在数据更新和维护时容易出现错误。通过规范化设计，将这些信息分别存储在不同的表格中，并通过外键关联，不仅避免了客户信息和商品信息在多个订单中重复存储，还便于对订单、客户和商品数据进行独立管理和维护，提高了数据的一致性和可靠性。此外，现代数据库系统支持事务处理，确保数据操作的原子性、一致性、隔离性和持久性(ACID)

特性。例如，在银行转账业务中，一笔转账操作涉及转出账户扣款和转入账户入账两个操作，通过事务处理，这两个操作要么全部成功执行，要么全部失败回滚，保障了数据的可靠性和安全性，避免出现资金不一致的情况。

随着大数据和云计算技术的发展，数据库系统也在不断演进。分布式数据库通过将数据分散存储在多个节点上，提高了数据的存储和处理能力，能够应对海量数据的存储和查询需求；云数据库则基于云计算平台，提供了弹性可扩展的数据库服务，用户不必关心数据库的硬件部署和维护，只需要按需使用，大大降低了企业的数据管理成本和技术门槛。这些新兴的数据库技术，为数据管理带来了全新的解决方案，也为人工智能等领域的数据驱动应用提供了强大的支持。

1.3 计算机网络与分布式系统：从局域网到云计算架构

计算机网络与分布式系统是现代信息社会的重要基础设施，它们打破了地域限制，实现了数据与资源的高效共享与协同处理。从局部的局域网到覆盖全球的广域网，再到先进的分布式系统与云计算架构，其技术发展与应用深刻改变了人们的生活与工作方式。

1.3.1 计算机网络基础概念与分层体系

计算机网络是通过通信设备和线路将分散的、具有独立功能的多台计算机连接起来，以实现资源共享和信息传递的系统。为了实现不同网络设备和系统之间的互联互通，计算机网络采用分层体系结构，其中具有代表性的是国际标准化组织(ISO)提出的开放系统互连(OSI)参考模型，以及实际应用更为广泛的传输控制协议/互联网协议(TCP/IP)模型。

OSI 模型将网络通信分为七层，从下到上分别是物理层、数据链路层、网络层、传输层、会话层、表示层和应用层。物理层作为最底层，负责在物理介质(如光纤、双绞线、同轴电缆)上传输原始的比特流，其性能取决于介质的传输速率、信号衰减等特性。例如，光纤凭借其高带宽、低衰减的优势，成为长距离高速网络传输的首选介质；而双绞线则常用于局域网内的设备连接，常见的超五类、六类双绞线能满足百兆甚至千兆网络的传输需求。

数据链路层在物理层的基础上，将比特流封装成数据帧，并进行错误检测和纠正。以太网协议是数据链路层的典型代表，它规定了数据帧的格式，包括帧头(包含源 MAC 地址、目的 MAC 地址等信息)、数据部分和帧尾(用于校验数据完整性的循环冗余校验码，即 CRC)。当数据帧在网络中传输时，接收方通过校验 CRC 码判断数据是否在传输过程中发生错误，若检测到错误，则丢弃该帧并要求发送方重传。

网络层主要负责网络地址的分配和数据包的路由转发。互联网协议(IP)是网络层的核心协议，它为每台连接到网络的设备分配唯一的 IP 地址，目前广泛使用的是 IPv4 协议，但由于其地址空间有限，逐渐被 IPv6 协议取代。路由器作为网络层的关键设备，通过路由表记录网络拓扑信息，根据数据包的目的 IP 地址，运用路由算法(如距离向量算法、链路状态算法)选择最佳路径进行数据转发，从而实现不同网络之间的互联互通。

传输层提供端到端的可靠数据传输服务，主要协议包括 TCP 和 UDP。TCP 通过三次握手建立连接，在数据传输过程中进行流量控制和拥塞控制，确保数据无差错、按序传输，适用于对数据准确性要求高的场景，如文件传输、网页浏览、电子邮件等；UDP 则以高效率和低延迟著称，不必建立连接即可发送数据，但不保证数据的可靠性和顺序性，常用于实时视频流、在线游戏、语音通话等对延迟敏感的应用。

1.3.2　计算机网络分类与典型应用

按照覆盖范围的不同，计算机网络可分为局域网(LAN)、城域网(MAN)和广域网(WAN)，它们在规模、技术和应用场景上各有特点。

局域网通常覆盖范围较小，如一个办公室、一栋教学楼或一个园区，通过交换机、路由器等设备将计算机连接起来，实现内部的数据共享和通信。局域网的拓扑结构常见的有星型、总线型和环型。星型拓扑结构以中心节点(如交换机)为核心，其他设备通过独立的线路与之相连，这种结构易于管理和维护，某一设备出现故障不会影响其他设备的正常通信，是企业办公网络和家庭网络的常用选择；总线型拓扑结构中，所有设备共享一条通信总线，成本较低但存在单点故障问题，一旦总线出现故障，整个网络将瘫痪，已逐渐被淘汰；环型拓扑结构中，设备依次连接形成一个封闭的环，数据沿着环单向传输，适用于对实时性要求较高的工业控制网络。

城域网覆盖范围较大，一般用于一个城市的网络连接，通常由电信运营商或政府部门建设和管理。城域网采用光纤作为主要传输介质，结合多种网络技术，如以太网、同步光纤网络(SONET)等，为城市内的企业、学校、政府机构等提供高速、稳定的网络服务，实现城市范围内的数据传输和资源共享。

广域网则可以连接不同地区、不同国家的网络，互联网就是最大的广域网。广域网通过租用电信运营商的长途通信线路(如卫星通信、海底光缆)和使用复杂的路由协议，将分布在全球的网络连接起来。在广域网中，数据需要经过多个路由器的转发才能到达目的地，为了提高传输效率和可靠性，常采用虚拟专用网络(VPN)技术，通过加密和隧道技术在公共网络上建立专用的通信通道，保障数据的安全传输，适用于企业分支机构之间的远程通信和数据传输。

1.3.3　分布式系统原理与特性

分布式系统是一种特殊的计算机网络，它由多个独立的计算机节点组成，这些节点通过网络相互连接并协同工作，共同完成一个任务。与传统的集中式系统不同，分布式系统中的数据和计算任务分布在多个节点上，具有高可用性、可扩展性和容错性等显著优点。

在分布式系统中，数据通常会被分割成多个部分，并存储在不同的节点上，以实现数据的分布式存储。例如，Hadoop分布式文件系统(HDFS)将大型文件分割成多个数据块，并分散存储在集群中的不同节点上，每个数据块默认会有多个副本，以提高数据的可靠性和容错性。当某个节点出现故障时，系统可以从其他副本节点读取数据，保证数据的可用性。同时，通过增加节点数量，分布式系统可以轻松扩展存储容量和计算能力，满足不断增长的数据处理需求。

在数据一致性方面，分布式系统面临着巨大挑战。由于数据分布在多个节点上，不同节点之间的数据更新可能存在延迟，导致发生数据不一致的情况。为了解决这个问题，分布式系统通常采用分布式共识算法，如Paxos算法和Raft算法。这些算法通过节点间的投票和协商机制，确保在分布式环境下，多个节点对数据的更新达成一致。例如，在一个分布式数据库系统中，当多个节点同时对某条数据进行更新时，Raft算法会选举出一个领导者节点，由领导者节点协调数据的更新操作，保证所有节点的数据最终保持一致。

1.3.4　云计算架构详解与应用模式

云计算架构是分布式系统的典型应用，它通过网络将大量的计算资源、存储资源和软件资源整合起来，以服务的形式提供给用户。按照服务模式的不同，云计算可分为基础设施即服务(IaaS)、平台即服务(PaaS)和软件即服务(SaaS)。

基础设施即服务(IaaS)提供虚拟服务器、存储、网络等基础计算资源。用户可以根据需求灵活配置和管理这些资源，如创建和删除虚拟服务器实例，调整服务器的 CPU、内存和存储容量等。亚马逊网络服务(AWS)的弹性计算云(EC2)是 IaaS 的典型代表，用户可以在 AWS 平台上快速创建运行不同操作系统的虚拟服务器，用于部署网站、应用程序或进行数据处理，不必购买和维护昂贵的物理服务器硬件。

平台即服务(PaaS)在IaaS的基础上，提供开发平台和运行环境，如数据库、中间件、编程语言运行时等。PaaS平台为开发者提供了一站式的开发、测试和部署环境，开发者不必关心底层的硬件和操作系统配置，只需要专注于应用程序的代码编写。例如，谷歌的App Engine和微软的Azure平台支持多种编程语言(如 Python、Java、.NET)，开发者可以将编写好的应用程序直接部署到平台上，平台会自动处理服务器的配置、扩展和维护等工作。

软件即服务(SaaS)直接向用户提供完整的软件应用服务，用户不必安装和维护软件，通过浏览器即可使用。常见的 SaaS 应用有办公软件 Office 365、客户关系管理系统 Salesforce、企业资源规划系统(ERP)等。SaaS 模式降低了企业使用软件的成本和技术门槛，企业只需要按使用量或用户数支付订阅费用，即可享受软件的最新功能和技术支持，不必投入大量资源进行软件的安装、升级和维护。

随着技术的不断发展，云计算与边缘计算、人工智能等技术的融合日益深入。边缘计算将计算和存储资源下沉到网络边缘，靠近数据产生的源头，减少数据传输延迟和带宽压力，适用于实时性要求高的应用场景，如自动驾驶、工业物联网等；人工智能技术则与云计算相结合，为用户提供强大的智能计算服务，如基于云平台的机器学习模型训练和推理服务，推动了人工智能技术的广泛应用和发展。

课后习题

一、选择题

1. 以下哪项不属于计算机硬件五大基本组成部分？(　　)
   A. 控制器　　　　B. 显卡　　　　　C. 存储器　　　　D. 输入设备
2. 操作系统中，用于管理计算机硬件与软件资源的最基本单位是(　　)。
   A. 进程　　　　　B. 线程　　　　　C. 文件　　　　　D. 程序
3. 二进制数 1101 转换为十进制数是(　　)。
   A. 10　　　　　　B. 11　　　　　　C. 12　　　　　　D. 13
4. 关系数据库中，用于查询数据的 SQL 语句是(　　)。
   A. CREATE　　　　B. INSERT　　　　C. SELECT　　　　D. UPDATE

5. 以下哪种网络拓扑结构中，某一节点故障不会影响其他节点通信？（　　）

　A. 总线型　　　　　B. 星型　　　　　C. 环型　　　　　D. 网状型

6. 云计算服务模式中，提供虚拟服务器、存储等基础计算资源的是（　　）。

　A. IaaS　　　　　B. PaaS　　　　　C. SaaS　　　　　D. DaaS

二、填空题

1. CPU 由_____和_____组成，其中负责执行算术和逻辑运算的是_____。

2. 内存具有_____性，断电后数据会丢失；而外存中的_____基于闪存技术，具有读写速度快、抗震性强的特点。

3. 数据链路层将比特流封装成_____，并通过_____进行错误检测和纠正。

4. 分布式系统中，Hadoop 分布式文件系统(HDFS)将大型文件分割成多个_____，并分散存储在集群中的不同节点上，以提高数据的_____和_____。

三、简答题

1. 简述计算机硬件中存储器系统的分类及其特点。

2. 说明操作系统进程管理的主要功能，并举例说明进程调度算法的作用。

3. 解释二进制在计算机中的应用，以字符编码和图像数据表示为例进行说明。

4. 简述关系数据库中表、行、列的含义，并举例说明 SQL 语句如何实现数据的插入和查询操作。

5. 简述计算机网络中局域网、城域网和广域网的主要区别。

四、论述题

1. 结合实际应用场景，分析计算机网络分层体系结构的优势，并阐述每层在数据传输过程中的作用。

2. 论述分布式系统的核心特性，以及在大数据处理和云计算架构中发挥的重要作用。

第 2 章
算法、编程与软件工程

知识目标：理解算法复杂度分析方法，掌握经典排序、搜索与图算法原理；熟悉面向过程、面向对象、函数式编程范式；掌握Python基础语法及NumPy、Pandas库核心功能；了解软件开发全流程关键环节。

能力目标：能够运用算法解决实际问题并分析效率；用不同编程范式实现简单程序；使用Python库进行数据处理与分析；参与小型软件开发项目需求分析与版本控制。

素养目标：培养逻辑思维与算法设计能力，树立工程化编程理念，强化团队协作与项目管理意识。

重点：时间复杂度O(n)、O($n\log n$)、O($\log n$)的计算与应用；面向对象编程三大特性；Python函数式编程高阶函数；Git分支管理与合并操作；软件测试用例设计方法。

难点：动态规划算法思想与实现；函数式编程纯函数设计；Pandas数据透视表复杂操作；需求分析中的模糊需求转化；软件测试中的缺陷定位与修复策略。

2.1 算法基础：复杂度分析与经典算法

算法，作为计算机科学的基石，是解决各类问题的精确且有序的步骤集合。其本质如同精密的导航图，指引计算机在数据的海洋中高效驶向目标彼岸。在当今数字化时代，面对海量且复杂的数据处理需求，设计和选择高效的算法至关重要。而理解算法复杂度分析，掌握经典算法的原理与应用，正是开启算法优化大门的钥匙。

2.1.1 算法复杂度分析

在算法的世界里，时间复杂度与空间复杂度是衡量其性能的两大核心指标，犹如天平的两端，精准衡量着算法在时间与空间资源消耗上的表现。

时间复杂度：时间复杂度聚焦于算法执行所需时间随输入数据规模增长的变化趋势，我们常用大 O 符号来刻画这一趋势。它抛开低阶项与常数因子的干扰，直击算法运行时间增长的本质规律。例如，时间复杂度为 O(n) 的算法，恰似匀速行驶的列车，随着输入规模 n 的增大，运行时间呈线性增长。像在一个未排序的数组中顺序查找特定元素，每检查一个元素都需要耗费大致相同的时间，随着数组元素数量增多，查找时间自然成比例增加。而时间复杂度为 O(n^2) 的算法，如同加速度不断增大的赛车，运行时间增长速度极为迅猛。典型如冒泡排序，对 n 个元素的数组排序时，每一轮比较都需要遍历大量元素，随着数组规模扩大，比较次数呈平方级增长。常见的时间复杂度从优到劣依次为：O(1) 常数时间复杂度，如访问数组特定索引元素；O(log$n$) 对数时间复杂度，如二分搜索有序数组；O(n) 线性时间复杂度；O($n$log$n$) 线性对数时间复杂度，许多高效排序算法的平均时间复杂度在此列；O(n^2) 平方时间复杂度；O(2^n) 指数时间复杂度，常用于解决 NP 完全问题的蛮力搜索算法，当数据规模稍大，运行时间便会变得难以承受。

空间复杂度：空间复杂度关注算法执行过程中所占用的额外存储空间，同样以大 O 符号表示。O(1) 代表固定空间复杂度，意味着无论输入数据规模如何变化，算法所需的额外空间恒定不变，好比一个容量固定的背包，无论装多少物品(输入数据)，背包本身占用空间始终如一，像简单的算术运算算法，仅需要少量固定的临时变量。与之相对，O(n) 的空间复杂度表明算法占用的额外空间与输入数据规模 n 成正比，例如要存储 n 个学生的详细信息，所需的数据结构大小必然随学生数量增加而增大。在实际算法设计中，时间复杂度与空间复杂度往往存在微妙的权衡关系，有时为了降低时间复杂度，可能需要以增加空间复杂度为代价，反之亦然。

2.1.2 经典排序算法

排序算法作为数据处理的基础工具，广泛应用于数据库索引构建、数据分析预处理等诸多领域。不同排序算法各具特色，在时间复杂度、空间复杂度与稳定性等方面表现各异，适用于不同应用场景。

冒泡排序：冒泡排序堪称排序算法家族中的"启蒙者"，原理简单直观。在一个无序数组中，它如同辛勤的清洁工，一次次仔细比较相邻元素，若顺序有误便交换二者位置。每一轮比较结束，最大(或最小)的元素就如同气泡般"浮"到数组末尾，就像整理班级学生队伍，让身高最高的同学通过一轮轮与旁边同学比较身高并交换位置，最终站到队伍最后。虽然其逻辑易于理解，却因为效率较低，时间复杂度为 O(n^2)，在处理大规模数据时显得力不从心，仅适用于小规模数据排序或教学场景，帮助初学者建立排序算法的基本认知。

快速排序：快速排序采用分治策略，犹如一位高效的指挥官，将复杂的排序任务拆解为多个简单子任务。其核心在于精心选择一个基准元素，以此为界将数组一分为二，使得左边部分元素皆小于基准，右边部分元素均大于基准，随后对左右两部分子数组递归执行相同操作。这就如同在操场上按身高将学生迅速分成两队，一队比某个同学矮，一队比他高，再分别对两队进行细分整理，最终实现全体学生按身高有序排列。快速排序平均时间复杂度达 O($n$log$n$)，性能卓越，在实际应用中备受青睐，成为众多编程语言标准库排序函数的核心实现算法。但需要注意，其最坏时间复杂度为 O(n^2)，在数据分布极端情况下(如数组已完全有序)，性能会大打折扣，不过通过随机选择基准元素等优化手段，可有效避免此类情况的发生。

除冒泡排序与快速排序外，常见排序算法还有插入排序、选择排序、归并排序、堆排序等。插入排序如同整理扑克牌，将未排序元素逐个插入已排序部分的合适位置，时间复杂度平均为

$O(n^2)$，适用于小规模数据或部分有序数据的排序；选择排序每次从未排序元素中挑选最小(或最大)元素，与未排序部分起始位置元素交换，时间复杂度同样为 $O(n^2)$；归并排序利用分治思想，先将数组递归拆分为小数组，再将有序小数组合并为大数组，时间复杂度稳定在 $O(n\log n)$，且为稳定排序算法(相同元素在排序前后相对位置不变)，在对稳定性有要求的场景中表现出色；堆排序基于堆数据结构，将数组构建为大顶堆或小顶堆，通过不断调整堆结构实现排序，时间复杂度为 $O(n\log n)$，空间复杂度为 $O(1)$，在空间资源受限场景中具有优势。

2.1.3 搜索算法

搜索算法肩负着在数据集合中精准定位特定元素的重任，是信息检索领域的核心技术。从简单直接的顺序搜索，到高效巧妙的二分搜索，不同搜索算法各有千秋，适用场景也大相径庭。

顺序搜索：顺序搜索是最质朴的搜索方式，如同在书海中逐页查找特定内容，它从数据集合起始位置开始，逐个检查元素，直至找到目标元素或遍历完整个集合。这种方式简单易懂，对数据集合无任何特殊要求(无须有序)，但时间复杂度为 $O(n)$，在数据规模较大时，搜索效率较低。例如在一个包含大量员工信息的未排序列表中查找特定员工，随着员工数量增多，查找时间会显著增加。

二分搜索：二分搜索宛如一把精准的手术刀，能在有序数据集合中迅速切除不必要的搜索范围。它要求数据集合必须有序，每次将搜索区间精确缩小一半。这就像猜数字游戏，已知数字在 1 到 100 之间，先猜 50，根据"大了"或"小了"的提示，瞬间将搜索范围缩小到前 50 个或后 50 个数字，不断重复这一过程，直至命中目标数字。二分搜索时间复杂度为 $O(\log n)$，相比顺序搜索，效率实现了质的飞跃，尤其在大规模有序数据搜索场景中优势明显，如在有序的字典中查找单词、在有序数组中查找特定数值等。

在实际应用中，搜索算法的优化方向多样。一方面可通过数据预处理，如构建索引结构，将无序数据转化为有序或便于快速查找的形式，从而降低搜索时间复杂度；另一方面，针对特定数据特征与搜索需求，选择合适的搜索算法或对现有算法进行改进，如在部分有序数据中，可结合插入排序与二分搜索思想，设计出更高效的搜索算法。

2.1.4 图算法

图算法专注于处理具有复杂关系的数据结构——图。图由顶点与边构成，顶点代表事物，边表示事物间的关联。这种结构能精准模拟现实世界中诸多复杂系统，如社交网络、交通网络、电路布局等。常见图算法在不同领域发挥着不可替代的关键作用。

深度优先搜索(DFS)：深度优先搜索仿佛一位勇敢的探险家，从图中某个顶点出发，沿着一条路径义无反顾地深入探索，直至无路可走或达成目标，才回溯到上一个顶点，转而探索其他路径。这就如同在错综复杂的迷宫中，沿着一条通道勇往直前，走到死胡同后再退回，尝试其他通道，直至找到出口或遍历完整个迷宫。在实现上，DFS 常借助递归或栈数据结构来记录探索路径，可用于检测图的连通性、寻找图中的环、拓扑排序等场景。例如在社交网络分析中，通过 DFS 可从某个用户节点出发，深度探索其社交关系网络，挖掘潜在的社交圈子。

广度优先搜索(BFS)：广度优先搜索则像在平静湖面投入石子后泛起的层层涟漪，从起始顶点开始，先访问其所有邻接顶点，再依次访问这些邻接顶点的邻接顶点，以层为单位向外扩展。在实现时，BFS 通常利用队列数据结构存储待访问顶点，其在无权图中能高效找到从起始顶点到其他顶点的最短路径。比如在地图导航系统中，若将道路节点视为顶点，道路视为边，使用 BFS 可快速规划出从当前位置到目的地的最少步数路径。

迪杰斯特拉算法：迪杰斯特拉算法旨在计算图中一个顶点到其他所有顶点的最短路径，堪称路径规划领域的"智能导航仪"。以城市交通图为例，每个路口是顶点，道路是边，该算法能依据道路长度(边的权重)，为我们精心规划出从家(起始顶点)到城市各个地方(其他顶点)的最短路线。算法运行过程中，不断更新每个顶点到起始点的最短距离，通过优先队列等数据结构优化，可高效处理大规模图数据，广泛应用于地图导航、网络路由选择等场景。

弗洛伊德算法：弗洛伊德算法则更具全局视野，能够一次性求出图中任意两个顶点之间的最短路径，完美适用于解决多源最短路径问题。想象一下，在规划多个城市之间的最优运输路线时，无论从哪个城市出发前往其他城市，弗洛伊德算法都能确保找到最短行程方案，为物流配送、航班航线规划等提供有力支持，在涉及复杂网络路径规划的领域不可或缺。

2.2 编程语言范式：面向过程、面向对象与函数式编程

编程语言范式是程序员解决问题的思维框架，它决定了代码的组织方式、数据的处理逻辑以及程序的整体结构。不同的编程范式如同不同的工具，适用于不同类型的软件开发任务。面向过程编程、面向对象编程和函数式编程是三种最具代表性的编程范式，它们各自有着独特的设计理念和应用场景。

2.2.1 面向过程编程范式

面向过程编程(Procedure-Oriented Programming，POP)将程序视为一系列顺序执行的步骤，其核心在于通过函数实现每个步骤的功能。这种编程范式的逻辑与传统工业生产流水线如出一辙，把复杂任务拆解为具体操作环节，各环节由函数独立完成，函数间依靠参数传递和返回值实现数据交互。

在面向过程编程体系中，数据和操作数据的函数相互独立。以学生成绩管理系统为例，该系统可拆解为成绩录入、平均成绩计算、成绩报告打印等多个步骤，每个步骤对应一个函数。当系统运行时，这些函数按顺序依次调用，从而完成成绩管理的整体任务。

面向过程编程具有逻辑清晰、结构简单的显著优势，对于初学者而言易于理解和掌握。在开发功能单一、规模较小的程序时，使用该范式能够快速达成需求。但随着程序规模扩大、功能趋于复杂，其弊端逐渐显现。由于数据与函数分离，程序的维护和扩展难度大幅增加。例如，若要在成绩管理系统中新增统计成绩标准差的功能，可能需要在多个函数中添加代码，这不仅提升了代码修改的复杂性，还容易引入错误。同时，大量函数调用和参数传递会降低程序可读性，给代码的理解和调试带来困难。

2.2.2 面向对象编程范式

面向对象编程(Object-Oriented Programming，OOP)以"对象"作为构建程序的核心，其包含类、对象、封装、继承和多态等基本概念，为程序员提供了模拟现实世界的强大工具。

类是对象的模板，它定义了对象所具备的属性(数据)和方法(函数)。对象则是类的具体实例，

一个类可创建多个具有相同属性和方法的对象。封装机制将对象的属性和方法包装起来,隐藏内部实现细节,仅对外提供公共访问接口,这有效提高了数据安全性和程序稳定性。

继承使得子类能够获取父类的属性和方法,实现代码复用。例如,"研究生"类可以继承"学生"类的基本属性和方法,并在此基础上添加研究生特有的属性和方法。多态性表现为相同的方法调用在不同对象上产生不同行为,通过方法重载和方法重写实现。

面向对象编程凭借良好的封装性、继承性和多态性,赋予程序出色的可维护性、可扩展性和可复用性。它能精准模拟现实世界中的事物和关系,尤其适合开发企业级应用程序、游戏等大型复杂软件系统。不过,该范式引入的类、对象、继承等概念,会使程序结构变得复杂,初学者理解难度较大;而且过度使用继承和复杂的对象关系,可能导致程序性能下降,增加调试难度。

2.2.3 函数式编程范式

函数式编程(Functional Programming, FP)以数学函数为基础,将计算过程视为函数求值。该范式强调函数的纯粹性,即函数不依赖外部状态且无副作用,并且函数在其中是一等公民,可以像数据一样被传递、返回和存储。

函数式编程的重要特性是数据的不可变性,数据一旦创建便不能修改。如果需要变更数据,会返回一个新的数据副本。同时,函数式编程大量运用高阶函数,即能够接受函数作为参数或返回函数的函数。常见的高阶函数如 map、filter 和 reduce,分别用于对数据进行转换、过滤和累积计算。

函数式编程具有代码简洁、易于测试和支持并行计算的优点。由于函数的纯粹性,其行为具有高度可预测性,便于代码调试和维护。并且,不可变的数据结构使其在处理大规模数据的并行计算任务时,能够有效避免多线程编程中常见的共享数据竞争问题。然而,大量递归和高阶函数的使用,会降低代码可读性,让不熟悉该范式的程序员难以理解;在处理需要频繁修改数据状态的场景时,其实现方式不够直观高效。

2.2.4 三种编程范式的比较与应用场景选择

面向过程编程、面向对象编程和函数式编程各有长短,在实际软件开发中,选择合适的编程范式至关重要。

从编程风格看,面向过程编程注重步骤和顺序,聚焦过程实现;面向对象编程围绕对象展开,模拟现实世界的事物和关系;函数式编程则着重于函数的组合与变换。

在应用场景方面,面向过程编程适用于开发功能简单、规模小的程序,如小型工具软件、脚本程序;面向对象编程擅长处理大型复杂软件系统,特别是需要模拟复杂现实关系的系统,如企业资源规划系统、客户关系管理系统;函数式编程在数据处理、大数据分析、人工智能等领域应用广泛,例如在机器学习中用于数据预处理和特征工程,确保数据处理的一致性和可重复性。

在现代软件开发实践中,混合使用多种编程范式的情况愈发普遍。例如,在大型项目中,以面向对象编程搭建主框架,利用函数式编程处理数据,采用面向过程编程实现简单辅助功能。这种方式充分发挥各范式优势,能够更好地应对复杂多变的开发需求,提升开发效率和软件质量。

2.3 Python 实践入门：语法基础、科学计算库

Python 作为一门高级编程语言，凭借简洁的语法、丰富的库资源及强大的跨平台特性，在人工智能、数据分析、科学计算等众多领域占据重要地位。尤其是在数据处理与算法实现方面，Python 及其生态库为开发者提供了高效便捷的工具。本节将从 Python 基础语法出发，深入介绍科学计算核心库 NumPy 和 Pandas，帮助读者快速掌握 Python 在实际项目中的应用能力。

2.3.1 Python 语法基础

Python 语言的设计哲学强调代码的可读性和简洁性，通过缩进格式来表示代码块，相较于其他使用大括号界定代码块的语言，更符合自然语言的阅读习惯，极大降低了代码的理解门槛。

数据类型与变量：Python 是一种动态类型语言，变量不必预先声明类型，系统会根据赋值自动推断变量类型。其基础数据类型丰富多样，包括整数(int)、浮点数(float)、布尔值(bool)、字符串(str)等。例如，将整数值 10 赋值给变量 x，x 即成为整数类型；后续若将字符串"hello"赋值给 x，x 的类型则自动转换为字符串。这种动态类型特性使得 Python 编程更加灵活，但也需要开发者在编写代码时关注数据类型的转换，避免出现类型错误。

控制流语句：控制流语句是程序逻辑的关键组成部分，Python 提供了 if 条件判断语句、for 循环语句和 while 循环语句。if 语句通过判断条件表达式的真假，决定是否执行相应的代码块。例如，根据学生成绩判断是否及格，可使用 if 语句实现：若成绩大于等于 60 分，则输出"及格"，否则输出"不及格"。for 循环常用于遍历可迭代对象，如列表、字符串等，在处理数据集合时，可通过 for 循环对每个元素执行相同的操作。while 循环则在条件表达式为真时，持续执行循环体代码，适用于不确定循环次数，仅依据条件控制循环的场景。

函数定义与调用：函数是实现代码复用和模块化的重要手段。在 Python 中，使用 def 关键字定义函数，函数可以接收参数并返回结果。函数参数分为位置参数、默认参数、可变参数和关键字参数等多种类型，灵活运用这些参数类型，能够满足不同的函数设计需求。例如，定义一个计算两数之和的函数，可通过传入不同的参数值，实现多次计算功能，提高代码的复用性。同时，Python 支持函数的嵌套定义和递归调用，为解决复杂问题提供了强大的编程能力。

模块与包：模块是 Python 组织代码的重要方式，一个 Python 文件就是一个模块，模块中可以包含函数、类和变量等代码对象。通过 import 语句，可在其他文件中引入模块，使用模块中定义的功能。例如，导入 Python 内置的 math 模块，即可使用其中的数学函数进行计算。包则是由多个模块组成的目录结构，用于管理和组织相关的模块。在大型项目开发中，合理使用模块和包，能够有效提高代码的可维护性和可扩展性，使项目结构更加清晰。

2.3.2 NumPy 科学计算库

NumPy(Numerical Python)是 Python 进行科学计算的基础库，其核心数据结构 ndarray(多维数组)为高效的数据处理和数值计算提供了支持。

ndarray 数据结构：ndarray 是一种类型均匀的多维数组对象，与 Python 原生列表相比，ndarray

在存储和运算上具有显著优势。ndarray 中的所有元素必须具有相同的数据类型,这使得它在内存中能够以连续的方式存储数据,大大提高了数据访问和运算的效率。同时,ndarray 支持任意维度的数组,从一维数组(类似于向量)到高维数组(如三维图像数据)都可以轻松表示。例如,在存储二维矩阵数据时,ndarray 能够以紧凑的形式存储,并支持高效的矩阵运算。

数组创建与操作:NumPy 提供了多种创建数组的方式,可根据不同需求选择合适的方法。可以通过 np.array()函数将 Python 列表转换为 ndarray;也可以使用 np.zeros()、np.ones()、np.arange()等函数创建具有特定初始化值的数组。例如,np.zeros(3, 4)将创建一个 3 行 4 列,元素全为 0 的二维数组。对数组的操作包括索引、切片、变形等,与 Python 列表的相关操作类似,但在多维数组中更加复杂和灵活。通过索引和切片操作,可以方便地访问和修改数组中的元素;使用 reshape()函数能够改变数组的形状,满足不同计算场景的需求。

数组运算与广播机制:NumPy 的强大之处在于其支持高效的向量化运算。向量化运算允许对整个数组进行操作,而不必编写显式的循环,这不仅简化了代码,还大幅提高了计算速度。例如,对两个数组进行加法运算,只需要直接使用+运算符,NumPy 会自动对相应位置的元素进行相加。广播机制是 NumPy 的另一大特色,它使得不同形状的数组之间也能进行运算。当进行运算的两个数组形状不匹配时,NumPy 会自动对较小的数组进行扩展,使其与较大数组的形状兼容,从而实现运算。广播机制在数据处理和科学计算中应用广泛,极大地提高了代码的简洁性和灵活性。

数学函数与线性代数运算:NumPy 内置了丰富的数学函数,涵盖三角函数、指数函数、对数函数等,可直接对数组进行操作,返回相同形状的结果数组。在线性代数领域,NumPy 提供了强大的支持,能够进行矩阵乘法、求逆、行列式计算等操作。例如,使用 np.dot()函数可以计算两个矩阵的乘积;通过 np.linalg.inv()函数能够计算矩阵的逆矩阵。这些功能使得 NumPy 在机器学习、图像处理等需要大量线性代数运算的领域中成为不可或缺的工具。

2.3.3 Pandas 数据处理库

Pandas 是 Python 用于数据处理和分析的核心库,它提供了 Series 和 DataFrame 两种强大的数据结构,以及丰富的数据处理函数,能够高效处理各种结构化数据。

Series 数据结构:Series 是一种带标签的一维数组,可用于存储一列数据,类似于 Python 列表,但 Series 不仅可以存储数值型数据,还能存储字符串、布尔值等多种数据类型,并且每个元素都有对应的标签(索引)。索引可以是默认的整数索引,也可以是自定义的标签索引。Series 的索引使得数据的访问和操作更加灵活,例如,可以通过索引快速获取指定位置或标签的数据。同时,Series 支持多种数学运算和函数操作,这些操作会自动对齐索引,保证数据处理的准确性。

DataFrame 数据结构:DataFrame 是二维表格型数据结构,类似于 Excel 表格,由行索引和列索引共同构成。DataFrame 的每一列可以是不同的数据类型,这使得它非常适合存储和处理结构化数据,如数据库表、统计报表等。在 DataFrame 中,可以方便地进行数据的增删改查操作。例如,通过列名可以直接访问某一列数据;使用 loc 和 iloc 索引器,能够根据标签或位置准确选取行和列的数据。DataFrame 还支持数据的合并、连接和分组操作,在数据清洗和分析过程中发挥着重要作用。

数据读取与写入:Pandas支持读取多种格式的数据文件,包括CSV、Excel、JSON、SQL

数据库等。通过pd.read_csv()、pd.read_excel()等函数,可以轻松将外部数据文件加载到DataFrame中,并进行后续处理。同时,Pandas 也提供了数据写入功能,使用to_csv()、to_excel()等函数,可将处理后的数据保存为相应格式的文件,方便数据的存储和共享。在实际数据处理项目中,数据的读取和写入是常见的操作,Pandas 的这些功能极大地提高了数据处理的效率。

数据清洗与分析:在数据分析过程中,数据清洗是必不可少的环节。Pandas 提供了丰富的数据清洗函数,可用于处理缺失值、重复值和异常值。例如,使用 dropna()函数可以删除包含缺失值的行或列;duplicated()函数能够检测数据中的重复行,并通过 drop_duplicates()函数删除重复数据。在数据清洗完成后,Pandas 还支持强大的数据分析功能,如数据的分组聚合、透视表操作等。通过 groupby()函数,可以按照指定的列对数据进行分组,并对每个分组进行统计计算,如求和、均值、计数等;使用 pivot_table()函数能够快速生成数据透视表,从不同维度对数据进行汇总分析,帮助用户发现数据中的规律和趋势。

2.4 软件开发流程:需求分析、版本控制与测试规范

软件开发是一项复杂的系统性工程,只有遵循科学规范的流程,才能确保软件产品的质量与开发效率。需求分析、版本控制和测试规范作为软件开发流程中的关键环节,分别承担着明确开发目标、管理代码演进、保障软件质量的重要职责。本节将深入阐述这三大环节的核心概念、操作方法与实践要点。

2.4.1 需求分析

需求分析是软件开发的起始与基石,其核心任务是将用户模糊的期望转化为清晰、准确且可实现的软件需求规格说明。这一过程不仅需要技术能力,更依赖于良好的沟通与分析能力。

1) 需求获取的方法与策略

需求获取是需求分析的首要步骤,常用方法包括用户访谈、问卷调查、原型设计和观察法等。用户访谈通过与用户面对面交流,深入了解用户需求、业务流程和使用场景,例如在开发企业财务管理软件时,与财务人员交流报销审批流程、账目核算需求等。问卷调查适用于收集大量用户的反馈,可通过设计结构化问题,快速获取用户对软件功能、界面等方面的期望。原型设计则通过创建软件的初步模型,让用户直观感受软件功能,提出修改意见,如开发移动应用时,先制作低保真原型展示页面布局和交互流程。观察法通过实地观察用户工作流程,发现潜在需求,如在医院信息系统开发中,观察医护人员日常操作流程,挖掘对电子病历录入、患者信息查询的实际需求。

在需求获取过程中,需要对用户需求进行分类,明确功能性需求(如软件应具备的具体功能)和非功能性需求(如性能、安全性、可维护性等)。例如,在线购物平台的功能性需求包括商品展示、购物车、支付等功能;非功能性需求则要求系统能支持高并发访问,数据传输需要加密以保障安全。

2) 需求分析与建模

获取需求后,需要对其进行深入分析和整理。通过建立需求模型,清晰呈现需求之间的关系和系统结构。常见的需求建模方法有数据流图、实体-关系图(ER 图)和用例图。数据流图展示数据在系统中的流动和处理过程,帮助理解系统功能;ER 图用于描述数据实体及其

之间的关系，在数据库设计中发挥重要作用；用例图从用户角度出发，展示系统的功能和用户与系统的交互，如在图书馆管理系统中，用例图可呈现读者借书、还书，管理员管理图书等功能。

需求分析过程中，要对需求进行优先级排序，区分关键需求和次要需求。采用 KANO 模型等工具，将需求分为基本型需求、期望型需求和兴奋型需求。基本型需求是软件必须满足的功能，缺失则用户无法接受；期望型需求满足程度越高，用户满意度越高；兴奋型需求是超出用户预期的功能，能带来惊喜。合理的优先级排序有助于在资源有限的情况下，确保关键功能优先实现。

3) 需求规格说明书的编写

需求规格说明书是需求分析的最终成果，是软件开发团队与用户之间的重要沟通文档，也是后续设计、开发、测试的重要依据。其内容应包括引言(项目背景、目的、范围等)、总体描述(产品功能、用户特点、一般约束等)、详细需求(功能性需求、非功能性需求的详细描述)等部分。编写时需遵循准确性、完整性、一致性和可验证性原则，避免使用模糊、歧义的语言，确保每个需求都可明确验证。例如，不能使用"系统应快速响应"这样模糊的表述，而应明确规定"系统在用户单击按钮后 1 秒内给出响应"。

2.4.2　版本控制与 Git 工具

版本控制是管理软件开发过程中代码变更的重要手段，能够记录代码的历史版本，追踪修改记录，支持多人协作开发。Git 作为目前最流行的分布式版本控制系统，为软件开发提供了强大、灵活的版本管理能力。

1) 版本控制的基本概念与作用

版本控制通过记录文件和目录的修改历史，使开发者能够在需要时回滚到特定版本，避免因错误修改导致代码无法使用。它支持并行开发，多个开发者可同时在不同分支上进行开发，互不干扰，完成后再将分支合并到主分支。此外，版本控制能清晰展示代码的演进过程，方便团队成员了解代码的变化情况，追溯问题源头。例如，在开源项目开发中，众多开发者通过版本控制协同工作，共同推动项目发展。

2) Git 的核心概念与工作流程

Git 是分布式版本控制系统，每个开发者的本地仓库都是一个完整的版本库，包含项目的所有历史记录，这与集中式版本控制系统(如 SVN)有本质区别。Git 的核心概念包括仓库(repository)、暂存区(staging area)、提交(commit)、分支(branch)和合并(merge)等。

仓库是存储项目代码和版本历史的地方，分为本地仓库和远程仓库(如 GitHub、GitLab)。暂存区用于临时存放即将提交的修改，开发者可选择性地将文件的修改添加到暂存区。提交是将暂存区的修改保存到本地仓库，形成一个新的版本节点，每个提交都有唯一的哈希值标识。分支是从主分支分离出来的独立开发线路，开发者可在分支上进行新功能开发或问题修复，完成后再合并回主分支。例如，开发团队在主分支上维护稳定版本，同时创建新功能分支进行开发，待功能测试通过后，合并到主分支发布。

3) Git 常用操作与实践

Git 的常用操作包括初始化仓库(git init)、添加文件到暂存区(git add)、提交更改(git commit)、创建和切换分支(git branch、git checkout)、合并分支(git merge)、推送和拉取代码(git push、git pull)

等。在实际项目中，开发者首先通过 git clone 命令将远程仓库克隆到本地，然后在本地进行代码开发。开发过程中，定期使用 git add 和 git commit 保存修改；需要开发新功能时，创建新分支，在分支上完成开发后，通过 git merge 将分支合并到主分支；最后使用 git push 将本地仓库的修改推送到远程仓库。在多人协作场景中，可能遇到代码冲突问题，此时需要手动解决冲突，通过比较不同版本的代码，选择正确的内容进行合并。

2.4.3 软件测试规范

软件测试是保证软件质量的关键环节，通过对软件进行检查和验证，发现并修复软件中的缺陷，确保软件满足需求规格说明书的要求。

1) 软件测试的基本概念与原则

软件测试是为了发现错误而执行程序的过程，其目标不仅是证明软件正确，更重要的是尽可能多地发现软件中的缺陷。软件测试应遵循尽早测试、全面测试、避免测试自己的代码、确定预期输出等原则。尽早测试意味着在软件开发的各个阶段(需求分析、设计、编码等)都应进行相应的测试，及时发现问题；全面测试要求覆盖软件的所有功能、性能、安全性等方面；避免测试自己的代码可减少主观因素影响，更客观地发现问题；确定预期输出则为判断软件是否正确提供依据。

2) 软件测试类型与方法

软件测试类型多样，按测试阶段可分为单元测试、集成测试、系统测试和验收测试；按测试方法可分为黑盒测试、白盒测试和灰盒测试。

单元测试针对软件中的最小可测试单元(如函数、类的方法)进行测试，使用测试框架(如 Python 的 unittest、pytest)编写测试用例，验证单元功能的正确性。例如，对一个计算两数之和的函数，编写多个测试用例，传入不同的参数组合，检查函数返回值是否正确。集成测试关注模块之间的接口和交互，检查模块集成后是否能正常工作，通过逐步集成模块，测试接口调用、数据传递等是否正确。系统测试将软件作为一个整体，在真实或模拟的环境中进行测试，验证软件是否满足需求规格说明书的要求，涵盖功能、性能、兼容性等方面。验收测试由用户参与，对软件进行最终确认，确保软件符合用户期望。

黑盒测试不关注软件内部实现，仅从用户角度测试软件功能，通过输入不同数据，检查输出是否正确；白盒测试则基于软件内部结构和代码逻辑进行测试，设计测试用例覆盖不同的代码路径；灰盒测试结合了黑盒和白盒测试的优点，既关注功能，又了解部分内部实现，适用于集成测试阶段。

3) 测试用例设计与缺陷管理

测试用例是软件测试的核心，其设计质量直接影响测试效果。测试用例应包含测试编号、测试目标、测试步骤、输入数据、预期输出和实际输出等内容。设计测试用例时，采用等价类划分、边界值分析、因果图等方法，确保测试用例的全面性和有效性。等价类划分将输入数据划分为有效等价类和无效等价类，从每个等价类中选取代表性数据进行测试；边界值分析关注输入数据的边界情况，因为边界处容易出现错误；因果图用于分析输入条件和输出结果之间的因果关系，进而设计测试用例。

当测试过程中发现软件缺陷时，需要进行规范的缺陷管理。缺陷管理工具(如 JIRA、Bugzilla)用于记录缺陷信息，包括缺陷描述、严重程度、优先级、复现步骤等。开发人员根据缺陷信息进行修复，测试人员对修复后的缺陷进行回归测试，确保问题已解决且未引入新的问题。通过完整的缺陷管理流程，保证软件质量不断提升。

2.4.4 软件开发流程的协同与优化

在实际软件开发项目中，需求分析、版本控制和测试规范这三个环节并非独立存在，而是紧密协作、相互影响。需求分析的结果指导版本控制中分支策略的制定和测试用例的设计；版本控制保障了在需求变更和代码迭代过程中，软件项目的有序推进；测试规范则通过发现问题，进一步完善需求分析，提升代码质量。

为了提高软件开发效率和质量，团队需要建立有效的沟通机制和协作流程。例如，定期召开需求评审会议，确保开发团队准确理解用户需求；在版本控制方面，制定统一的分支管理策略，规范代码提交和合并流程；在测试阶段，测试人员与开发人员密切配合，及时反馈缺陷信息，共同解决问题。同时，引入敏捷开发、DevOps 等先进的开发理念和方法，实现软件开发流程的持续优化，快速响应需求变化，交付高质量的软件产品。

课后习题

一、选择题

1. 以下算法中，平均时间复杂度为 $O(n\log n)$ 的是(   )。
   A. 冒泡排序　　　　B. 快速排序　　　　C. 插入排序　　　　D. 选择排序
2. 面向对象编程的三大特性不包括(   )。
   A. 封装　　　　　　B. 继承　　　　　　C. 多态　　　　　　D. 递归
3. 在 Python 中，用于将列表转换为 NumPy 数组的函数是(   )。
   A. np.array()　　　　B. np.zeros()　　　　C. np.ones()　　　　D. np.arange()
4. 软件测试中，针对软件最小可测试单元进行的测试是(   )。
   A. 集成测试　　　　B. 系统测试　　　　C. 单元测试　　　　D. 验收测试
5. 函数式编程的重要特性是(   )。
   A. 数据可变　　　　B. 函数有副作用　　C. 数据不可变　　　D. 依赖外部状态
6. 在 Git 中，用于将文件添加到暂存区的命令是(   )。
   A. git commit　　　B. git add　　　　C. git push　　　　D. git pull
7. 下列时间复杂度中，效率最高的是(   )。
   A. $O(n^2)$　　　　B. $O(n)$　　　　　C. $O(\log n)$　　　　D. $O(n\log n)$
8. Pandas 库中，用于存储二维表格型数据的数据结构是(   )。
   A. Series　　　　　B. DataFrame　　　C. ndarray　　　　D. List

二、填空题

1. 算法复杂度分析主要包括_____复杂度和_____复杂度。
2. 面向过程编程中，数据和_____是相互独立的。

3. NumPy 库的核心数据结构是_____，它是一种_____的多维数组对象。

4. 软件测试按测试方法可分为黑盒测试、_____测试和_____测试。

5. Git 是一种_____版本控制系统，每个开发者的本地仓库都包含项目的_____。

三、简答题

1. 简述冒泡排序的基本原理，并分析其时间复杂度。

2. 对比面向对象编程和面向过程编程的特点，说明它们各自的适用场景。

3. 说明 Python 中函数式编程的主要特性，并举例说明高阶函数的应用。

4. 解释 Pandas 中 Series 和 DataFrame 数据结构的区别与联系。

5. 简述软件需求分析的主要步骤和常用方法。

四、论述题

1. 结合具体案例，论述在软件开发项目中如何综合运用需求分析、版本控制和测试规范，确保软件质量和项目进度。

2. 分析在实际应用中，不同排序算法和搜索算法的选择依据，说明算法选择对程序性能的影响。

五、实践操作题

1. 使用 Python 实现一个简单的学生成绩管理程序，要求包含以下功能：

能够录入学生的姓名、成绩；

计算并输出所有学生的平均成绩；

使用面向过程编程和面向对象编程两种方式实现，对比分析两种实现方式的代码结构和特点。

2. 利用 NumPy 和 Pandas 库，对一个包含学生考试成绩的 CSV 文件进行处理：

读取 CSV 文件数据到 DataFrame 中；

计算每个科目的平均分；

筛选出总分排名前 10 的学生；

将处理后的数据保存为新的 CSV 文件。

第 3 章

人工智能概述与技术演进

3.1　人工智能的定义与分类

3.1.1　人工智能的定义

人工智能(Artificial Intelligence, AI)作为一门跨学科领域，旨在研究、开发能够模拟、延伸和扩展人类智能的理论、方法、技术及应用系统。它融合了计算机科学、数学、心理学、哲学、语言学等多学科的知识，致力于使计算机系统能够执行通常需要人类智能才能完成的任务，如学习、推理、问题解决、知识表示、规划、自然语言处理、感知、运动控制及社交互动等。

简单来说，人工智能是通过计算机算法和模型，赋予机器以某种程度的"智能"，使其能够像人类一样理解环境、做出决策并采取行动。这一过程不仅限于简单的自动化，而是追求更高层次的认知能力，包括理解复杂情境、自我学习与适应、创造性和批判性思维等。

3.1.2　人工智能的分类

根据其能力范围和应用场景，人工智能通常被划分为弱人工智能(Weak AI)、强人工智能(Strong AI)及近年来兴起的生成式人工智能(Generative AI)。

1. 弱人工智能(Weak AI)

定义：弱人工智能，也称为窄人工智能(Narrow AI)，是指那些设计用于执行特定任务或解决特定问题的 AI 系统。这类 AI 虽然在特定领域内表现出色，但缺乏真正的理解力、自我意识和跨领域迁移学习的能力。它们通常基于大量的数据训练，通过模式识别和机器学习算法来优化特定任务的性能。

特点：弱人工智能系统通常是为解决某一具体问题而设计的，如语音识别系统只能处理语音相关的任务，图像识别软件只能识别图像中的物体等。它们在其特定领域内可以表现得非常出色，甚至超过人类的表现，但在其他领域则毫无能力。例如，围棋人工智能 AlphaGo 在围棋领域展现出了超强实力，但它对围棋之外的其他问题，如自然语言理解、图像绘制等则一无所知。

应用：广泛应用于各个领域，如医疗影像诊断、金融风险预测、智能语音助手、自动驾驶汽车的部分功能等。这些应用通过利用弱人工智能的强大数据处理和模式识别能力，为人们提供了高效、准确的服务。

2. 强人工智能(Strong AI)

定义：又称通用人工智能，是一种具有人类水平智能的人工智能，能够理解、学习并应用知识来解决各种问题，具备与人类相似的认知能力和意识。

特点：强人工智能不仅能够在多个领域表现出智能，还能像人类一样进行抽象思考、拥有自我意识和情感等。它可以理解复杂的人类语言，进行创造性的思维活动，并且能够在不同的情境中灵活运用知识和经验。然而，目前强人工智能尚未实现，仍处于理论研究和探索阶段。

应用：如果强人工智能得以实现，其应用将几乎涵盖所有领域，能够替代人类完成各种复杂的任务，甚至在科学研究、艺术创作等需要高度创造力的领域也能发挥重要作用。但由于技术和伦理等多方面的挑战，强人工智能的发展还面临着许多困难。

3. 生成式人工智能(Generative AI)

定义：是一种能够生成新的内容，如文本、图像、音频、视频等的人工智能技术。它基于深度学习算法，通过对大量已有数据的学习和分析，掌握数据的模式和规律，进而生成全新的、具有一定创造性的内容。

特点：生成式 AI 具有很强的创造性和灵活性，能够生成多样化的内容。例如，生成式对抗网络(GAN)可以生成逼真的图像，而变分自编码器(VAE)则可以生成具有语义逻辑的文本。此外，一些大型语言模型如 GPT 系列，不仅可以生成连贯的文本，还能执行对话、翻译、问答等多种任务，展现出了强大的语言生成能力。

应用：在创意设计、内容创作、虚拟场景生成、智能客服等领域有广泛的应用。它可以帮助设计师快速生成创意草图，为作家提供创作灵感，为游戏开发者创建虚拟环境，以及为客户提供个性化的服务等。同时，生成式 AI 也在医疗、教育等领域发挥着越来越重要的作用，如生成医学影像、辅助教学材料等。

3.2 技术发展脉络

在人工智能的探索征程中，技术发展经历了多次重大转折与突破。从早期以逻辑推理为主的符号主义，到如今凭借海量数据驱动的深度学习，每一次变革都重塑了人工智能的发展轨迹，深刻影响着人类社会的生产与生活方式。

1. 符号主义：人工智能的逻辑起点

符号主义诞生于 20 世纪 50 年代，是人工智能发展初期的主流学派，也被称为逻辑主义、心理学派或计算机学派。其核心思想认为人工智能源于数理逻辑，人类的认知过程可以通过符号系统进行表达和处理，机器能够通过对符号的操作和逻辑推理来实现智能。

在符号主义的指导下，研究人员致力于构建基于规则的专家系统和知识表示方法。例如，1972 年开发的 MYCIN 系统是一个用于诊断和治疗感染性疾病的专家系统，它将医学专家的知识编码成一系列规则，如"如果患者有发烧症状，且白细胞计数升高，那么可能存在细菌感染"；通过对患者症状等输入信息进行逻辑推理，给出诊断建议和治疗方案。此外，有基于语义网络和框架表示的知识系统，通过结构化的方式描述知识之间的关系，使机器能够理解和处理复杂的语义信息。

然而，符号主义面临诸多局限性。一方面，构建大规模的知识库和规则系统需要耗费大量的人力和时间，且难以覆盖所有的知识和情况；另一方面，现实世界中的问题往往具有不确定性和模糊性，单纯的逻辑推理难以应对。随着研究的深入，符号主义在处理复杂问题时的瓶颈逐渐显现，促使人工智能领域开始寻求新的技术突破。

2. 连接主义：神经网络的探索与沉寂

连接主义以仿生学为基础，认为人工智能应模拟人类大脑神经元的结构和工作方式。其核心是人工神经网络，通过大量神经元之间的相互连接和权重调整，实现对信息的处理和学习。1943年，McCulloch 和 Pitts 提出了神经元的数学模型，为神经网络的发展奠定了理论基础；1957 年，Rosenblatt 提出感知机模型，这是一种简单的单层神经网络，能够对线性可分的数据进行分类。

但早期的神经网络存在诸多问题，如无法处理非线性问题、学习能力有限等。1969 年，Minsky 和 Papert 在《感知机》一书中证明了单层感知机的局限性，导致神经网络的研究陷入低谷，进入了长达十余年的沉寂期。

3. 行为主义：从环境交互中学习智能

行为主义兴起于 20 世纪 80 年代，该学派认为人工智能应源于对环境的交互和适应，强调智能是在与环境的互动过程中逐步涌现的，而不是通过预先设定的规则或模型实现。其代表成果是基于行为的机器人控制方法。

以 Brooks 提出的包容架构为例，机器人被设计为多个层次的行为模块，每个模块负责处理特定的任务，如避障、寻路等。这些模块之间通过简单的优先级关系进行交互，机器人在与环境的不断交互中，根据传感器获取的信息，自主选择合适的行为模块，从而完成复杂的任务。行为主义的理念为人工智能在机器人领域的应用开辟了新的道路，但由于过于强调行为而忽视了知识的表示和推理，在处理复杂认知任务时存在一定的局限性。

4. 深度学习革命：数据驱动的智能飞跃

20 世纪末到 21 世纪初，随着计算机性能的提升和海量数据的积累，深度学习技术开始崛起。深度学习是一种基于人工神经网络的机器学习方法，通过构建多层神经网络，自动从大量数据中提取特征和模式，实现对数据的高效处理和分析。

2006 年，Hinton 提出了深度学习的概念和逐层贪婪训练算法，解决了深层神经网络训练困难的问题，引发了深度学习的研究热潮。2012 年，AlexNet 在 ImageNet 图像识别竞赛中以巨大优势夺冠，展示了深度学习在图像识别领域的强大能力。此后，深度学习在自然语言处理、语音识别、自动驾驶等领域取得了突破性进展。

在自然语言处理方面，Transformer 架构的出现彻底改变了语言模型的格局。基于Transformer 的 GPT 系列模型和 BERT 模型，能够对海量文本数据进行学习，实现语言翻译、文本生成、问答系统等复杂任务。在语音识别领域，深度学习模型通过对大量语音数据的学习，大幅提高了语音识别的准确率，使得智能语音助手得以广泛应用。

深度学习的成功得益于其强大的特征学习能力和对海量数据的适应性。通过自动学习数据中的特征，深度学习避免了传统机器学习中人工设计特征的烦琐过程，能够处理图像、语音、文本等复杂数据类型，为人工智能的发展带来了革命性的变化。

从符号主义到深度学习革命，人工智能技术的发展不断突破边界，每一次变革都为后续研究奠定了基础。未来，随着技术的不断融合与创新，人工智能有望在更多领域实现新的突破，为人类社会创造更大的价值。

3.3 主流技术分支

在人工智能技术从符号主义迈向深度学习革命的进程中，衍生出多个极具影响力的主流技术分支，其中机器学习、自然语言处理(NLP)和计算机视觉(CV)尤为突出。它们不仅各自取得了重大突破，还相互融合，推动着人工智能在不同领域的广泛应用。

1. 机器学习：人工智能的核心驱动力

机器学习是一门致力于研究如何让计算机从数据中学习规律，并利用这些规律进行预测或决策的学科，堪称人工智能的核心技术分支。它涵盖了众多算法和模型，根据学习方式的不同，主要分为有监督学习、无监督学习、半监督学习和强化学习。

有监督学习是在有标签的数据上进行训练，通过学习输入与输出之间的映射关系，实现对新数据的预测。例如在垃圾邮件分类中，将大量已标注为"垃圾邮件"或"正常邮件"的邮件数据输入模型，模型学习其中特征与标签的关联，从而能够对新收到的邮件进行分类。决策树、支持向量机、逻辑回归等都是监督学习的经典算法。

无监督学习则处理无标签的数据，旨在发现数据中的潜在结构和模式。聚类算法是无监督学习的典型应用，如将客户按照消费行为和偏好进行聚类，帮助企业制定精准营销策略。主成分分析(PCA)也是常用的无监督学习方法，用于数据降维，去除冗余信息。

半监督学习结合了少量有标签数据和大量无标签数据进行学习，在数据标注成本较高的场景中具有重要应用价值。强化学习通过智能体与环境的交互，以奖励机制为引导，学习如何采取最优行动策略。例如在游戏领域，AlphaGo通过强化学习，在与自身不断对弈中提升棋艺，战胜人类顶尖棋手。

机器学习在金融风控、医疗诊断、推荐系统等领域广泛应用。在金融领域，用于预测信用风险、识别欺诈交易；在医疗领域，辅助医生诊断疾病、预测疾病发展趋势。

2. 自然语言处理(NLP)：让机器理解人类语言

自然语言处理专注于实现人与计算机之间用自然语言进行有效通信，目标是让计算机理解、生成和处理人类语言。它涉及词法分析、句法分析、语义理解、文本生成等多个研究方向。

早期的NLP基于规则和统计方法，随着深度学习的发展，神经网络模型在NLP领域展现出强大优势。循环神经网络(RNN)、长短时记忆(LSTM)网络、门控循环单元(GRU)能够处理序列数据，在语言建模、机器翻译等任务中发挥了重要作用。Transformer架构的出现更是带来了革命性变化，其强大的并行计算能力和注意力机制，使NLP模型在性能上大幅提升。基于Transformer的BERT和GPT系列模型，成为NLP领域的标志性成果。BERT通过双向预训练，在文本理解任务上表现出色；GPT系列则擅长文本生成，可用于对话系统、文章写作等。

NLP在智能客服、智能写作、机器翻译、信息检索等场景广泛应用。智能客服能够自动回答用户问题，处理常见咨询；智能写作工具可辅助生成新闻稿件、营销文案等；机器翻译实现了不同语言之间的快速转换，促进跨文化交流。

3. 计算机视觉(CV)：赋予机器"视觉"能力

计算机视觉旨在让计算机理解和解释图像或视频中的内容，模拟人类视觉系统的功能。它主要包括图像分类、目标检测、语义分割、图像生成等任务。

传统计算机视觉依赖手工设计的特征提取方法，如 SIFT(尺度不变特征变换)、HOG(方向梯度直方图)。深度学习的兴起，使得卷积神经网络(CNN)成为计算机视觉的主流技术。CNN通过卷积层、池化层和全连接层，自动提取图像的特征，在图像分类任务上取得了优异成绩，例如 AlexNet 在 ImageNet 图像识别竞赛中的突破性表现，推动了计算机视觉领域的快速发展。之后，ResNet、DenseNet 等网络结构不断优化，进一步提升了模型性能。

在目标检测方面，YOLO(You Only Look Once)、Faster R-CNN 等算法能够快速准确地检测图像或视频中的多个目标；语义分割则将图像中的每个像素进行分类，常用于自动驾驶、医学图像分析等领域。图像生成技术，如生成对抗网络(GAN)，可以生成逼真的图像，在艺术创作、虚拟场景生成等方面具有广泛应用前景。

计算机视觉在安防监控、自动驾驶、工业检测、医疗影像分析等领域发挥着重要作用。安防监控中，通过人脸识别和行为分析实现安全防范；自动驾驶汽车依靠计算机视觉识别道路、交通标志和障碍物；工业检测利用计算机视觉检测产品缺陷，提高产品质量。

课后习题

一、选择题

1. 以下属于弱人工智能的是( )。
   A. 能自主推理的通用型 AI 系统　　　　B. 仅能识别图像的计算机视觉程序
   C. 具备自我意识的强 AI　　　　　　　D. 生成原创小说的 GPT 模型
2. 符号主义的核心思想是( )。
   A. 模拟人类大脑神经元结构　　　　　B. 通过环境交互学习智能
   C. 基于数理逻辑与符号系统实现智能　D. 依赖海量数据驱动的深度学习
3. 生成式对抗网络(GAN)属于哪个技术分支( )。
   A. 自然语言处理　　　　　　　　　　B. 计算机视觉
   C. 机器学习　　　　　　　　　　　　D. 行为主义

二、填空题

1. 人工智能根据能力范围可分为弱人工智能、_____和生成式人工智能。
2. Transformer 架构的出现彻底改变了_____领域的模型格局。
3. 监督学习需要使用_____数据进行训练，而无监督学习处理_____数据。

三、简答题

1. 简述生成式人工智能的特点及典型应用场景。
2. 为什么深度学习在 21 世纪初成为人工智能的主流技术？
3. 简述弱人工智能与强人工智能的核心差异。

第 4 章

机器学习基础

课程目标

知识目标：掌握机器学习的主要任务类别，了解有监督学习、无监督学习、半监督学习、自监督学习和强化学习的特点，熟悉常见的分类算法，理解线性回归、多项式回归、LASSO回归和岭回归的基本原理，熟悉K均值聚类和DBSCAN算法的基本原理和步骤，掌握模型评估的基本概念。

能力目标：能够搭建和训练分类和回归模型，能够对数据进行收集、标注和特征提取等，能够对训练好的模型进行评估，能够选择最优的模型。

素养目标：鼓励学生在机器学习算法的选择和应用过程中发挥创新思维，探索新的方法和解决方案；培养学生对新兴机器学习技术的关注、分析和学习能力，能够运用机器学习方法解决问题。

重难点

重点：机器学习的基本概念和分类，分类算法的基本原理，回归算法的基本原理和求解方法，聚类算法的基本原理和步骤，泛化能力、数据集划分方法和性能度量指标。

难点：对分类算法、回归算法、聚类算法的理解，评估与选择模型时的综合考虑因素。

4.1 机器学习的概念与分类

4.1.1 机器学习的概念

人工智能研究领域自诞生以来，已发展成为一个庞大而复杂的研究体系，并衍生出许多子领域，如计算机视觉、语音处理、自然语言处理、机器翻译、专家系统、知识推理、数据挖掘等，其中一个子领域称为机器学习(Machine Learning，ML)。机器学习这一术语是 Arthur Samuel 于 1959 年提出的。顾名思义，机器学习的研究内容就是如何让机器(计算机)能像人一样从外部输入的信息(数据)中学习到有用的知识(而不只是单纯地执行预设的程序指令)，并利用这些知识来不断优化自身的结构，从而不断提升自己的工作表现。机器学习领域所研究的内容是适合于机器的学习方法。

换言之，机器学习是专门研究计算机模拟或实现人类的学习行为，以获取新的知识或技能，重新组织已有的知识结构，使之不断改善自身。机器学习最基本的做法，就是使用算法解析数据并从中学习，然后对真实世界中的事件做出决策和预测。

与传统的为完成特定任务、硬编码的软件不同，机器学习使用大量数据来"训练"，通过各种算法从数据中学习如何完成任务。例如，邮箱里有自动垃圾邮件分类程序，它的工作就是收到一封邮件后，通过查看内容判断它是否为垃圾邮件。那么，它是如何判断的呢？需要先有一堆邮件，以提取判断邮件正常与否的特征数据(如关键词、词频等)，并对其中的普通邮件和垃圾邮件进行标注；随后，通过某种算法来构建一个模型；然后，用数据对模型进行训练，从而得到一条回归曲线；收到一封邮件后，判断它与曲线的距离，如果远离正常邮件回归曲线，则认为是垃圾邮件。构建的模型从数据中学习以判断垃圾邮件，这就是机器学习。垃圾邮件分类过程如图4-1所示。

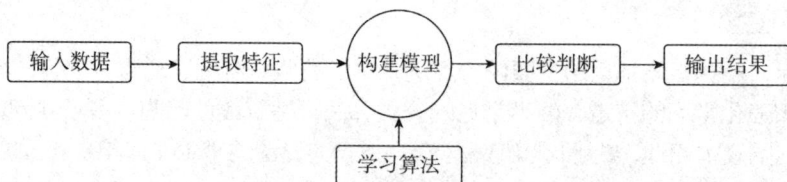

图4-1　垃圾邮件分类过程

卡内基梅隆大学(Carnegie Mellon University，CMU)计算机系的Tom Mitchell赋予机器学习一个更被人们广泛接受的定义：假设用 P 评估计算机程序在某任务类 T 上的性能，若一个程序利用经验 E 在 T 任务上获得了性能改善，则认为关于 T 和 P，该程序对 E 进行了学习。以计算机下围棋程序为例，经验 E 就是通过学习现有的高水平围棋棋谱，再加上程序成千上万次的自我对弈后积累形成的下棋策略；任务 T 就是下围棋；性能度量值 P 就是在与对手进行围棋比赛时获胜的概率。

机器学习是人工智能的核心，是使计算机具有智能的根本途径。它是一门多领域交叉学科，涉及计算机科学、概率论、统计学、最优化理论、控制论、信息论、决策论、认知科学等多个领域。

在计算机系统中，经验通常以数据形式存在，因此机器学习的主要研究内容是使计算机从已有数据中产生模型的算法(即学习算法)，以便利用基于经验数据得到的模型(这里的"模型"泛指从数据中学得的结果)对新情况做出判断或者预测。由此可见，要进行机器学习，首先要有数据(data)。假设要对某个商品楼盘的售价情况进行预测分析，如果收集了不同特征的楼盘和所对应的价格信息，包括房屋的面积、户型、楼层、地理位置、物业、开发商、周边配套等，这组记录的集合就称为一个数据集(data set)；其中每条记录是关于一个事件或对象的描述，称为示例(instance)或样本(sample)。反映事件或对象在某方面的表现或性质的事项，称为属性(attribute)或特征(feature)；属性的取值称为属性值；属性所构成的空间称为属性空间(attribute space)、样本空间(sample space)或输入空间。利用学习算法从数据中学得模型的过程称为学习或训练，得到的模型有时又称为学习器(learner)。在训练过程中使用的数据称为训练数据，其中每个样本称为一个训练样本，其组成的集合称为训练集(training set)。

机器学习的目标是使学到的模型能很好地适用于新样本，而不仅是训练集。模型适用于新样本的能力称为泛化(generalization)能力。通常假设样本空间中的全部样本服从一个未知分布，每个样本均从这个分布中独立获得，即独立同分布(independent and identically distributed，i.i.d)。一般而言，训练样本越多，越可能通过学习获得具有较强泛化能力的模型。

4.1.2　机器学习的任务类别

机器学习任务的类别非常丰富，可从不同角度进行划分。例如，从学习目标角度，机器学习可分为分类、回归、排序、聚类、降维等；从模型功能角度，可分为生成式模型和判别式模型。另外，还可从模型复杂度、可解释性、可扩展性等角度进行划分。

1. 分类

分类(classification)是指通过对数据集进行学习，得到一个分类模型或分类器，从而把每一个输入样本 x 映射到预先定义的类别标签 y 上，即分类模型 f 是一个从向量到整数的映射。若类别标签的数量为 2，称为二分类问题，此时类别标签一般设置为+1 和-1，分别表示正样本和负样本；若涉及多个类别，则称为多分类问题。例如，人脸识别、垃圾邮件过滤是二分类问题，识别手写阿拉伯数字 0～9 是一个典型的多分类问题。

2. 回归

分类关注的是离散的类别标签，而回归(regression)是指从一组数据出发，建立因变量与一个或多个数值型自变量之间的数学关系模型，在此基础上对数值型因变量的取值做出预测或估计。换句话说，回归的预测函数 f 是一个从自变量 x 到因变量 y 的映射。根据因变量和自变量的函数表达式不同，可将回归模型分为线性回归模型和非线性回归模型；根据因变量和自变量的个数不同，还可将其分为一元回归模型与多元回归模型。

3. 排序

很多实际应用都离不开排序(ranking)，如信息检索、协同过滤、产品评级、广告业务推送等。排序学习是指使用机器学习的方法训练得到对数据特征排序的模型，据此模型得到可靠的排序结果。

根据训练数据的不同，排序学习方法可分为基于单个样本的 pointwise 算法、基于样本对的 pairwise 算法及基于样本列表的 listwise 算法。其中，pointwise 算法将训练集中的每个查询-文档对作为一个训练数据，并采用合适的分类或回归方法进行学习，从而得到排序模型；pairwise 算法的每个输入数据为一对具有偏序关系的文档，基于这些数据对进行学习，从而得到排序模型；listwise 算法则将每个查询的结果列表看成一个训练数据，算法的关键在于如何定义损失函数并选用合适的工具进行学习。

4. 聚类

聚类(clustering)是指将一组物理的或抽象的对象，根据它们之间的相似性，分为若干不相交的簇(cluster)。假设样本集 $D=(x_1, x_2, …, x_m)$ 包含 m 个无标记样本(unlabled sample)，其中每个样本 $x(x_{i1}, x_{i2}, …, x_{in})$ 都是一个 n 维特征向量，聚类算法将样本集 D 划分成 k 个不相交的簇 $\{C_l|\ l=1, 2, …, k\}$，其中

$$C_{l'}\bigcap_{l'\neq l} C_l = \varnothing, \quad D = \bigcup_{l=1}^{k} C_l$$

常见的聚类算法包括划分聚类算法(如 K-Means、K-Medoids 等)、层次聚类算法(如 BIRCH、

ROCK)、基于密度的聚类算法(如 DBSCAN、OPTICS、DENCLUE)、基于网格的聚类算法(如 STING、CLIQUE、WaveCluster)及基于模型的聚类算法。

5. 降维

降维(dimensionality reduction)是指通过某种数学变换,将原始高维属性空间的样本映射到低维子空间,并保证其中所包含的有效信息不丢失。降维技术已成为很多算法进行数据预处理的重要手段,最典型的应用就是在机器学习问题中进行特征选择,以便获得更好的分类效果。

降维算法可根据所采用策略的不同进行不同的分类。例如,根据样本信息是否可利用,可分为监督降维方法、半监督降维方法及无监督降维方法;根据所要处理的数据类型的不同,降维技术又分为线性降维技术和非线性降维技术。线性降维技术包括主成分分析(PCA)、独立成分分析(ICA)、线性判别分析(LDA)等,非线性降维技术包括等度量映射(Isomap)、局部线性嵌入(LLE)、核 PCA 等。

4.1.3 机器学习策略

根据训练数据(是否包含输出信息)特性的角度,机器学习可分为有监督学习(或简称为监督学习)、无监督学习、半监督学习、自监督学习、强化学习等,如图 4-2 所示。

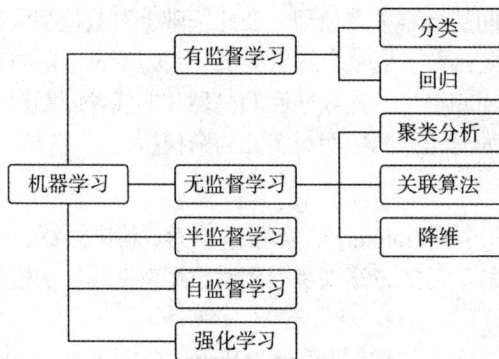

图 4-2 机器学习

1. 有监督学习

有监督学习(Supervised Learning,SL)是指从带有标签(label)信息的训练样本集中学习并得到一个模型,然后使用该模型对新样本的标签值进行合理的推断。

假设训练样本由输入值与标签值(x,y)组成,其中,x 为样本的特征向量,是模型的输入值;y 为标签值,是模型的输出值。有监督学习的目标是给定训练集,根据它确定映射函数 $y=f(x)$,使得它能很好地解释训练样本,让函数输出值与样本真实标签值之间的误差最小化。

常见的有监督学习算法包括决策树、支持向量机、k 最近邻(k-Nearest Neighbor,kNN)算法、朴素贝叶斯分类器(Naive Bayesian Classifier,NBC)等。

2. 无监督学习

无监督学习(Unsupervised Learning,UL)处理的数据都是无标签的,其目的是从中发掘关联规则,或根据样本的某些属性进行聚类或排序,以便发现样本集的某种内在结构或分布规律。

利用无监督学习可解决关联分析、聚类和数据降维等问题。常见的无监督学习算法包括稀疏自编码(Sparse Auto-Encoder，SAE)、主成分分析(Principal Component Analysis，PCA)、K-Means算法、最大期望(Expectation-Maximization，EM)算法等。

3. 半监督学习

半监督学习(Semi-Supervised Learning，SSL)是有监督学习和无监督学习相结合的一种学习策略，一般针对的是训练集中同时存在有标签数据和无标签数据，并且无标签数据的数量远多于有标签数据的情况。通常人们需要先对无标签数据进行一些预处理(如根据它们与有标签数据之间的相似性来预测其伪标签)，再利用它们来协助原有的训练过程。

常见的半监督学习主要有直推式(transductive)和归纳式(inductive)两种模式。直推式半监督学习只处理样本空间内给定的训练数据，基于"封闭世界"假设，不具备泛化能力；归纳式半监督学习需要处理未知的样例。从应用场景角度看，半监督学习可分为半监督分类、半监督回归、半监督聚类和半监督降维。

4. 自监督学习

自监督学习(Self-supervised Learning)是一种机器学习范式，它不依赖人工标注的标签数据，而是从数据本身的结构或特性中自动生成监督信号，让模型学习到数据的有用表示。简单来说，就是让模型自己"出题"并"解题"，从而学习到数据的内在规律和特征。

5. 强化学习

强化学习(Reinforcement Learning，RL)又称为增强学习、再励学习，它从动物学习、参数扰动自适应控制等理论发展而来，无须依赖预先给定的离线训练数据，而以一种"试错"(trial-and-error)的方式进行学习，通过与环境不断进行交互获得奖赏来指导行为，目标是使获得的累积奖赏值最大化。

强化学习的常见模型是标准的马尔可夫决策过程(Markov Decision Process，MDP)。按给定条件，强化学习可分为基于模型的强化学习(model-based RL)和无模型强化学习(model-free RL)，或者主动强化学习(active RL)和被动强化学习(passive RL)。强化学习的变体包括逆向强化学习、分层强化学习和部分可观测系统的强化学习。求解强化学习问题所使用的算法可分为策略搜索算法和值函数(value function)算法两类。此外，将深度学习模型应用于强化学习，可形成深度强化学习。

4.2 分类

可依靠机器学习算法，通过以下步骤对事物进行分类(如对老虎和狮子等的分类)。

4.2.1 数据收集与预处理

1. 数据收集

首先需要大量的图像数据，这些图像包括老虎和狮子的各种形态。例如，从野生动物摄影网站、动物园的图片库等来源收集图片。这些图片要涵盖不同角度、不同光照条件、不同姿态(如行走、奔跑、休息)的老虎和狮子。

除了图像，还可收集其他类型的数据，如声音(老虎和狮子的吼叫声)、视频等，以增加分类的维度。

2. 数据标注

对收集到的图像进行标注，明确指出每张图片是老虎还是狮子。这通常由人工完成，标注人员需要有一定的专业知识，能准确区分两种动物。例如，标注人员会查看图片，根据动物的外貌特征(如毛发颜色、花纹、体型等)来确定种类。

3. 数据预处理

数据预处理包括图像的裁剪、缩放等操作，使所有图像的大小和格式统一。例如，将所有图像裁剪为正方形，并缩放到相同的尺寸，如 224×224 像素。这是因为大多数深度学习模型要求输入的图像有固定的尺寸。

还要对图像进行归一化处理，将像素值从 0~255 调整到 0~1。这样可加快模型训练的速度，且有助于提高模型的性能。

4.2.2　特征提取

1. 手工特征提取

在传统机器学习方法中，需要人为提取特征。为区分老虎和狮子，可提取一些直观的特征。以毛发颜色特征为例，老虎的毛发通常是黄色带黑色条纹，而狮子的毛发是黄色。可通过图像处理算法计算图像中不同颜色区域的分布情况，并将其作为特征。

身体轮廓特征也很重要。老虎的体型相对修长，四肢较长，而狮子的体型较壮实，尤其是雄狮有鬃毛。可使用边缘检测算法来提取动物的身体轮廓，然后用轮廓的形状特征(如长宽比、凹凸程度等)来区分两种动物。

花纹特征是区分老虎和狮子的关键。老虎的条纹是其显著特征，可通过图像纹理分析算法来提取条纹的密度、方向等特征。狮子没有明显的条纹，但雄狮的鬃毛可以作为一种特殊的纹理特征。

2. 机器学习模型分类

提取完特征后，可使用支持向量机(SVM)、决策树、kNN 等传统机器学习模型进行分类。以 SVM 为例，它会在特征空间中找到一个最优的超平面，将老虎和狮子的特征数据分开。这个超平面是通过训练数据来确定的，训练数据包括已经标注好类别的特征向量。模型会根据训练数据学习到的特征与类别的关系，对新图像进行分类。

可见，数据是人工智能领域一切信息的载体。处理分类问题时，人工智能所面对的一切事物都需要先将其转换成数据输入，然后基于对已存储的内部数据的处理和运算进行决策输出。对于不同数据，需要明确它们的专有名称。

4.2.3　特征与特征向量

事物某些方面的特点或属性叫作特征(feature)，对特征进行刻画的数据叫作特征向量。

4.2.4　标签与标签数据

对事物进行的结论性描述或界定叫作标签，对标签进行刻画的数据叫作标签数据。以老虎与狮子为例，人工智能基于它们的毛发颜色、花纹、身体轮廓进行区分。毛发颜色、花纹、身体轮廓是特征示例，所测得的各个具体数值是特征向量；种类是分类的标签；"老虎""狮子"等用来描述品种的数据叫作标签数据。

4.2.5 分类器

在理解分类器(classifier)如何工作前，先了解一下什么是分类器。人们在看到不认识的花时，很自然会问这是什么花；在动物园看到没见过的动物时，也想知道这种动物的名称。气象研究人员想利用云层图像的颜色、形状等特征来预测今天是晴天、多云还是雷雨天气。电子邮箱会根据电子邮件的标题和内容来区分垃圾邮件和正常邮件。在生活和工作中，人们经常会察异辨物，判别一个事物的种类，看它到底属于哪种类型，这就是人工智能领域的分类问题。

对于不同的事物，人工智能基于事物的特征向量和标签数据进行训练，构建出对这些事物进行分类的程序。从本质上讲，分类器就是一个根据特征预测事物类别的函数。因此，当人工智能接收到未知事物的特征向量后，通过分类器即可判断该事物属于哪个类别，输出对应的标签数据。

由此可见，分类是数据挖掘、智能分析中一种非常重要的方法，利用分类器能将数据映射到给定类别的某一个类别，从而提供对数据有价值的观察视角，帮助机器更好地理解数据和预测数据。

围绕分类器的构建和应用，人工智能对事物进行分类的过程如图 4-3 所示。

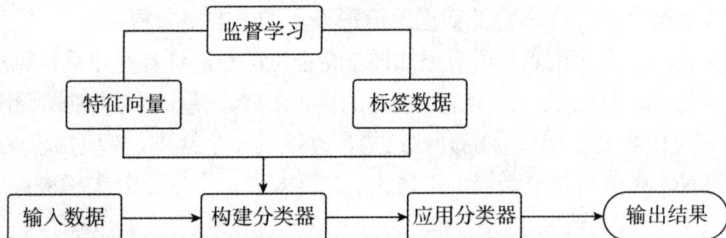

图 4-3 人工智能对事物进行分类的过程

下面介绍常用的几种分类算法：kNN 算法、决策树、随机森林、支持向量机和朴素贝叶斯。

1. kNN 算法

1) kNN 算法的原理

kNN 是一种简单、有效的机器学习算法。它的核心思想是"近朱者赤，近墨者黑"，即一个数据点的类别或值可以通过周围与其最近的"邻居"来判断。

把每个具有 n 个特征的样本看作 n 维空间的一个点，对于给定的新样本，先计算该点与其他点的距离(相似度)，然后将新样本指派为周围 k 个最近邻的多数类，这种分类器称为 kNN 分类器。该分类器的合理性可用人们的常规认知来说明：判别一个人是好人还是坏人，可从与他走得最近的 k 个人来判断。如果 k 个人中多数是好人，那么可以判定他为好人，否则判定他为坏人。在图 4-4 中，实心黑点为待分类样本 x 的类别。

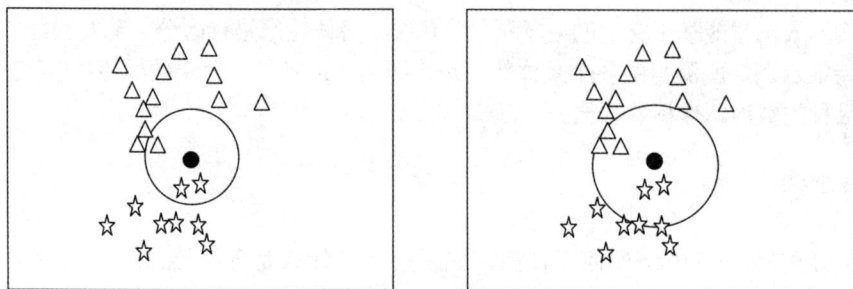

图 4-4 k 值不同的分类结果

由图可知，如果取 $k=3$ 个最近邻，则 x 被指派为五角星类；如果取 $k=5$ 个最近邻，则 x 被指派为三角形类。由此可见，k 的取值大小对分类结果是有影响的。

kNN 算法分类的过程大致分为 4 个环节：计算距离、距离排序、选取 k 值、投票分类。

第一步，计算距离。要找到距离测试点最近的"邻居"，要先计算测试点与特征空间中所有点的距离。计算距离的方法有很多，如曼哈顿距离、闵可夫斯基距离、欧几里得距离。欧几里得距离是我们最熟悉也是最常用的距离度量方法，简称欧氏距离，可以衡量多维空间中各点之间的绝对距离。公式为

$$|AB| = \sqrt{\sum_{i=1}^{n} \left(A_i - B_i\right)^2}$$

在上式中，$|AB|$ 代表 A、B 两点之间的距离，n 代表特征向量的维度数目，$\sqrt{\sum_{i=1}^{n} \left(A_i - B_i\right)^2}$ 代表 A、B 两点各个维度对应样本特征数据差值平方累加值的平方根。

第二步，距离排序。当测试点与所有已知样本特征点的距离计算完毕后，算法会根据结果对已知样本进行升序排列，从而呈现出全新、规律的样本顺序，便于后续根据距离进行样本取舍。

第三步，选取 k 值。基于第二步的升序结果，选取前 k 个样本，k 值由程序设计者设定，k 的选取直接影响 kNN 算法构建分类器的准确性。k 值太大，会导致分类模糊；k 值太小，分类结果会受个例的影响，波动较大。

如图 4-4 所示，当 k 值设定为 3 时，分类器会将 x 划分为五角星类；当 k 值设定为 5 时，分类器会将 x 划分为三角形类。因此，正式应用分类器前，无论凭借经验还是使用其他某种方法指定 k 值，都要通过数据集对分类器进行测试，当测试准确率最高时，再锁定 k 值，以保证分类器的准确性达到最优。

机器学习算法中的常用参数包括"超参数"和"模型参数"。所谓"超参数"是指在算法运行之前需要进行指定的参数；"模型参数"与"超参数"相对应，是在算法运行过程中学习得到的参数。k 值是典型的超参数，设置时，k 值一般低于样本数的平方根。

第四步，投票分类。在图 4-4 中，当 k 值设定为 3 时，距离 x 最近的是 2 个五角星、1 个三角形，投票数量比为 2:1，五角星胜出，最终 kNN 算法将 x 判定为五角星一类。

当 k 值设定为 5 时，x 被划分为三角形一类。但根据距离远近，x 更接近五角星，因为它在特征空间中与 2 个五角星极其接近，与 3 个三角形的距离较远，被划为三角形完全是因为邻居中的三角形较多，即以数量取胜。由此可推出，在很多分类问题中，如果待测样本 x 的 k 个邻居对结果预测影响度相同的话，显然是不公平的，预测结果误差将很大。那么应该如何解决这样的问题？

如果把距离问题考虑进来，让距离近的"邻居"投票拥有更大的权重即可。引用权重进行计算，即根据距离的远近，对邻近的投票进行加权，距离越近，则权重越大，通常将权重设为距离的倒数。

假设 x 与 2 个五角星的距离均为 1，与 3 个三角形的距离分别为 2.5、4、5，那么：

$$三角形的投票值 = \frac{1}{2.5} + \frac{1}{4} + \frac{1}{5} = 0.85$$

$$五角星的投票值 = \frac{1}{1} + \frac{1}{1} = 2$$

因此，即使 k 值取 5，最终 kNN 算法仍然将 x 划分为五角星。

增加权重的意义在于，保证让距离最近的邻居对分类结果的影响最大，从而提高分类器的准确率。采用距离的倒数作为权重还有一个好处，那就是解决平票的问题。

另外，当样本数据量较大时，计算相似度所消耗的时间和空间较多，导致分类效率低。还有，从图 4-4 可以看出，采用多数表决方法来判断 x 的类别，是没有考虑与 x 不同距离的近邻对其的影响程度。显然，一个远离 x 的近邻对 x 的影响是要弱于离它近的近邻的。尽管 kNN 分类器有上述缺点，但该分类器是基于具体的训练集进行预测的，不必为训练集建立模型，还可生成任何形状的决策边界，模型表示方式更加灵活，在数字和图像识别等方面得到了较好的应用。

2) kNN 算法的特点

kNN 算法的优点如下：

(1) 算法原理简单、易于理解，不需要复杂的数学推导，且易于实现，无须参数估计，无须训练，适合入门。

(2) 非参数方法，不需要对数据的分布做出假设。

(3) 在处理多分类问题时表现良好。

kNN 算法的缺点如下：

(1) 计算效率低，每次预测都需要计算与所有训练数据的距离。

(2) 存储开销大，需要存储整个训练数据集。

(3) 对数据的噪声和不相关特征敏感。

kNN 算法是一种基于"最近邻"思想的简单而有效的机器学习算法。它通过计算目标数据点与训练数据集中最近的 k 个邻居的距离，并根据这些邻居的类别或值进行分类或预测。虽然 kNN 算法在计算效率和存储开销方面存在一些不足之处，但其简单性和有效性使其在许多实际应用中仍然具有重要的价值。

2. 决策树

1) 决策树原理

决策树是常用于解决分类问题的一种监督学习算法，它的本质是构建一种树结构的分类器。其算法基于已知数据的特征进行逐层分支判断，最后以类别标签为终点，构建树形分类器，从而预测同属性测试数据的类别。

先通过一个具体例子说明它的应用，用决策树预测是否批准贷款：银行需要根据客户的收入、信用分数和债务水平决定是否批准贷款申请。

假设训练数据包含以下特征和目标变量。

特征：年收入(高/中/低)，信用分数(好/一般/差)，债务水平(高/低)。

目标变量：是否批准贷款(是/否)。

根据银行贷款审批依据(见表 4-1)即可构建出一个预测决策分类器示意图，如图 4-5 所示。

表 4-1   贷款审批依据

年收入	信用分数	债务水平	批准贷款
高	好	低	是
中	好	高	否
低	差	高	否
……	……	……	……

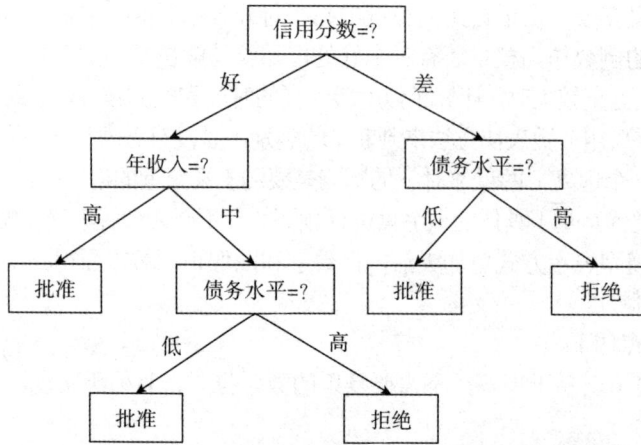

图 4-5   预测是否批准贷款的决策树示意图

由图 4-5 可看出，决策树的构建过程持续对数据的特征进行提问，由上至下，根据不同的答案进入分类结论，或进入下一个甄别的问题，直到获得测试者的类别标签："批准"或"拒绝"。

决策树由节点(node)和向边(directed edge)组成，节点是决策树中的特征甄别问题或标签结果。按照层级关系，节点分为根节点、内部节点和叶节点三种类型。

在图 4-5 的决策过程中，首个问题叫作根节点，根节点之后得到结论前的每个问题作都是内部节点，而得到的各个结论叫作叶子节点，节点间的单向箭头直线，即为向边，用于指明决策树降低熵的节点执行流程(熵反映的是一个系统混乱程度。系统越混乱，熵就越大；越整齐，熵越小)，每两个节点之间最多只能连有一条向边。

根据节点间向边的指向，向边分为节点的进边和出边。通过观察可以发现，除了所含内容，各类节点的向边也呈现出不同特征，具体如表 4-2 所示。

表 4-2   决策树节点特征

节点类别	内容	向边
根节点	分类的最初问题，所有数据分类时均由此出发	没有进边，有出边
内部节点	位于根节点之下、叶子节点之上，是数据分类的中间站、岔路口	既有进边也有出边，进边只有一条，出边可以有很多条
叶节点	每个叶节点都是一个类别标签，即对每个数据进行分类得到的最终结论	有进边，没有出边

信息增益是以某特征划分数据前后的熵的差值。在分类系统中，信息增益用来衡量节点问题的降熵效果，即衡量当前特征对样本集合划分效果的好坏。

2) 构建决策树

构建决策树第一阶段的首要任务是确定根节点。整体建树的基本思想是随着树深度(层级)的增加，节点的熵应迅速降低。熵降低的速度越快越好，这样我们就有望得到一棵最矮的决策树。一般原则是，通过不断划分节点，使得一个分支节点包含的数据尽可能属于同一个类别，即"纯度"越来越高，熵值越来越小。

目前，较通用的构建决策树的算法是 ID3 算法。这是由罗斯·昆兰(Ross Quinlan)于 1975 年在悉尼大学提出的一种分类预测算法，核心是在决策树各个节点上应用信息增益准则选择特征，递归地构建决策树。具体方法是：选择信息增益最大的特征作为根节点，由该节点的不同取值建立子节点；再对子节点递归调用以上方法，构建决策树，直到所有特征的信息增益均很小或没有特征可选择为止，由此得到一个最优的决策树。

综合根节点、内部节点和向边分支特征，按照表 4-1 中不同特征数据与标签属性的对应性，可构建决策树。

ID3 算法基于信息增益构建决策树。虽然其有普遍高效的分类应用，但也存在一些特例偏差。它对取值数目较多的特征属性有所偏好，即当数据组某个特征取值较多时，该特征往往被确定为根节点，这势必在数据分析时产生偏差。为了解决这一问题，引入"信息增益比"(也称"信息增益率")。

$$信息增益比＝信息增益×惩罚参数$$

信息增益比本质是在信息增益的基础之上乘以一个惩罚参数。特征个数较多时，惩罚参数较小；特征个数较少时，惩罚参数较大。

除 ID3 外，构建决策树的主流算法还有 C4.5 和 CART，如表 4-3 所示。

表 4-3 构建决策树的主流算法比较

算法	参量	说明
ID3	信息增益	取值多的属性，更容易使数据更纯，其信息增益更大
C4.5	信息增益比	采用信息增益率替代信息增益
CART	Gini 指数	以基尼系数替代熵，最小化不纯度，而非最大化信息增益

3) 剪枝

构建决策树的第二阶段为提升模型的泛化能力。机器学习的目的是学到隐藏在数据背后的规律，对于具有同一规律的学习集以外的数据，经过训练的模型能给出合适的输出。泛化能力(generalization ability)指机器学习算法对新鲜样本的适应能力，可理解为算法模型的普适性、可移植性。过拟合和欠拟合都会影响决策树的泛化能力。决策树的剪枝是为了简化决策树模型，避免过拟合。剪枝主要分为预剪枝和后剪枝两类。

预剪枝策略(Pre-Pruning)就是在对一个节点进行划分前进行估计。如果不能提升决策树的泛化精度，就停止划分，将当前节点设置为叶节点。如何测量泛化精度呢？可留出一部分训练数据当作测试集，以比较划分前后的测试集预测精度。

后剪枝策略(Post-Pruning)就是先正常建立一个决策树，然后对整个决策树进行剪枝。

按照与决策树的广度优先搜索相反的顺序，依次对内部节点进行剪枝；如果将某个内部节点为根的子树换成一个叶节点可以提高泛化性能，就进行剪枝。

预剪枝策略的优点是降低了过拟合风险，缩短了训练所需的时间。缺点是预剪枝是一种贪心操作，可能有些划分暂时无法提升精度，但后续划分可提升精度，故产生了欠拟合的风险。

后剪枝策略的优点是降低过拟合风险，决策树效果提升比预剪枝强；缺点是时间开销大得多。

4) 常用的剪枝方法

(1) 限制树的最大深度。限制树的最大深度，超过设定深度的树枝全部剪掉。这是使用最广泛的剪枝参数，能有效地限制过拟合，在高维度低样本量时非常有效。实际使用时，建议从深度值为 3 开始尝试，根据拟合情况决定是否增加设定深度。

(2) 限制叶子节点最少的样本数。限定一个节点在分支后的每个子节点都必须包含至少 N 个训练样本，否则分支就不会发生，或者分支会朝着满足每个子节点都包含 N 个样本的方向而发展，该方法一般搭配树的最大深度值使用。当样本数量设置得太小时，会引起过拟合；设置得太大时，会阻止模型学习数据。一般来说，建议从 5 开始使用。对于类别不多的分类问题，1 通常就是最佳选择。

(3) 限制节点的最小样本数量。限制一个节点必须要包含至少几个训练样本，这个节点才允许被分支，否则分支不会发生。

5) 决策树的特点

决策树的优点如下。

(1) 速度快：计算量较小，且容易转化成分类规则。只要沿着树根向下一直走到叶节点，沿途的分裂条件就能唯一确定一条分类规则。

(2) 准确性高：挖掘出的分类规则准确性高，便于理解，决策树可以清晰地显示哪些字段比较重要。

(3) 可读性强：非专业人士也能看明白。

决策树的缺点如下。

(1) 缺乏伸缩性，进行深度优先搜索，所以算法受内存大小限制，难以处理大训练集。

(2) 特征多的数据易出现过拟合现象。

3. 随机森林

1) 集成学习

集成学习(Ensemble Learning)是一种机器学习范式，它通过构建并结合多个学习器(称为"基评估器")来完成学习任务，通常能获得比单一学习器更优的性能。其核心思想是集成群体智慧，将多个弱学习器组合，形成强学习器；基评估器之间应存在差异性，以具有多样性；通过组合降低方差或偏差，以减少误差。

在集成学习中，多个模型集合形成的模型叫作集成评估器(Ensemble Estimator)，组成集成评估器的每个模型叫作基评估器(Base Estimator)，如图4-6所示。

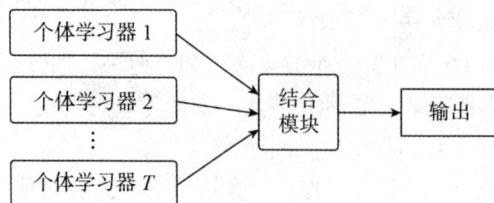

图 4-6 基评估器

集成学习主要采用以下三种方法。

(1) 装袋法(bagging)：并行训练多个基评估器，通过自助采样(bootstrap)获得数据子集。随机森林(Random Forest)算法思想属于集成学习中的装袋法。如图 4-7 所示，装袋法中的各个基评估器是并列关系，它们互相平行，算法的核心思想是构建多个相互独立的基评估器，然后根据基评估器平均或多数的表决来决定集成评估器的预测结果。

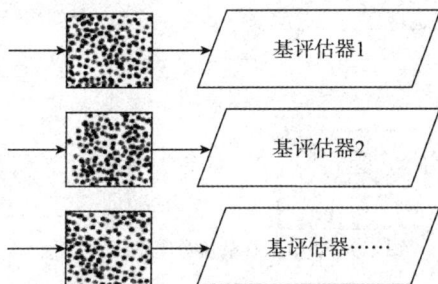

图 4-7　装袋法集成评估器

(2) 提升法(boosting)：即顺序训练基评估器。如图 4-8 所示，在提升法中，基评估器是顺次连接、彼此相关、逐渐提升的，算法的核心思想是结合弱评估器的力量，后续模型聚焦前序模型的错误，一次次对难以评估的样本进行预测，从而构建一个强评估器。

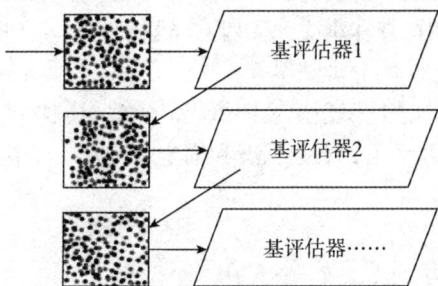

图 4-8　提升法集成评估器

(3) 堆叠算法(stacking)：是堆叠算法是一种组合多个模型的方法，是组合学习器的概念，用初级学习器的输出作为次级学习器的输入，通过元学习器组合多个基评估器。它的算法思想是将训练数据集划分为两个不相交的集合，然后在第一个集合上训练多个学习器，在第二个集合上测试这些学习器，最后将得到的预测结果作为输入，将正确回应作为输出，从而训练一个高层学习器。相对于装袋法和提升法，堆叠算法的使用较少。

在实际应用中，合理选择基评估器和集成策略是提升模型性能的关键。

2) 随机森林的分类过程

随机森林由一定数量的决策树组成，算法名称中的"随机"主要包括两个含义，一是随机选取训练样本，二是随机选取样本特征。"森林"意指多个树。样本和特征之所以要进行随机抽取，是要保证集成评估器的泛化能力。如果基评估器都一样，则随机森林就和决策树的分类效果毫无区别，也就失去了集成学习的意义。随机森林分类的基本过程如图 4-9 所示。

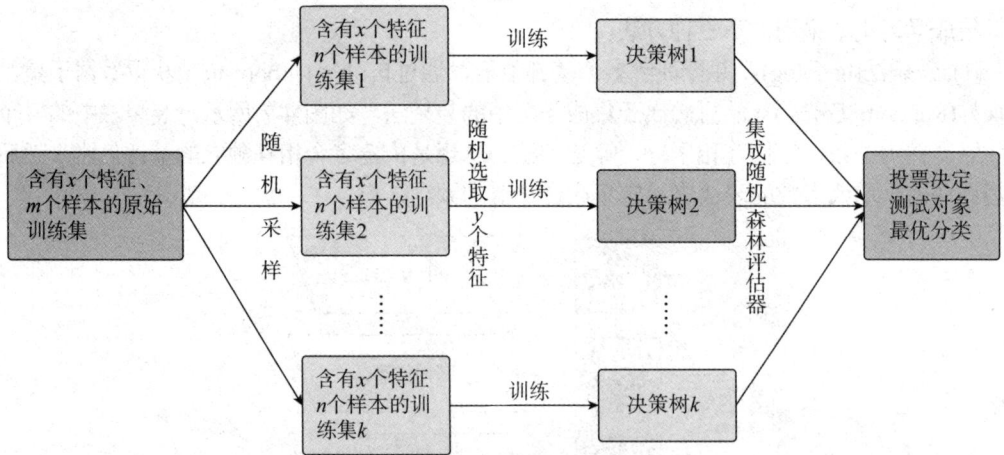

图 4-9 随机森林解决分类的基本过程

随机森林解决分类问题的三个步骤如下。

(1) 从含有 x 个特征、m 个样本的原始集中使用有放回采样的方法随机抽取 n 个训练样本，共进行 k 轮抽取，得到 k 个训练集(有放回采样指每次从样本空间中可以重复抽取同一个样本，从而得到相互独立、所含元素可以有重复的 k 个训练集)。

(2) 各个训练集从 x 个特征中随机选取 y 个特征，训练各自的决策树基评估器。

(3) 采用结合策略形成随机森林集成评估器，当测试数据输入时，评估器输出由 k 个决策树预测的投票最高(即频次最多)的分类结果。

下例根据某乡镇银行客户信贷偿还记录训练集，生成对应的随机森林，利用随机森林，根据某个人的年龄、性别、收入水平、婚姻状况和固定资产等 5 个特征，预测判断他 3 年期间可偿还的资金数额范围。

可偿还资金数额范围划分如下。

- 标签 1：低于¥50000
- 标签 2：¥50000~¥100000
- 标签 3：高于¥100000

随机森林处理的数据总特征 $x=5$，这里假设随机森林中有 5 棵决策树，抽取的特征数目 $y=1$。随机森林将每一棵树都看作一棵分类回归树，可根据客户信贷偿还记录作为模型训练集得到如下的基评估器(见表 4-4~表 4-8)。

表 4-4 基评估器 1(年龄因素)

特征	年龄阶段	各年龄阶段客户偿还资金分布比例		
		标签 1	标签 2	标签 3
年龄	≤20 岁	90%	10%	0
	21 岁~30 岁	80%	14%	6%
	31 岁~40 岁	61%	26%	13%
	41 岁~50 岁	38%	37%	25%
	≥50 岁	29%	40%	31%

表 4-5 基评估器 2(性别因素)

特征	性别	男女客户偿还资金分布比例		
		标签 1	标签 2	标签 3
性别	男	59%	24%	17%
	女	60%	26%	14%

表 4-6 基评估器 3(收入因素)

特征	收入水平(年收入)	各类收入水平客户偿还资金分布比例		
		标签 1	标签 2	标签 3
收入水平	小于 3 万	81%	19%	0
	3 万~5 万	69%	27%	4%
	大于 5 万	45%	34%	21%

表 4-7 基评估器 4(婚姻因素)

特征	婚姻状况	各类婚姻状态客户偿还资金分布比例		
		标签 1	标签 2	标签 3
婚姻状况	未婚	78%	14%	8%
	已婚	47%	33%	20%
	离异	62%	29%	9%

表 4-8 基评估器 5(固定资产因素)

特征	固定资产金额	各类资产水平客户偿还资金分布比例		
		标签 1	标签 2	标签 3
固定资产	小于 15 万	77%	20%	3%
	15 万~30 万	61%	25%	14%
	大于 30 万	47%	32%	21%

如果要预测的某客户的信息如下:

37 岁,女性,年收入 2 万元,离异,所持固定资产为 16 万元。

根据这 5 个基评估器的分类结果,可以建立针对该客户的资金偿还情况分布表,如表 4-9 所示。

表 4-9 测试对象资金偿还情况预测表

特征	特征值	预测客户偿还资金范畴比例		
		标签 1	标签 2	标签 3
年龄	37 岁(31 岁~40 岁)	61%	26%	13%
性别	女	60%	26%	14%
收入水平	2 万(<3 万)	81%	19%	0
婚姻状况	离异	62%	29%	9%
固定资产金额	16 万(15 万~30 万)	61%	25%	14%
最终预测		65%	25%	10%

结论: 该测试对象的偿还资金范畴 65%是标签 1(3 年内低于 5 万元), 25%是标签 2(3 年内 5~10 万元), 10%是标签 3(3 年内高于 10 万元), 所以预测她 3 年内的资金偿还范畴在 5 万元以下。

3) 构建随机森林

随机森林算法需要用信息增益或 Gini 系数等方法建构一定数量的决策树。这样, 对于给定的一个测试对象, 算法中的每一棵树都会针对该对象的特征得出一个标签类别, 以备随机森林集成评估器从中选取票数最高的一项作为预测分类结果。

(1) 训练样本随机采样。

从原始的数据样本集中采取有放回的抽样来构造子数据集。不同子数据集的元素可以重复, 同一个子数据集中的元素也可重复。其次, 利用子数据集来构建子决策树, 将这个数据放到每个子决策树中, 每个子决策树输出一个结果。最后, 如果有了新的数据, 需要通过随机森林得到分类结果, 就可通过对子决策树的判断结果的投票, 得到随机森林的输出结果。

假设随机森林中有 k 棵子决策树, 绝大多数子决策树的分类结果是 I 类, 那么随机森林的分类结果就是 I 类。如图 4-10 所示。

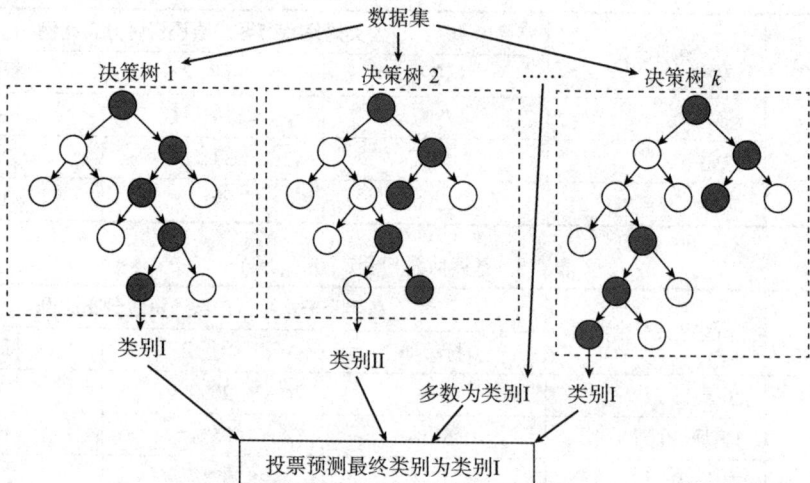

图 4-10   随机森林分类的基本过程

从理论上讲, 随机森林的子决策树数目越多, 集成评估器的分类效果越好; 实际上, 当子决策树数目超过一定数量后, 随机森林的分类效果就相差无几了, 这一现象与所使用的损失函数相关。因此, 面对随机采样的子数据集, 设置子决策树的数目(即基评估器的个数), 需要反复调试。

(2) 样本特征随机选择。

随机森林中子决策树的每一个分支过程并未用到数据集所有罗列的特征, 而是从中随机选取部分, 之后在随机选取的特征中选取可作为子决策树最佳节点的特征。这使得随机森林中的子决策树都彼此不同, 并提升基评估器的多样性, 从而提升集成评估器的分类性能。

在图 4-11 中, 左、右两边分别代表了决策树与随机森林选择分支特征的过程。彩色的方块(可扫描 "彩图" 查看)代表数据集所有罗列的特征, 也就是目前的待选特征。左边是一棵决策树, 通过在待选特征中选取根节点及各层内部节点特征(ID3 算法、C4.5 算法、CART 算法等)完成分支; 右边是一个随机森林中决策树的特征提取过程。

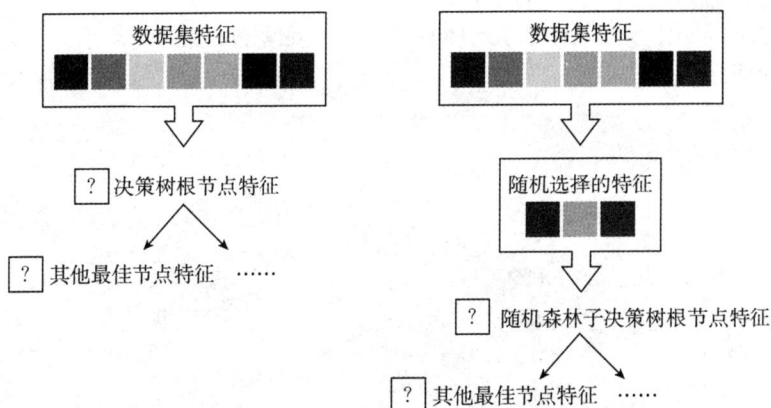

图 4-11 决策树与随机森林选择分支特征的过程

需要说明的是，随机森林子决策树的特征虽然是从数据集所有特征中随机选择的，但对每棵子决策树来说，随机选择的特征数目是统一的，由编程人员在构建随机森林分类器时设定。

4) 随机森林的特点

通过上面的学习，大家不难发现，随机森林几乎涵盖了决策树的所有优点，而且弥补了决策树的许多不足之处。概括来说，随机森林具有如下优势。

(1) 不要求对数据进行预处理；即使有部分数据缺失，随机森林也能保持很高的分类精度。

(2) 支持并行处理，在处理超大数据时具有良好的性能表现。

(3) 不会随着决策树数目的增多出现过拟合。

(4) 可对数量庞大的高维度数据进行分类。

然而这并不意味着随机森林可替代决策树，例如，在展示决策过程方面，随机森林没有决策树简明清晰。随机森林存在以下不足之处。

(1) 分类过程不易控制，需要使用不同的参数获得最佳效果。

(2) 在处理超大数据时比较耗时。

(3) 处理超高维数据、稀疏数据时效果欠佳。

4. 支持向量机

支持向量机(Support Vector Machine，简称 SVM)是一种强大的分类和回归算法，主要用于解决二分类问题，也可扩展到多分类和回归问题。它的核心思想是找到一个最优的决策边界(超平面)，使得不同类别之间的间隔最大化，从而提高模型的泛化能力。

1) 支持向量机的逻辑原理

图 4-12 显示了一个二分类问题。可以看到，将事物分为两类："实心圆"和"小方块"，图中的直线可以清晰地将这两类事物分隔开。这种情形就是线性可分的，同时将这条分类直线称为决策边界(Decision Boundary)。

此外可看到，A、B、C 三个点都在决策边界的同一侧且到直线的距离各不相同。其中，C 点距离最远，我们就很确信这个 C 真的是"小方块"。A 点距离直线最近，表明是不是"小方块"不太明显，我们不太确信 A 点的分类是否正确。而 B 点介于 A 点与 C 点之间，它的确定性程度介于 A 与 C 之间。由此可见，样本点距离决策边界的距离可表示分类预测的确信程度。两个类别中离决策边界最近的点到分类直线的距离叫作分类间隔(Classification Margin)。如果分类完全正确，则这个间隔叫作硬间隔，本节的所有案例都是硬间隔。支持向量机的目标就是找出分类间隔最大的决策边界。

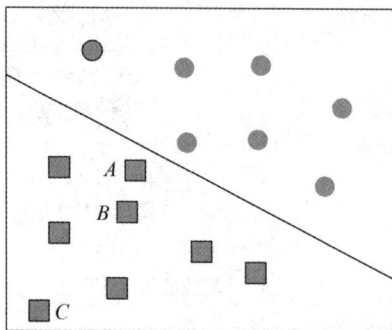

图4-12　解决二分类问题

大家可能会想，在上例的样本数据空间中不只存在一条直线可对其样本集进行分类。事实正是如此，我们可以画出不同位置、不同斜率的无数条分类直线，图4-13就列出了另外的三种可能。

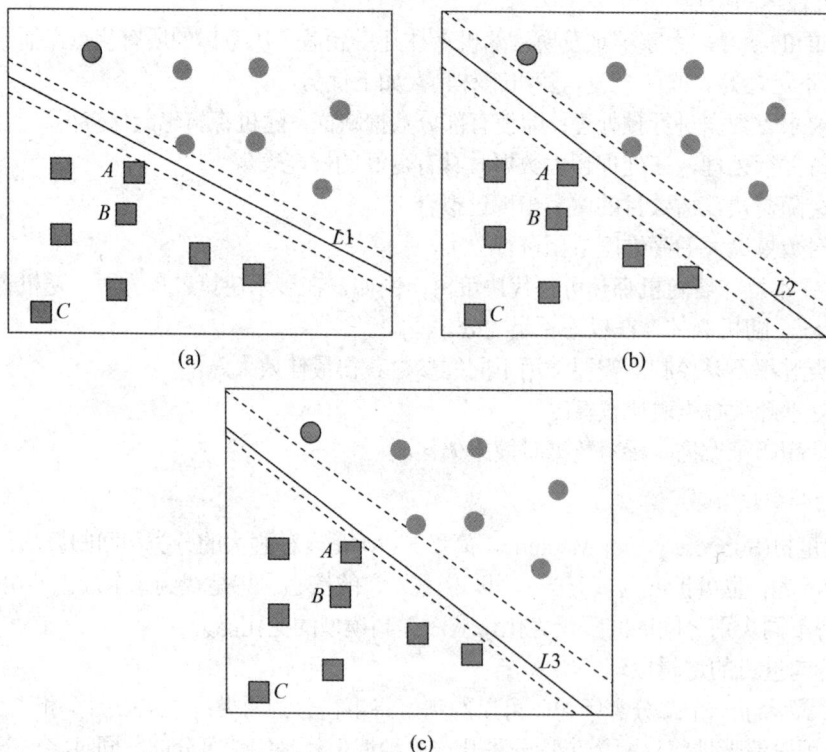

(a)　　　　　　　　　　　　　(b)

(c)

图4-13　三种不同的决策边界

图4-13分别展示了不同位置、不同斜率的三条分类直线。直观上，图4-13(a)中直线$L1$的分类间隔明显小于图4-13(b)中直线$L2$的分类间隔，而图4-13(c)中直线$L3$距离"小方块"这一类别过近，容易导致后续"小方块"的样本被误分类。可以想象，对于$L1$和$L3$这两种决策边界而言，任何轻微的扰动都会对后续的分类产生较大影响，也就是泛化误差较大。

一个最优的分类直线应该具备两个特征：①"夹"在两类样本点之间；②分类间隔最大。

据此唯一地确定支持向量机的决策边界。

　　在一个数据集中，其实只需要几个关键点就可确定最优的分类直线，如图 4-14 中的点 *A*、*D*、*E*。将这样的位于分类间隔边缘、决定分类直线的点称作支持向量(Support Vector)，这也是"支持向量机"名称的由来。不难发现，只要支持向量不变，无论我们在这个样本集中再增加多少数据，决策边界都不会改变，决策函数也不会改变，这就是支持向量机的优势。

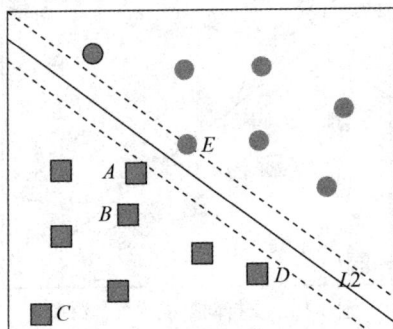

图 4-14　支持向量 *A*、*D*、*E*

2)　支持向量机的数学原理

(1)　线性可分的情况。

　　硬间隔(hard margin)的一种典型情况就是线性可分，代表用一条直线可将数据样本分成两类，离决策边界最近的点到分类直线的距离 *d* 叫作分类间隔(margin=2*d*)。margin 越大，容错能力越强，如图 4-15 所示。

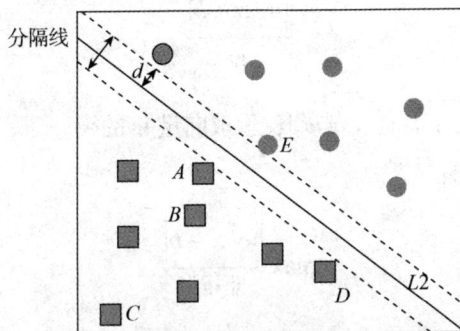

图 4-15　线性可分的情况

　　二维平面上有两类点，我们分别对它们进行标记，将"实心圆"标记为 1，规定其为正样本。"小方块"标记为-1，规定其为负样本。数学表达式应为

$$y_i = \begin{cases} 1 & \text{实心圆} \\ -1 & \text{小方块} \end{cases}$$

　　图 4-16 是二维平面，所以决策边界的形状是一条直线。如果拓展到 *n* 维空间中，则决策边界为一个超平面。它可表示为

$$\boldsymbol{w}^{\mathrm{T}}\boldsymbol{x}+\boldsymbol{b}=0$$

位于决策边界两侧的点可以分别表示为

$$\begin{cases} \boldsymbol{w}^{\mathrm{T}}\boldsymbol{x}_i + \boldsymbol{b} \geqslant 1 & \forall y_i = 1 \\ \boldsymbol{w}^{\mathrm{T}}\boldsymbol{x}_i + \boldsymbol{b} \leqslant -1 & \forall y_i = -1 \end{cases}$$

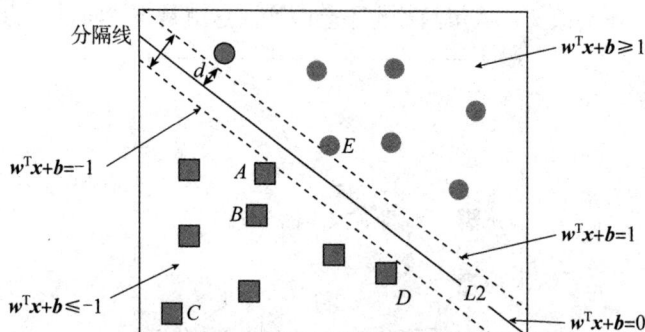

图 4-16　支持向量机的数学原理

支持向量机 SVM 的目标就是找出分类间隔最大的决策边界，最大化 margin，即优化目标是最大化 d。(x,y) 到 $Ax+By+C=0$ 的距离为

$$\frac{|Ax + By + C|}{\sqrt{A^2 + B^2}}$$

拓展到 n 维空间中，(x,y) 到超平面 $\boldsymbol{w}^{\mathrm{T}}\boldsymbol{x}+\boldsymbol{b}=0$ 的距离为

$$\frac{|\boldsymbol{w}^{\mathrm{T}}\boldsymbol{x} + \boldsymbol{b}|}{\boldsymbol{w}}$$

其中 $\|\boldsymbol{w}\| = \sqrt{w_1^2 + w_2^2 + \ldots + w_n^2}$，$\|\boldsymbol{w}\|$ 表示求向量 $\boldsymbol{w}$ 的模。

优化目标是最大化 d，即

$$\max \frac{|\boldsymbol{w}^{\mathrm{T}}\boldsymbol{x} + \boldsymbol{b}|}{\|\boldsymbol{w}\|}$$

因为 $|\boldsymbol{w}^{\mathrm{T}}\boldsymbol{x} + \boldsymbol{b}| = 1$，所以 $\max \dfrac{|\boldsymbol{w}^{\mathrm{T}}\boldsymbol{x} + \boldsymbol{b}|}{\|\boldsymbol{w}\|} = \max \dfrac{1}{\|\boldsymbol{w}\|}$，也就是求解 $\min \|\boldsymbol{w}\|$。

为便于后续的求导，$\min\|\boldsymbol{w}\|$ 更常见地被表示为

$$\min \frac{1}{2}\|\boldsymbol{w}\|^2$$

当然，这个 $\min\|\boldsymbol{w}\|$ 不能无限制地小下去，它一定有一个限制条件，那就是保证所有 $y_i=1$ 的点在分类间隔的上方，所有 $y_i=-1$ 的点在分类间隔的下方。也就是符合

$$\begin{cases} \boldsymbol{w}^{\mathrm{T}}\boldsymbol{x}_i + \boldsymbol{b} \geqslant 1 & \forall y_i = 1 \\ \boldsymbol{w}^{\mathrm{T}}\boldsymbol{x}_i + \boldsymbol{b} \leqslant -1 & \forall y_i = -1 \end{cases}$$

上式给出了 SVM 最优化问题的约束条件。因为 y_i 标记为 1 或-1，这样便可将上式合二为一，如下：

$$y_i(\boldsymbol{w}^{\mathrm{T}}\boldsymbol{x}_i + \boldsymbol{b}) \geqslant 1$$

将最终的目标函数和约束条件放在一起进行描述：

$$\begin{cases} \min \dfrac{1}{2}\boldsymbol{w}^2 \\ \text{s.t.} \quad y_i(\boldsymbol{w}^{\mathrm{T}}\boldsymbol{x}_i + \boldsymbol{b}) \geqslant 1 \end{cases}$$

"s.t." 是 "subject to" 的缩写，意思是 "设" 或 "满足条件"。

这是一个有条件地求极值的数学问题。

由于约束条件的限制变得不易求极值。求解最优化问题前，使用拉格朗日乘子法，将约束条件放到目标函数中，从而将有约束优化问题转换为无约束优化问题。

通过拉格朗日乘子法可变换得到下式，并利用拉格朗日对偶性，使得不易求解的优化问题变得易于求解：

$$\max_{\alpha} \sum_{i=1}^{m} \alpha_i - \frac{1}{2}\sum_{i=1}^{m}\sum_{j=1}^{m} \alpha_i \alpha_j y_i y_j \boldsymbol{x}_i^{\mathrm{T}} \boldsymbol{x}_j$$

$$\text{s.t.} \sum_{i=1}^{m} \alpha_i y_i = 0, \ \alpha_i \geqslant 0, \ i=1,2,\ldots\ldots,m$$

(2) 近似线性可分的情况。

实际情况下几乎不存在完全线性可分的数据，有时数据中有一些噪声点，图4-17中 A 点就是一个噪声点。近似线性可分的数据就是绝大多数的样本都能被准确分类，只有少数样本出现错误。为解决这个问题，引入了 "软间隔" 的概念，即允许某些点不满足约束。之前的方法要求要把两类点完全分开，这个要求有点过于严格。为解决该问题，引入松弛因子 ξ。

软间隔(Soft-Margin)SVM 的目标函数就变成：

$$\begin{cases} \min \dfrac{1}{2}\|\boldsymbol{w}^2\| + C\sum_{i=1}^{m}\xi_i \\ \text{s.t.} \quad y_i(\boldsymbol{w}^{\mathrm{T}}\boldsymbol{x}_i + \boldsymbol{b}) \geqslant 1 - \xi_i \ (\xi_i \geqslant 0) \end{cases}$$

这里的 C 是惩罚参数，一般根据实际问题来决定：C 越大，对误分类的惩罚越大，此时误分点凸显得更重要；C 越小，对误分类的惩罚越小，此时误分点相对不重要。

(3) 线性不可分的情况。

上面的案例展示的是线性可分的情形。当遇到现实中更复杂的情形时，分布情况可能类似于图4-18。

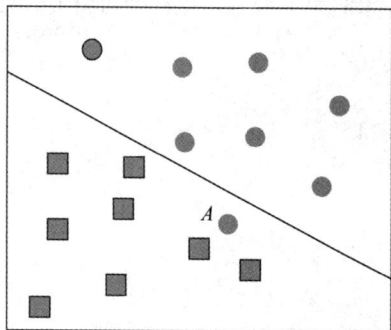
图 4-17   噪声点示意

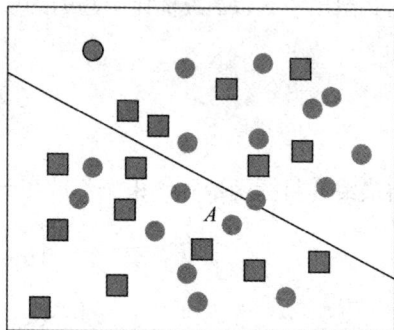
图 4-18   线性不可分的情况

由图可知，此时的样本用线性模型已无法解决了，无论如何画直线，都无法对样本进行恰当的分类，这种情况称为线性不可分。

高维映射是解决线性不可分问题的核心方法之一。其基本思想是通过一个非线性映射将原始低维空间中的数据映射到一个高维特征空间；在这个高维空间中，原本线性不可分的数据可能变得线性可分。

3) 高维映射的原理

(1) 低维空间的线性不可分性。

在低维(如二维或三维)空间中，数据点可能交织在一起，无法通过一个简单的超平面(如直线或平面)将不同类别的数据完全分开。例如，一个二维空间中的同心圆数据，正负类别分别位于圆内外，无法用一条直线将它们分开。

(2) 高维空间的线性可分性。

当数据被映射到高维空间时，可引入更多自由度，使得数据点在高维空间中更容易被一个超平面分开。例如，通过引入新的特征(如 $z = \sqrt{x^2 + y^2}$)，可将同心圆内外的数据点在高维空间中分离，从而实现线性可分，如图 4-19 所示。

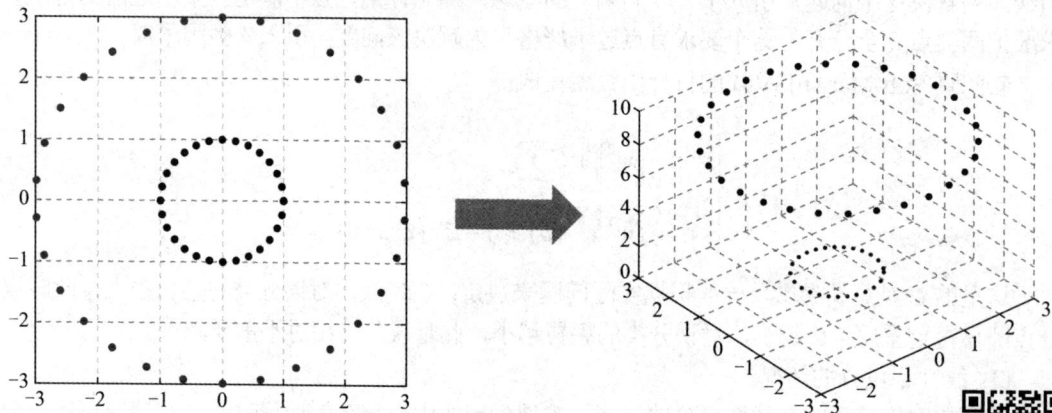
图 4-19   数据点在高维空间中分离

彩图

图中红色和蓝色的点在左边是在二维空间，无法用一条直线将它们分开。当它们被映射到右边的三维空间后，就处于不同平面中，在三维空间中是线性可分的(可用一个平面分割)。

高维下决策边界的超平面可表示为

$$w^{\mathrm{T}} \Phi(x) + b = 0$$

$\Phi(x)$ 表示经过高维映射的特征向量。

由此进行推论，最小化函数变成

$$\min \frac{1}{2} \| w \|^2$$
$$\text{s.t.} \ \ y_i \left(w^{\mathrm{T}} \phi(x_i) + b \right) \geqslant 1$$

经过拉日变换后，式子变成

$$\max_{\alpha} \sum_{i=1}^{m} \alpha_i - \frac{1}{2} \sum_{i=1}^{m} \sum_{j=1}^{m} \alpha_i \alpha_j y_i y_j \phi(x_i)^{\mathrm{T}} \phi(x_j)$$
$$\text{s.t.} \ \ \sum_{i=1}^{m} \alpha_i y_i = 0, \ 0 \leqslant \alpha_i \leqslant C, \ \ i = 1, 2, \ldots\ldots, m$$

已经证明：如果选用适当的映射函数，大多数输入空间线性不可分的问题在特征空间可转化为线性可分问题来解决。

但在低维输入空间向高维特征空间映射过程中，由于空间维数急速增长，这就使得大多数情况下难以直接在特征空间直接计算最佳分类平面。支持向量机通过定义核函数(Kernel Function)，巧妙地将这一问题转化到输入空间进行计算，其具体机理如下。

可注意到，上面的问题求解中都只涉及内积运算，因此可假设有非线性映射：$\Phi: R^n \to H$ 将输入空间的样本映射到高维特征空间 H 中，当在特征空间中构造最优超平面时，训练算法仅使用特征空间中的点积，即 $\Phi(x_i)^{\mathrm{T}} \cdot \Phi(x_j)$。所以，若能找到一个函数 K 使得 $K(x_i, x_j) = \Phi(x_i)^{\mathrm{T}} \cdot \Phi(x_j)$，这样，在高维空间中实际上只需要进行内积运算，甚至不必知道非线性变换的形式。只要高维特征空间中的内积可用原空间中的核函数直接运算得到，则即使特征空间的维数增加很多，在其中求解最优分类面的问题并没有增加多少计算复杂度，从而巧妙解决了高维空间中计算带来的"维数灾难"问题。

根据泛函数的有关理论，只要一种函数 $K(x_i, x_j)$ 满足 Mercer 条件，它就对应某一变换空间中的内积。因此，在最优分类面中采用满足 Mercer 条件的内积函数 $K(x_i, x_j)$ 就可以实现某一非线性变换后的线性分类。

通过利用不同种类的函数 $K(x_i, x_j)$，在原低维度用很小的运算代价达到与高维映射相同的效果。这种函数 $K(x_i, x_j)$ 就被称为核函数(Kernel)。显然，不同的核函数可以营造出不同的高维投射效果，从某种程度上讲，核函数就是一种运算技巧的运用。通过核技巧实现高维映射，而不必显式地计算高维空间中的坐标。核函数可以直接计算映射后数据点的内积，从而简化计算。

支持向量机可用多种不同的核函数来达到不同的分类效果。比如 scikit-learn 的 svm 类中就内置了 linear、poly、rbf 和 sigmoid 等 4 种常用的核函数，甚至可自定义核函数，这也是支持向量机用途广泛、适应性强的原因。

4) 支持向量机中的核函数

支持向量机的分类方式和分类性能受到核函数的影响。要构造出一个性能良好的分类模型的关键就在于核函数的选择和其参数的调整。线性核(Linear Kernel)、多项式核(Polynomial

Kernel)和径向基函数(Radial Basis Function，RBF)核是支持向量机中最常用的三种核函数。线性核适用于线性可分数据，多项式核适用于某些非线性问题，RBF 核适用于更复杂的非线性问题。

5. 朴素贝叶斯

1) 朴素贝叶斯原理

要理解贝叶斯公式，可以先以一个数据样本空间 U 中发生的 A 事件与 B 事件为情境，理解概率学中的几个基本概念。

贝叶斯公式推导

根据后验概率公式可知，$P(B|A)$ 与 $P(A)$ 的积、$P(A|B)$ 与 $P(B)$ 的积均为 $P(AB)$，可推导出贝叶斯公式。

$$P(B \mid A) = \frac{P(A \mid B)P(B)}{P(A)}$$

将贝叶斯公式应用于分类中，A 为特征，B 为类别，即可用已知 A 计算未知的 B，表达式为

$$P(类别 \mid 特征) = \frac{P(特征 \mid 类别)P(类别)}{P(特征)}$$

根据验后概率公式可以得到 $P(A|\bar{B})$ 与 $P(\bar{B})$ 的积为 $P(A\bar{B})$，结合表 4-10 中的图例，$P(A\bar{B})$ 指 A 与 $\bar{B}$ 重合的区域，$P(AB)$ 指 A 与 B 重合的阴影区域，可得 $P(A\bar{B})$ 与 $P(AB)$ 的和为 $P(A)$，因此，$P(A) = P(A|B)P(B) + P(A|\bar{B})P(\bar{B})$，将其代入上式，可得

$$P(B \mid A) = \frac{P(A \mid B)P(B)}{P(A \mid B)P(B) + P(A \mid \bar{B})P(\bar{B})}$$

又因为上式中事件 B 不发生时可分解成多个事件 $B_1, B_2, ..., B_j$，所以，上式进一步变形为

$$P(B \mid A) = \frac{P(A \mid B)P(B)}{P(A \mid B_1)P(B_1) + P(A \mid B_2)P(B_2) + ... + P(A \mid B_j)P(B_j)}$$

表 4-10　贝叶斯公式中各个要素的含义

名称	表示方法	含义	图例	公式
先验概率/ 边缘概率	$P(A)$或$P(B)$	在样本空间 U 中某事件发生的概率		$P(A) = \dfrac{A的数量}{U的数量}$ $P(B) = \dfrac{B的数量}{U的数量}$

续表

名称	表示方法	含义	图例	公式
未发生概率	$P(\bar{A})$ 或 $P(\bar{B})$	在一个数据样本 U 中某事件不发生的概率		$P(\bar{A}) = \dfrac{U - A \text{ 的数量}}{U \text{ 的数量}}$ $P(\bar{B}) = \dfrac{U - B \text{ 的数量}}{U \text{ 的数量}}$
联合概率	$P(AB)$、$P(A, B)$ 或 $P(A \cap B)$	在一个数据样本 U 中，事件 A 发生且事件 B 也发生的概率		$P(AB) = \dfrac{A \cap B \text{ 的数量}}{U \text{ 的数量}}$
后验概率/条件概率	$P(B\mid A)$	在一个数据样本 U 中，在事件 A 发生的条件下，B 发生的概率		$P(B\mid A) = \dfrac{P(AB)}{P(A)}$

用 $\sum$ 表示累加结果，可得到贝叶斯公式的全概率公式：

$$P(B\mid A) = \frac{P(A\mid B)P(B)}{\sum P(A\mid B_j)P(B_j)}$$

下面通过两个例子来进一步分析上述概念和公式。

【例 1】某校一个班有 50 名学生，其中 32 名参加了美术社团，37 名参加了音乐社团，同时参加美术社团和音乐社团的同学有 19 名，请据此估算该校参加美术社团的学生又参加音乐社团的概率，以及参加音乐社团的学生又参加美术社团的概率。

解：根据 $P(A) = \dfrac{A \text{ 的数量}}{U \text{ 的数量}}$，结合题中该班参加社团的人数，可估算该校学生参加社团的概率。

参加美术社团的概率为 32/50=0.64；

参加音乐社团的概率为 37/50=0.74；

根据 $P(\bar{A}) = \dfrac{U - A \text{ 的数量}}{U \text{ 的数量}}$，可估算该校学生未参加社团的概率。

未参加美术社团的概率为 18/50=0.36；

未参加音乐社团的概率为 13/50=0.26；

根据 $P(AB) = \dfrac{A \cap B \text{ 的数量}}{U \text{ 的数量}}$，可估算该校学生参加美术社团、音乐社团的联合概率为 19/50=0.38；

根据 $P(B\mid A) = \dfrac{P(AB)}{P(A)}$，可估算该校学生同时参加两个社团的概率。

参加美术社团的学生又参加音乐社团的概率为 19/32≈0.594；

参加音乐社团的学生又参加美术社团的概率为 19/37≈0.514；

【例2】如图 4-20 所示，有两个一模一样的箱子，甲箱有 30 个黑球和 10 个白球，乙箱有黑球和白球各 20 个。现在随机选择一个箱子，从中摸出一个球，发现是黑球。请问这个球来自甲箱的概率有多大？

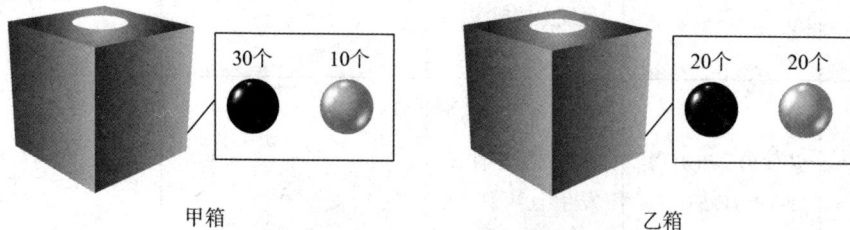

图 4-20　装有黑球、白球的甲箱与乙箱

解：从黑白球的数量配置便可推测黑球从甲箱中取出的概率要高于 50%，根据贝叶斯公式可验证这一推测是正确的。

设取黑球事件=A，设从甲箱取出球的事件=B。

因为从乙箱取出球的事件与从甲箱取出球的事件之和为 U 且无交集，所以从乙箱取出球的事件=$\overline{B}$ 。

可列出求黑球从甲箱中取出的概率的式子为

$$P(甲 \mid 黑球) = \frac{P(黑球 \mid 甲)P(甲)}{P(黑球)} = \frac{P(A \mid B)P(B)}{P(A)}$$

因为 $P(甲) = P(乙) = P(B) = P(\overline{B}) = 0.5$ ，又因为 $P(A) = P(A \mid B)P(B) + P(A \mid \overline{B})P(\overline{B}) = 0.5 \times 0.75 + 0.5 \times 0.5 = 0.625$ ，所以

$$P(B \mid A) = 0.5 \times \frac{0.75}{0.625} = 0.6$$

即黑球从甲箱中取出的概率为 0.6。

2) 朴素贝叶斯算法

朴素贝叶斯算法的基本分类过程是首先通过给定的训练集学习从特征到标签类别的联合概率分布；然后构建分类器模型，输入特征 A 后，忽略作为分母的等同一致的各特征先验概率 $P(A)$，比较出使得后验概率最大的类别值 B；最后输出 B，B 即为输入数据的类别。

假设朴素贝叶斯算法分类器的训练集是一组含有 n 个特征的数据样本集，其特征集为 $X=\{x_1,x_2,\dots,x_n\}$；其标签类别集为 $Y=\{y_1,y_2,\dots,y_k\}$；则根据贝叶斯公式，朴素贝叶斯求得的类别为使得后验概率 $P(y_k \mid x)$ 最大的类别值 y，表达式为

$$y = \arg\max \frac{P(y_k) \times P(x_1,x_2,\dots,x_n \mid y_k)}{P(x_1,x_2,\dots,x_n)}$$

因为朴素贝叶斯基于 $x_1,x_2,\dots,x_n$ 相互独立且随机的假设，所以省略不必要的计算，将式子简写为

$$y = \arg\max P(y_k) \times P(x_1,x_2,\cdots,x_n \mid y_k).$$

因为朴素贝叶斯的前提是各特征之间相互独立、无交集，所以样本的联合概率就是连乘。最终，可得到朴素贝叶斯分类器算式：

$$y = \arg\max P\left(y_k\right) \times \prod_{i=1}^{n} P\left(x_i \mid y_k\right)$$

3) 朴素贝叶斯的特点

朴素贝叶斯的优点包括：

(1) 基于样本特征之间互相独立的"朴素假设"，简单、高效。

(2) 以古典数学理论为算法基础，分类效果稳定。

(3) 对缺失数据不太敏感，算法也比较简单，常用于文本分类。

(4) 对小规模数据和大规模数据集分类的准确率很高。

朴素贝叶斯的缺点包括：

(1) 朴素贝叶斯模型与其他分类方法相比，仅在数据集特征相关性较小时具有最小的误差率。因为数据样本特征之间相互独立往往是不成立的，在特征个数较多或特征之间相关性较大时，朴素贝叶斯的分类效果不尽如人意。对于这一点，有半朴素贝叶斯之类的算法通过考虑部分关联性能适度改进。

(2) 模型的构建需要计算出先验概率，而先验概率往往取决于假设，因此假设的先验模型不佳会导致分类器预测效果不佳。

(3) 模型基于通过先验的数据来决定后验的概率，再决定分类，所以分类决策存在一定的错误率。

(4) 对输入数据的表达形式敏感。

4.3 回归

在 4.2 节中，我们学习了监督学习中的分类算法。分类算法的目的是做出一个判断，最终得到一个"是"或"否"的结果，分类问题，预测离散结果。

有监督机器学习可以分为分类问题和回归问题两类。分类问题预测离散结果，而回归问题预测连续结果。

本节内容围绕回归算法展开，回归算法也是监督学习的一种，它最终得到一个具体值，对数据发展趋势进行预测。

比如在网购时，电商商家就使用 AI 技术询问顾客的身高、体重，来推测这个买家的腰围。以图 4-21 为例，AI 通过对已有数据中的身高、体重和腰围的关系进行学习，可以预测一个身高 168cm、体重 51kg 女生的腰围。其中，身高、体重是特征变量，对应的腰围就是目标变量。当然，无论多完美的回归算法模型，都不可能完全准确地预测所有值，所以在后面的学习中，我们将模型预测的值叫作预测值，对应的实际值叫作真实值。

回归(Regression)算法是监督学习的一种，它的结果是得到一个具体值，对数据发展趋向的预测具有非凡的作用。

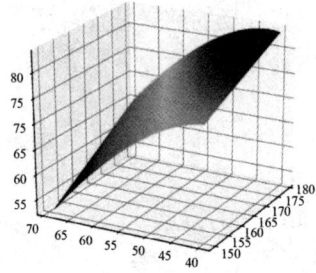

| 原始数据 | 机器学习 | 创建模型 |

图 4-21   回归算法示意图

4.3.1   线性回归

先看一个关于老屋翻修和旧房改造所需的成本预算的例子。如何利用之前收集的某个城区房屋进行简装翻修的成本数据(见表 4-11)，推测另一套房屋的翻修成本？

表 4-11   部分房屋翻修成本

房屋面积/平方米	翻修成本/万元
126	13.9
109	13.2
88	10.7
101	11.9
182	15.8
193	17
158	14.9

现在想知道该城区中一套 152 平方米的房子进行简装翻修需要多少钱，我们该怎样做？可根据已有的这部分数据绘制出如图 4-22 所示的趋势图，用一条直线 $y=ax+b$ 尽可能穿过所有样本点，那么在这条线上就能对 152 平方米的房子做出估价：152 平方米的房子大约需要 14.7 万元。

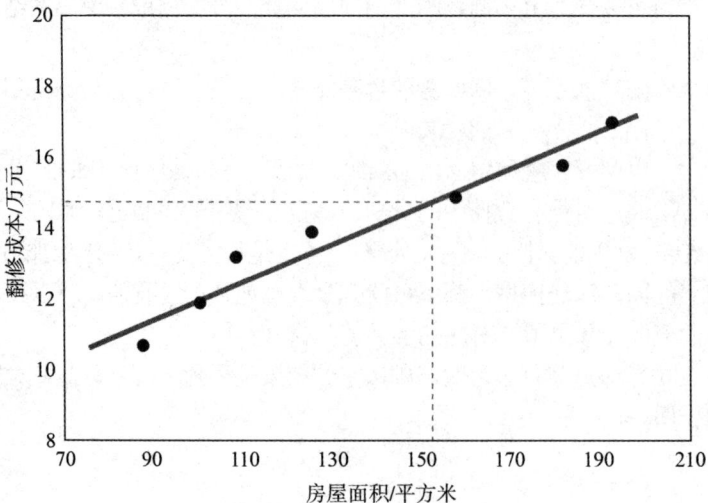

图 4-22   房屋翻修成本预测图

1. 一元线性回归原理

一元线性回归：仅包括一个自变量和一个因变量，且两者的关系可用一条直线近似表示，故又称为简单线性回归。如上述房屋翻修成本预测例子中，只有"房屋面积"一个自变量。

多元线性回归：回归分析中包括两个或两个以上的自变量，且因变量和自变量之间是线性关系。在预测腰围的例子中，有"身高""体重"两个自变量。

一元线性回归求解的目标是在众多直线中寻找一条最拟合数据点的直线。

$$\hat{y}^{(i)} = ax^{(i)} + b, (i \subset (1, m))$$

其中，$x^{(i)}$表示输入变量(自变量)，$\hat{y}^{(i)}$表示输出变量(因变量)，一对$(x^{(i)}, \hat{y}^{(i)})$表示一组训练样本，m个训练样本$(x^{(i)}, \hat{y}^{(i)})$称为训练集，式子中的i代表m个训练样本中的第i个样本。

该线性回归的目标是求得最合适的模型参数a和b，使得模型效果最好。

在现实生活中我们会发现，线性回归的直线永远无法完全拟合所有数据点，只能代表数据发展的趋势。它所得的预测值总与数据样本(单个样本)存在误差d，如图4-23所示。

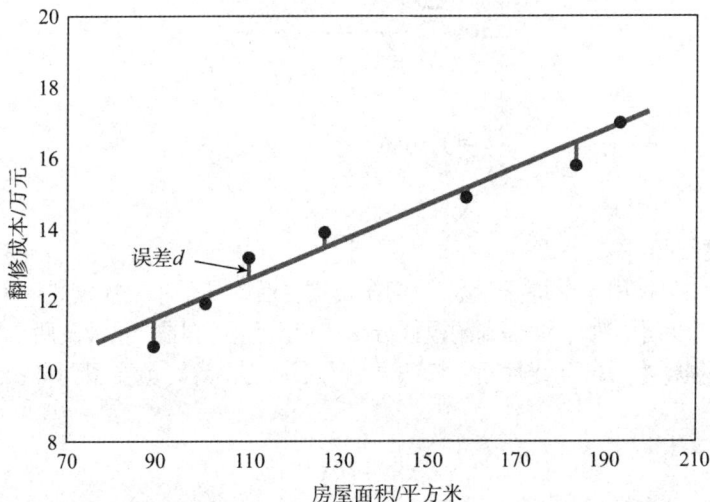

图 4-23 真实值与预测值之间的误差

我们要做的是将回归直线与所有已知数据样本之间的总误差d缩到最小。

需要找到一种优化技术，以寻找数据点最佳的函数匹配，即找到直线方程$y=ax+b$中，a和b最合适的取值，使得这条直线尽可能与所有已知数据样本之间的总误差d缩到最小。最简单的方法是使用最小二乘法，通过最小化误差的平方和来寻找数据的最佳拟合线，从而确定模型参数。

最小二乘法：可用线性回归估计出一个值。在上一个案例中，可用拟合方程$\hat{y}^{(i)} = ax^{(i)} + b$估计出一个值，$\hat{y}$读作"$y$ hat"，代表y的估计值。当然，预测值和真值之间会有一个差距d。

最佳拟合的直线方程$\hat{y}^{(i)} = ax^{(i)} + b$的参数，应能使数据样本中的真值$y^{(i)}$和我们预测的$\hat{y}^{(i)}$之间的差距$d = |y^{(i)} - \hat{y}^{(i)}|$尽量小。

为便于后期进行求导，用一个数学小技巧让$d = (y^{(i)} - \hat{y}^{(i)})^2$。对所有样本而言，它们的距离之和为：

$$D = \sum_{i}^{m} (y^{(i)} + \hat{y}^{(i)})^2$$

由于 $\hat{y}^{(i)} = ax^{(i)} + b$，因此可导出：

$$J(a,b) = \sum_{i}^{m} (y^{(i)} + ax^{(i)} + b)^2$$

这就是损失函数。它所计算的就是线性回归模型与已知数据之间的总误差，也就是所有样本点损失的部分之和。

接下来的目标是最优化损失函数，让它的值尽可能小。当它达到最小时，就会唯一确定一组参数 a 和 b，得到线性回归模型，这就是机器学习的过程。

寻找最优参数的其中一种方法就是最小二乘法：

$$\begin{cases} a = \dfrac{\sum\limits_{i=1}^{m}(x^{(i)} - \overline{x})(y^{(i)} - \overline{y})}{\sum\limits_{i=1}^{m}(x^{(i)} - \overline{x})^2} \\ b = \overline{y} - a\overline{x} \end{cases}$$

2. 多元线性回归

一元线性回归只使用一个特征变量。我们在现实生活中几乎不可能仅凭一个指标进行预测，而会综合考虑多个因素。如前面提到的根据身高和体重预测腰围，就涉及两个特征变量。面对属性更全面的数据样本，一元线性回归算法显然力不从心，这时就要用到多元线性回归算法。算式如下：

$$\hat{y}^{(i)} = \theta_0 + \theta_1 x_1^{(i)} + \theta_2 x_2^{(i)} + \ldots + \theta_n x_n^{(i)}$$

每个 x 对应一个特征。换句话说，数据有多少个特征，就有多少个 x，而每一个特征 x 的前面的系数 θ 就是我们在多元线性回归中要求解的目标。求解这个问题的思路与简单线性回归是一致的，就是使误差总量 d 尽可能小。

$$\boldsymbol{d} = \sum_{i}^{m} (\boldsymbol{y}^{(i)} + \hat{\boldsymbol{y}}^{(i)})^2$$

设向量 $\boldsymbol{\theta} = (\theta_0, \theta_1, \ldots, \theta_n)^{\mathrm{T}}$，$\boldsymbol{X}^{(i)} = (x_1^{(i)}, x_2^{(i)}, \ldots, x_n^{(i)})^{\mathrm{T}}$，此时我们发现 $\boldsymbol{X}^{(i)}$ 比 $\boldsymbol{\theta}$ 少一个元素。为进行矩阵的乘法运算，可人为在 $\boldsymbol{X}^{(i)}$ 中加入一个元素 $x_0 \equiv 1$，使其变成

$$\boldsymbol{X}_b^{(i)} = \left(x_0^{(i)}, \quad x_1^{(i)}, \quad \ldots, x_n^{(i)} \right)^{\mathrm{T}}, \quad x_0 \equiv 1$$

这样多元线性回归方程就会简化成

$$\hat{\boldsymbol{y}}^{(i)} = \boldsymbol{X}_b^{(i)} \cdot \boldsymbol{\theta}$$

i 从 1 到 m，即 $i = 1 \ldots m$：

$$\boldsymbol{X}_b^W = \begin{cases} X_0^{(1)} & X_1^{(1)} & X_2^{(1)} & \dots & X_n^{(1)} \\ X_0^{(2)} & X_1^{(2)} & X_2^{(2)} & \dots & X_n^{(2)} \\ \dots & \dots & \dots & \dots & \dots \\ X_0^{(m)} & X_1^{(m)} & X_2^{(m)} & \dots & X_n^{(m)} \end{cases}$$

这里的矩阵 $\boldsymbol{X}_b$ 每一行都多出来一个元素 X_0，与上文一样，这里的所有 X_0 都等于 1，于是有了下面这个式子：

$$\boldsymbol{X}_b = \begin{cases} 1 & X_1^{(1)} & X_2^{(1)} & \dots & X_n^{(1)} \\ 1 & X_1^{(2)} & X_2^{(2)} & \dots & X_n^{(2)} \\ \dots & \dots & \dots & \dots & \dots \\ 1 & X_1^{(m)} & X_2^{(m)} & \dots & X_n^{(m)} \end{cases}$$

可进一步推导出：

$$\hat{\boldsymbol{y}} = \boldsymbol{X}_b \cdot \boldsymbol{\theta}$$

误差总量 $\boldsymbol{d}$ 可表示为：

$$\boldsymbol{d} = (\boldsymbol{y} - \boldsymbol{X}_b \cdot \boldsymbol{\theta})^2$$

我们可将它理解为两个向量求点积的形式，$(\boldsymbol{y} - \boldsymbol{X}_b \cdot \boldsymbol{\theta})^{\mathrm{T}}(\boldsymbol{y} - \boldsymbol{X}_b \cdot \boldsymbol{\theta})$；最后可通过最小二乘法求出多元线性回归的正规方程解(Normal Equation)：

$$\boldsymbol{\theta} = \left(\boldsymbol{X}_b^{\mathrm{T}}\boldsymbol{X}_b\right)^{-1}\boldsymbol{X}_b^{\mathrm{T}}\boldsymbol{y}$$

3. 线性回归的优缺点

线性回归的本质是构造一个拟合数据的线性模型来预测未知的数据。线性回归的原理和实现都比较简单，而且是后续多项式回归、LASSO 回归等算法的重要逻辑基础。虽然对数据集的要求比较苛刻，似乎不太实用，但仍值得我们认真学习，因为充分理解线性回归的原理可为学习其他回归算法奠定基础。我们结合算法应用，归纳一下线性回归算法的优点与不足之处。

线性回归的优点：

(1) 线性回归算法是机器学习算法中少数几个能用数理公式计算的算法，所以不需要很复杂的计算，建模速度快，即使数据量大，运行速度依然很快。

(2) 线性回归模型中的每个系数都可对特征变量做出解释，是一种非常直观的模型。

线性回归的缺点：

(1) 线性回归模型易受异常值的影响，在模型训练前需要清洗数据样本。

(2) 线性回归模型不能很好地拟合非线性数据，在使用前需要先判断样本之间是不是线性关系。

4.3.2 多项式回归

线性回归法有一个很大的局限性，只有在数据存在线性关系的前提下使用才能较精准地预测。具有线性关系是理想假设，在实际中较少见。更多数据之间是非线性关系，如图 4-24 所示。上一节中的房屋翻修成本数据准确来讲也是非线性数据。

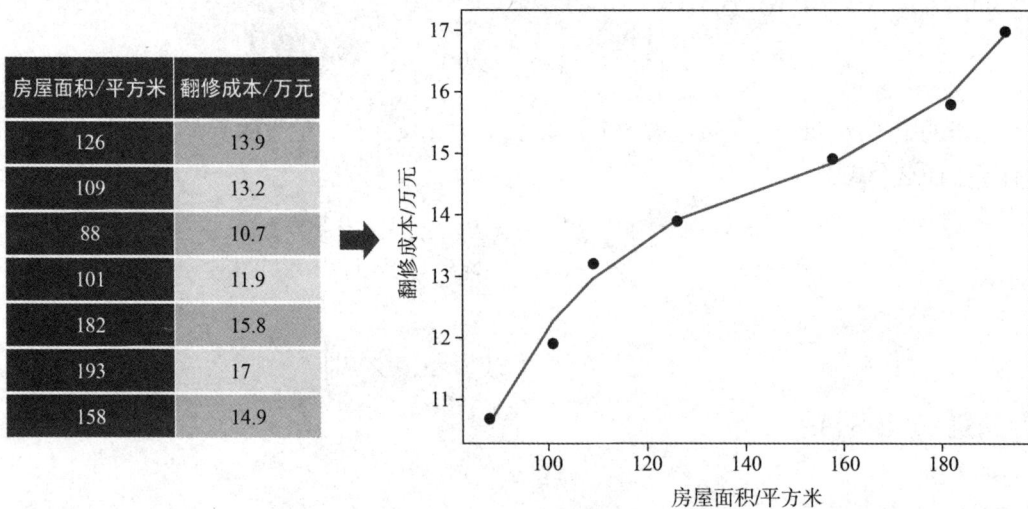

房屋面积/平方米	翻修成本/万元
126	13.9
109	13.2
88	10.7
101	11.9
182	15.8
193	17
158	14.9

图 4-24   非线性数据

多项式是由常数与自变量 x 经过有限次乘法与加法运算得到的。显然，当 $n=1$ 时，为一次函数；当 $n=2$ 时，为二次函数。多项式函数的图像具有一定特点，可以看一下表 4-12 中的对比。

表 4-12   一元多项式函数的图像对比

一元二次多项式	一元三次多项式	一元四次多项式
$y = w_0 + w_1 x + w_2 x^2$	$y = w_0 + w_1 x + w_2 x^2 + w_3 x^3$	$y = w_0 + w_1 x + w_2 x^2 + w_3 x^3 + w_4 x^4$

可以看到，一元三次多项式方程有两个弯曲和一个拐点，而一元四次多项式有三个弯曲和两个拐点。可推测多项式函数图像中的拐点和弯曲随着自变量最高次幂的升高而变多。多项式方程的一般形式为 $y = w_0 + w_1 x + w_2 x^2 + \cdots + w_k x^k$，具有 $k-1$ 个弯曲（$k-1$ 个极值）和 $k-2$ 个拐点。

利用多项式方程的这种特性可在不改变数据样本特征的前提下人为创造曲线来拟合数据样本，甚至可根据数据样本的分布情况，大致推算出模型中所需的项数和特征值的最高次幂。

通过下例，可以说明 X,Y 是一组对应的特征变量，具体数值如下：

$X=(5,8,16,26,33,42,59,62,70,88)^{\mathrm{T}}$，$Y=(152,168,183,211,349,539,869,1252,1816,2425)^{\mathrm{T}}$

用一元线性回归拟合这组数据，绘制出图 4-25。

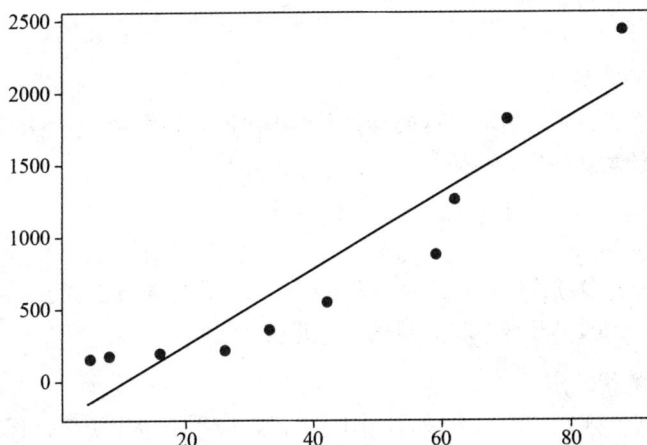

图 4-25 一元线性回归

图中的直线虽然大致可拟合数据的发展趋势，但误差大到令人难以接受的程度。其实，从数据趋势看，这组数据更像一条曲线。根据前面关于多项式的推论，可猜测出这组数据最好使用多项式回归，且 x 的最高次幂达到 2 就能很好地拟合曲线，即用二次多项式($y = w_0 + w_1 x + w_2 x^2$) 建模。

计算得出二次拟合曲线 $y = 182.6 - 7.58x + 0.39x^2$，拟合曲线比起之前的直线看起来精确多了，如图 4-26 所示。

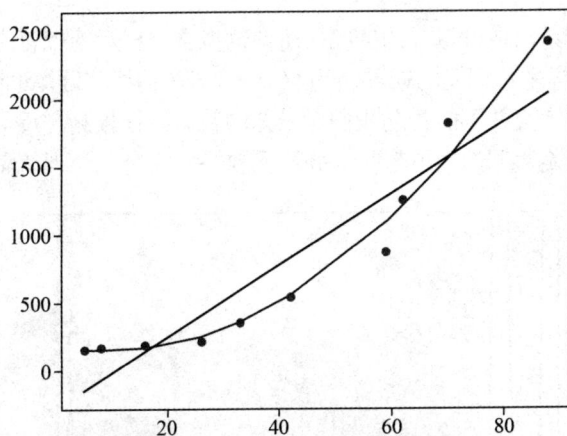

图 4-26 多项式回归与线性回归对比

1. 多项式的升维作用

如果不将 X^2 看作特征 X 的平方，而是理解成一个新的特征 x_2。这个二次多项式就变成一个多元线性方程。

换句话说，样本本来只有一个特征 X，现在我们把它看作有两个特征($x_1 = X$，$x_2 = X^2$) 的一个数据集，二次方程就变成

$$y = 182.6 - 7.58x_1 + 0.39x_2$$

此时会惊喜地发现：这不就是多元线性方程嘛！相当于我们为数据样本多添加了一些特征，而这些特征就是多项式项，这样即可将原本非线性的回归转换成了线性的了。可见，多项式回归的本质就是线性回归。

使用多项式回归时，不能一味追求高次多项式，过高的次幂会让模型产生过拟合。

2. 多元多项式回归算法

对于多个特征变量的 n 次多项式转换，会得到由 1 次开始直到 n 次结束的所有特征变量的组合。假设原始数据集中有两个特征变量，即 $X=[X_1, X_2]$。

若 degree=2，则 $Poly\_X = [x_0, x_1, x_2, x_1^2, x_1 x_2, x_2^2]$

若 degree=3，则 $Poly\_X = [x_0, x_1, x_2, x_1^2, x_1 x_2, x_2^2, x_1^3, x_1^2 x_2, x_1 x_2^2, x_2^3]$

多个特征变量经过多项式转换后，和一元多项式相比只是项数更多了，乘法关系更复杂了。此时，仍可用上面提到的"升维"将其转化为多元线性回归。

3. 多项式回归的优缺点

与前面所讲的线性回归相比，多项式回归更灵活，应用范围也更广，优缺点也非常明显。

优点：多项式回归能拟合非线性分布的数据，可模拟一些相当复杂的数据关系，这是线性回归做不到的。

缺点：完全依赖于编程者设置的模型超参数(degree)进行建模，模型的优劣、拟合程度的高低都与编程者设置的超参数有关。编程者需要一些数据的先验知识才能选择最佳指数；如果超参数选择不当，容易过拟合。

4.3.3 LASSO 回归与岭回归

多项式回归非常容易出现过拟合的情况。所谓过拟合可直观地理解为：回归模型为了尽可能贴合数据点，减少与样本数据间的误差，而产生非常多的曲线和陡峭的线条，如图 4-27 所示。事实上，过分的拟合训练集并不能帮助我们对未知的数据进行预测，反而可能得不偿失。这是因为我们需要预测的只是数据的发展趋势，并不需要模型完全贴合训练集。

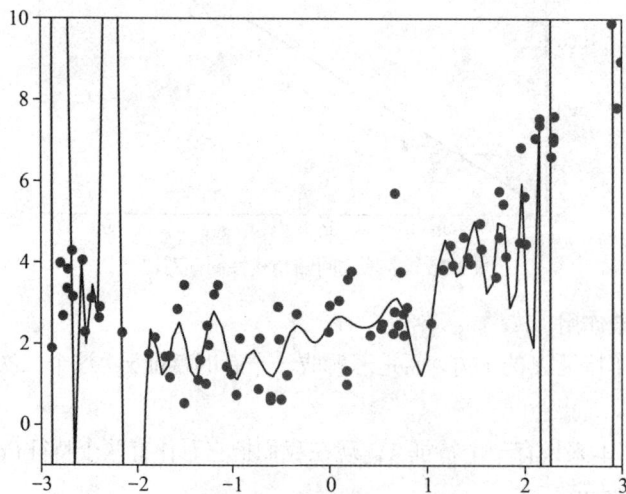

图 4-27　过拟合示意图

产生过拟合的原因有很多，其中一个就是多项式回归中的回归方程的系数相差过大。如何让方程中的所有系数无论正负都统统向 0 靠近，来大幅减小模型摆动？

正则化(regularization)是防止模型过拟合(overfitting)的技术，其核心思想是通过对模型施加额外的约束或惩罚，使模型在训练时不仅拟合数据，还保持简单，从而提高在未知数据上的泛化能力。

LASSO 回归模型正则化的思路是：在损失函数中添加模型权重的绝对值之和作为惩罚项，即改变线性模型的求解目标。原本在传统的线性回归算法中，我们期望让线性模型的均方误差(MSE)尽可能小。现在变为：让线性模型的均方误差和该模型的所有系数到原点的距离之和尽可能小。

用数学语言表示为

$$H(\theta) = \text{MSE}(y, \hat{y}, \theta) + \alpha \sum_{i=1}^{n} |\theta_i|$$

第二项 $\alpha \sum_{i=1}^{n} |\theta_i|$ 是一个惩罚项。所谓惩罚是指对损失函数中的参数做一些限制。其中 α 是一个参数，可决定系数 θ_i 的绝对值之和对整个模型正则化的影响程度。

假如 α 等于 0，这个模型就相当于没有进行正则化；如果 α 非常大，就相当于这个模型不再关心损失函数的大小，转而开始以系数绝对值的和最小为目标。所以，在模型正则化中 α 的取值会极大地影响模型的正则化效果。

范数是一个数学概念。L1 范数为 $\| x \| = \sum_{i=1}^{n} |x_i|$，表示 x 与 0 之间的曼哈顿距离，也就是向量中各个元素的绝对值之和。

1. L1 范数正则化(LASSO 回归)

LASSO 是 Least Absolute Shrinkage and Selection Operator 的首字母缩写。LASSO 恰与"套索"英文拼写一致，因此 LASSO 回归又被称为套索回归，本书中统一称为 LASSO 回归。

在损失函数 $\text{MSE}(y, \hat{y}, \theta)$ 的后面添加 L1 范数作为惩罚项，也就是使用 L1 范数进行正则化。求解的目标由原来的寻找最小二乘解使得损失函数最小，变为找到一组参数 θ 使得损失函数中的 MSE 和 L1 范数(也就是 θ 的绝对值之和)同时最小，其数学表达式如下：

$$H(\theta) = \text{MSE}(y, \hat{y}, \theta) + \alpha \sum_{i=1}^{n} |\theta_i|$$

为了更形象地解释 LASSO 回归是如何减少过拟合的，我们假设数据样本集 X 只有两个特征(x_1, x_2)，在训练模型的过程中只产生两个系数 θ_1, θ_2。在这两个系数的作用下，MSE 的图像会是一个漏斗形，如图 4-28 所示。图中只画出了 θ_1, θ_2 的不同取值下的 MSE 的大小，没有考虑对参数 θ_1, θ_2 的约束。

这个数据集的最小二乘解就在漏斗的最底部。如果从顶部俯视，就会看到图 4-29 中所示的情形，同心椭圆就是等值线(可用地图上的等高线类比理解)。

考虑对参数 θ_1, θ_2 的约束 $\sum_{i=1}^{n} |\theta_i|$，LASSO 回归要求 $\sum_{i=1}^{n} |\theta_i|$ 尽可能小，也就是 θ_1, θ_2 的绝对值之和至少小于某一个实数 N，并尽可能逼近于 0。可简单地理解为 $|\theta_1| + |\theta_2| \leqslant N$，满足这个不等式区域为图 4-29 所示的一个正方形。此时 θ_1, θ_2 的值域就是一个约束域，也就是 L1 范数的约

束域。可以清晰地看到，求解的目标不再是最小二乘的最小值，而变成求一组 θ_1, θ_2 的值，它们既在约束域内，又能使 MSE 的值最小，也就是求正则项约束域与 MSE 的第一交点。这说明了 LASSO 回归是一种有偏估计，而最小二乘是一种无偏估计，LASSO 回归所得的模型并不是损失函数值最小的模型。

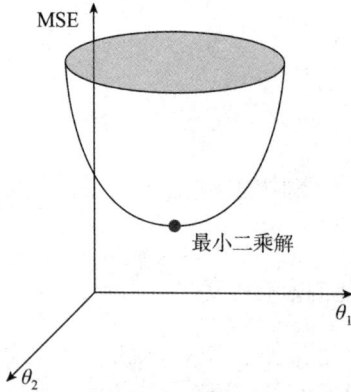

图 4-28　MSE 的示意图

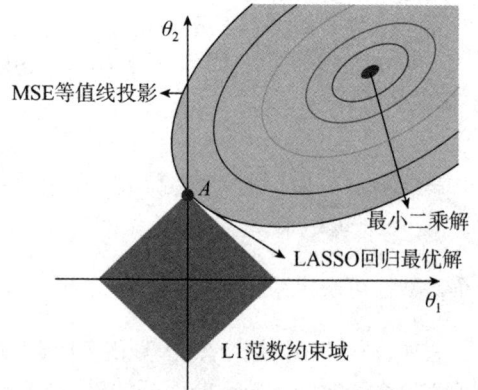

图 4-29　LASSO 回归示意图

仔细看图 4-29 会发现，在交点 A 处，θ_1 归零了，也就是说此时训练出的模型中舍弃了特征 X_1。这是 LASSO 回归的一个重要特性：进行特征筛选，达到模型的稀疏化。

由于 L1 范数的性质，LASSO 回归中的正则化图形总是有棱角的，有角的地方说明有 θ 为 0，也就有稀疏性(这种角在二维情况下是 4 个，多维情况下会更多，甚至多维情况下的棱边也有稀疏性)。所以绝大多数情况下，MSE 等值线与约束域的交点可很好地落在某一个突角上。这意味着 LASSO 回归可用于特征选择(让特征权重 θ 变为 0，从而筛选掉特征)。

2. alpha 参数调节

在 $H(\theta) = \mathrm{MSE}(y, \hat{y}, \theta) + \alpha \sum_{i=1}^{n} |\theta_i|$ 中，如果 α 非常小，相当于 L1 范数的权重非常小，θ 的取值很难对函数产生决定性影响，此时约等于做了一次线性回归。

用二维函数图像更直观地理解就是，α 越小，θ 的取值范围就越广，正方形面积越大，MSE 等值线越可能在坐标轴以外的地方与其相交，如图 4-30 所示。

此时交点没有落在任何一个坐标轴上，相当于所有 θ 都存在，没有一个被压缩至 0，也就相当于保留了所有特征。这说明 α 越小，保留的特征就越多。反之，保留的特征越少。

3. L2 范数正则化(岭回归)

岭回归将 LASSO 回归中的 L1 范数替换为 L2 范数，工作原理与 LASSO 回归非常相似。

采用 L2 范数进行模型正则化的岭回归，是在损失函数的后面添加 L2 范数作为惩罚项，即使用 L2 范数进行正则化，其数学表达式如下：

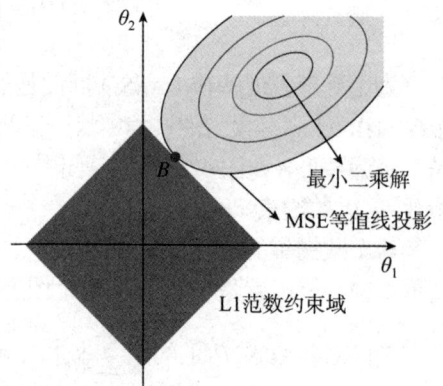

图 4-30　α 对约束域的影响

$$H(\theta) = \text{MSE}(y, \hat{y}, \theta) + \frac{\alpha}{2} \sum_{i=1}^{n} \theta_i^2$$

岭回归求解的目标由原来的寻找最小二乘解使得损失函数最小，变为找到一组参数 θ 使得 MSE 和 L2 范数(也就是 θ 的平方和)同时最小。虽然它用来降低过拟合的手段与 LASSO 十分相似，但由于使用了不同的范数，最终会达成不同的效果。沿用上一节的假设，数据集 X 只有两个属性(x_1, x_2)，在训练模型的过程中只产生两个系数 θ_1, θ_2；将取值在二维平面上画出来，如图 4-31 所示。

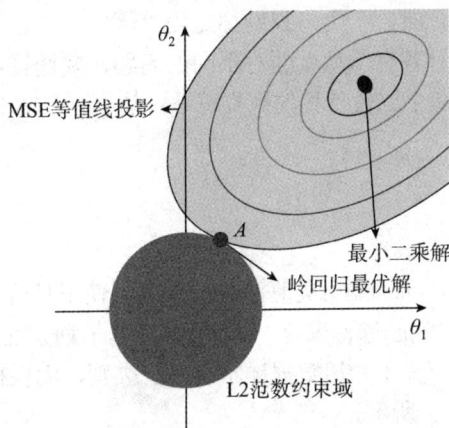

图 4-31 L2 对约束域的影响

4. 岭回归中的 α 参数调节

由于岭回归不会对参数进行筛选，所以 α 的大小会对所有参数产生影响。使用岭回归的目的很明确，就是对所有参数进行压缩，构造一个比较简单的模型，也就是泛化程度较高的模型，在一定程度上避免过拟合现象。理论上可做如下推演：如果 α 很大，那么每个特征值的参数都很小。此时，就算数据集中偶尔有一两个错误的离群值，对整个模型也不会造成很大影响，即抗扰动能力强。这说明岭回归可以很好地适应病态数据。

5. LASSO 回归与岭回归的共同点

在原理解析和源码实验后，会发现 LASSO 回归与岭回归具有明显的共同点：两者均将特征变量的权重系数以范数形式加入损失函数中，并对其进行最小化，本质上是限制参数的数量和大小。算法中的 α 是重要的超参数，控制了惩罚的严厉程度。如果取值过大，模型参数将均趋于 0，造成欠拟合。如果取值过小，又会造成过拟合。

6. LASSO 回归与岭回归的区别

LASSO 回归与岭回归的本质区别在于正则项的不同。

LASSO 回归：L1 正则项倾向于得到稀疏特征变量，各特征变量的权重差距较大，更离散，所以 LASSO 回归可同时选择和缩减参数，让模型稀疏化。

岭回归：L2 正则项通过限制所有的权重系数，使得权重分布均匀，实现了对模型空间的限制，一定程度上排除了病态数据对模型的影响，有较强的抗干扰性。

4.4　聚类

前面学习的分类是监督学习的一种。要对数据进行分类，首先要使用已有标签的训练数据训练模型，然后根据训练后的模型(分类器)进行分类。但是，如果有一组数据，没有标注分类信息，该怎么处理呢？这就是本节要学习的聚类。聚类与分类的不同之处在于，聚类要求划分的类是未知的，不是事先指定的。聚类是按照一定的特征，将一组没有标签的数据聚合成不同的类，也就是特征相近的聚合成一个类，我们称之为"簇"。

关于聚类的算法很多，且各有千秋。面对不同的问题，要选择合适的聚类算法，才能得到更有价值的结果。下面介绍两个比较常见的聚类算法：基于划分的 K 均值聚类算法和基于密度的 DBSCAN 算法。

4.4.1　K 均值聚类

在聚类算法中，K 均值(K-means)聚类算法是一种广泛使用且高效的聚类算法。其核心逻辑是按照数据样本间的相似度(特征)进行聚合。K 均值算法基于划分的无监督学习算法，不同于之前我们所学的分类算法，它事先不知道数据样本有多少类别，而根据数据样本特征或某种相似度聚合成多个类别，如图 4-32 所示。

1. K 均值算法的基本思想

在一组数据样本 N 中，根据一定的特征，样本被划分成 $k(k{\leqslant}N)$ 个簇，这些簇满足以下条件：

- 每一个簇至少包含一个样本；
- 每一个样本属于且仅属于一个簇。

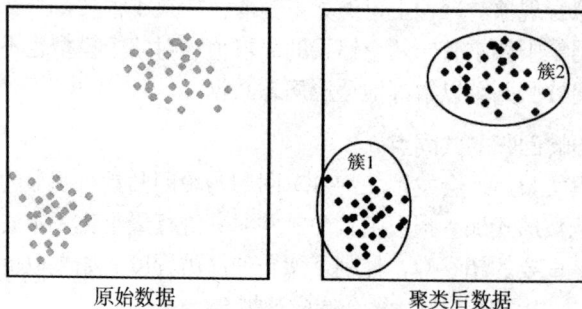

图 4-32　K 均值聚类示意图

将满足上述条件的 $k(k{\leqslant}N)$ 个簇称做一个合理的划分。一般情况下，会预先给出一个指定的簇数目 k，然后按照这个 k，根据样本间的相似度对数据集进行初始划分，再通过不断迭代来更新簇和其相应的划分，直至达到理想状况。这也就是无监督学习中聚类算法的思想。

聚类存在以下两个关键问题：

(1) 如何确定按什么相似性(标准)进行聚类？

(2) 要划分多少类别(簇)，也就是聚几个类？

既然聚类是以样本间的相似度进行划分的，可将它理解成数学上的距离；样本之间的距离越近，它们就越相似，反之就越不相似。需要先使用前面提到的欧氏距离公式，计算出样本之间的距离。

2. K 均值算法的基本过程

图 4-33 显示了 K 均值算法的基本过程。

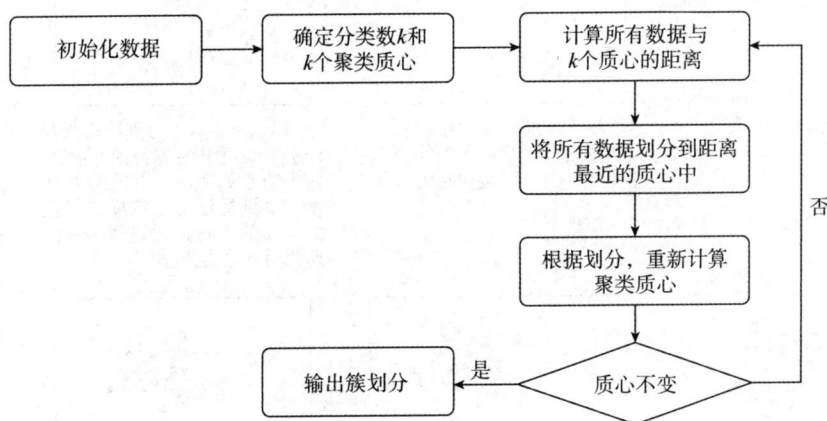

图 4-33 K 均值算法的基本过程

第一步：初始化数据

输入的是数据样本集 $D = \{x_1, x_2, ..., x_m\}$，聚类的簇数为 k，最大迭代次数为 N；输出的是簇划分 $C = \{C_1, C_2, ..., C_k\}$(初始化簇划分 $C_t = \phi$)。

第二步：确定簇数 k 和 k 个质心

从数据集 $D = \{x_1, x_2, ..., x_m\}$ 中随机选择 $k(k \leq m)$ 个样本作为初始的质心(聚类中心)：$\{\mu_1, \mu_2, ..., \mu_k\}$；初始化簇划分 $C_t = \phi, \ t = 1, 2, ..., k$。

第三步：计算所有数据样本与 k 个质心的距离

计算数据集中每个样本 $x_i(i=1, 2, ..., m)$ 与 k 个质心 $\mu_j(j=1, 2, ..., k)$ 的距离(欧氏距离)：

$$d_{ij} = \left\| x_i - \mu_j \right\|_2^2$$

第四步：将所有数据划分到离它最近的质心中

将样本 $x_i(i=1, 2, ..., m)$ 标记为距离它最近质心 $\mu_j(j=1, 2, ..., k)$ 中的样本。

第五步：根据划分，重新计算聚类质心

将每个质心更新为隶属于该质心所有样本的均值：

$$\mu_j = \frac{1}{|C_j|} \sum_{x_i \in C_j} x_i$$

重复第三步、第四步和第五步，直到每个质心没有变化、小于某一个阈值或达到最大迭代次数 N。

第六步：输出簇划分

$$C = \{C_1, C_2, ..., C_k\}$$

图 4-34 是 K 均值聚类的图形化展示。

最后，得到图 4-34(f)所显示的结果。当然，需要明确的是图 4-34(c)到图 4-34(d)的过程不止这一两次，往往要进行数十次以上才能得到满意的结果。

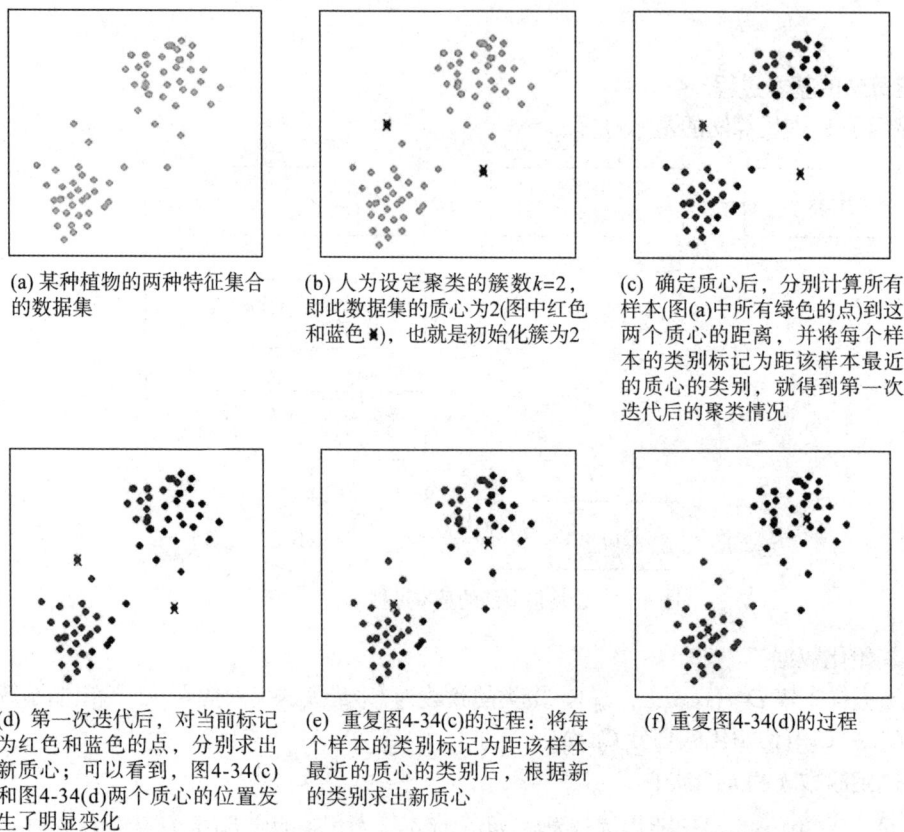

(a) 某种植物的两种特征集合的数据集

(b) 人为设定聚类的簇数k=2，即此数据集的质心为2(图中红色和蓝色✖)，也就是初始化簇为2

(c) 确定质心后，分别计算所有样本(图(a)中所有绿色的点)到这两个质心的距离，并将每个样本的类别标记为距该样本最近的质心的类别，就得到第一次迭代后的聚类情况

彩图

(d) 第一次迭代后，对当前标记为红色和蓝色的点，分别求出新质心；可以看到，图4-34(c)和图4-34(d)两个质心的位置发生了明显变化

(e) 重复图4-34(c)的过程：将每个样本的类别标记为距该样本最近的质心的类别后，根据新的类别求出新质心

(f) 重复图4-34(d)的过程

图 4-34 K 均值聚类的图形化展示

3. K 均值聚类算法中的簇数 k 是如何确定的

实际进行数据样本聚类时，需要根据样本实际情况来选择合适的特征进行聚类，以期取得更好的效果。另外，需要注意除数量的值，即 k 的取值通常是随机选择 k 个点作为初始的聚类中心，但有时随机选择的效果不好，需要使用一些方法来确定 k 值，主要方法有两种：①选择相互距离尽可能远的 k 个点；②使用手肘法确定 k 值。

手肘法(elbow method)是 K 均值聚类中用于确定最佳簇数 k 的一种直观方法，其核心原理是通过分析聚类误差(即样本到其所属簇中心的距离平方和)随 k 增大而变化的情况，找到误差下降速度突然变缓的"拐点"(即"手肘点")，作为合理的 k 值选择。

图 4-35(a)为原始数据图。我们先设 $k=1$，即所有点都聚为一类。找到该聚类的中心，如图 4-35(b)所示。然后计算所有点到该中心的距离之和，这里使用欧氏距离进行计算。

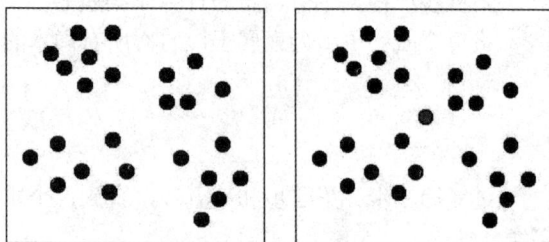

图 4-35 用手肘法确定最佳簇数 k

以此类推，分别计算 k 值从 2 到 9 的距离情况。根据 k 及聚类中各个点到中心的距离和 W，绘制图4-36。从图中可以看到，当 $k=4$ 时，出现了明显的拐点，就像我们的手肘关节处一样。$k=4$ 就是要找的理想簇数。

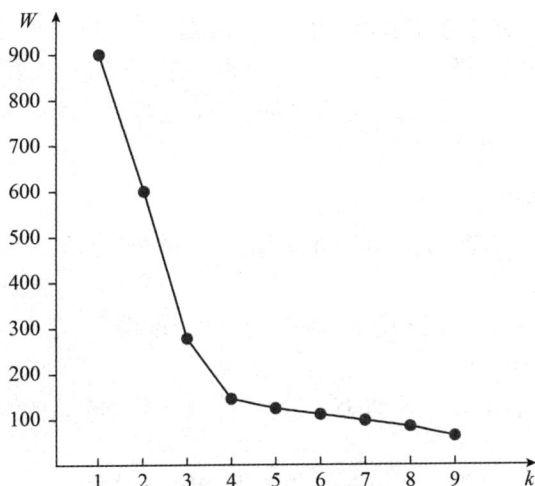

图 4-36 用手肘法确定最佳簇数 k

4. K 均值算法的优缺点

K 均值算法的主要优点有：

(1) 算法原理简单，复杂度较低，也容易理解，新手上手较快。

(2) 算法使用方便，不需要提前对模型进行训练，需要人为确定的超参数只有 k 值。

K 均值算法的主要缺点有：

(1) k 值不好选取，特别是数据样本之间距离相近的情况。

(2) 对噪点(样本异常值)比较敏感，算法用距离进行聚类。如果异常值过多，就会影响聚类的效果。

(3) 对于较离散的数据样本集和非凸形状的数据样本集，聚类效果不佳。

非凸形状的数据样本集如图 4-37(a)所示，应用 K 均值算法会得到图 4-37(b)的结果。这个结果显然是不可接受的。

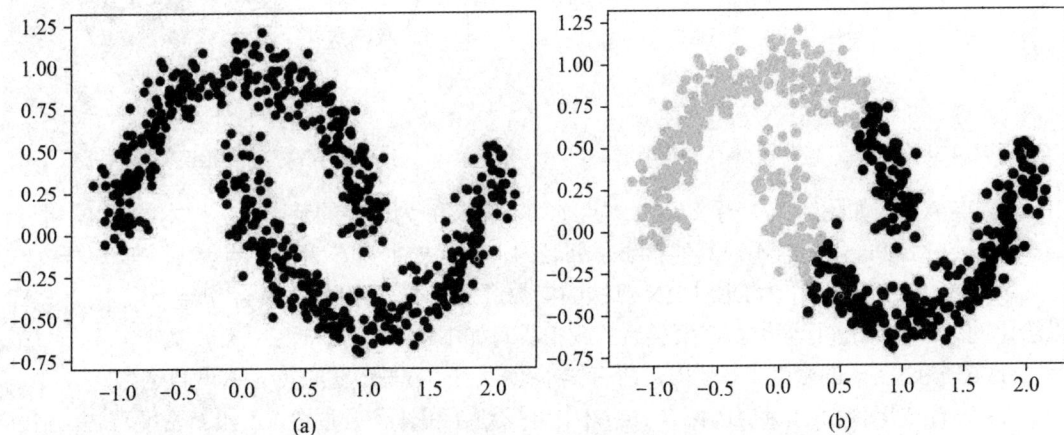

图 4-37 K 均值算法不适合非凸形状的数据样本

4.4.2 DBSCAN 算法

DBSCAN(Density Based Spatial Clustering of Applications with Noise)算法是一种典型的基于

密度的聚类方法。它将簇定义为密度相连的点的最大集合，也就是数据样本之间在指定密度下可达(可连接)，密度大的数据样本集合会成为一个聚类(簇)，密度小的位置会成为簇的分界线。

这也是 DBSCAN 算法不同于 K 均值算法的地方，它根据数据样本密度来聚类，类的数量不需要提前指定。

1. DBSCAN 算法原理

(1) 密度：直观来看，DBSCAN 算法可找到样本点的全部密集区域，并把这些密集区域当成一个个簇。

(2) 邻域(密度半径)：如图 4-38 所示，样本点 A 以 ε 为半径的范围内，为该点的邻域范围。图 4-39 显示了密度相连的情形。

(3) 邻域密度阈值：表示某一样本的距离为 ε 的邻域中样本个数的阈值，也称最小样本数，用 MinPts 表示。

(4) 核心点：以样本点 A 为圆心、ε 为半径的范围内，如果样本点大于 MinPts，则该点为核心点。在图 4-38 中，样本点 A 在以 ε 为半径的范围内的样本点的数量为 5，大于最小样本数(MinPts=4)，因此样本点 A 为核心点。

(5) 边界点：如图 4-38 所示，以样本点 B 为圆心、ε 为半径的范围内，样本数为 2，大于最小样本数(MinPts=4)，且样本点 B 在核心点 A 的邻域内，因此样本点 B 为边界点。

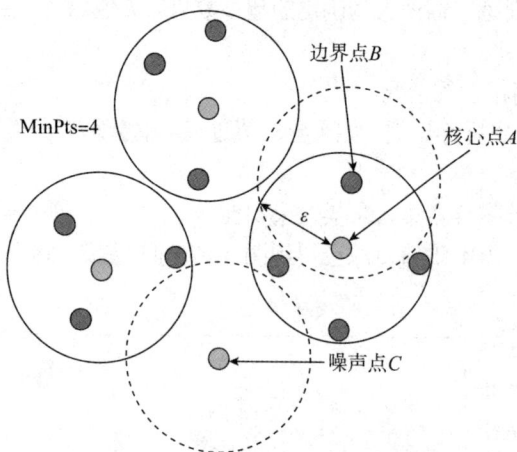

图 4-38 样本点 A 以 ε 为半径的范围   图 4-39 密度相连

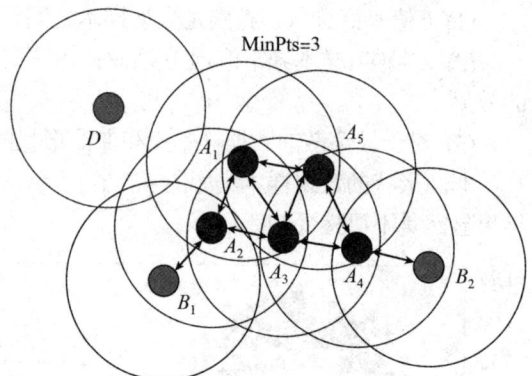

(6) 噪声点：如图 4-38 所示，以样本点 C 为圆心、ε 为半径的范围内，样本数为 1，小于最小样本数(MinPts=4)，且不在其他核心点邻域内，因此样本点 C 为噪声点。

邻域参数(ε,MinPts)作为 DBSCAN 算法的参数进行聚类，即有样本集合 $D = \{x_1, x_2, \ldots, x_m\}$，以给定的 (c, MinPts) 进行聚类。在聚类后的簇中具有如下特点。

(1) 在核心点 A 的密度半径 ε 内，所有样本点 $\{A, A, A_5\}$ 与该核心点 A 密度直达。

(2) 在样本集合 $\{A, A, A, A_4, A_5, B_1, B, D\}$ 中可找到 A 和 A 密度直达，A 和 B 密度直达，则可得到关系：A 和 B 密度可达。

(3) 在样本集合 $\{A, A, A, A_4, A_5, B_1, B, D\}$ 中可找到 A 和 B 密度可达，A 和 B 密度可达，则可得到关系：B 和 B 密度相连。

图 4-40 展示了 DBSCAN 算法的基本过程。

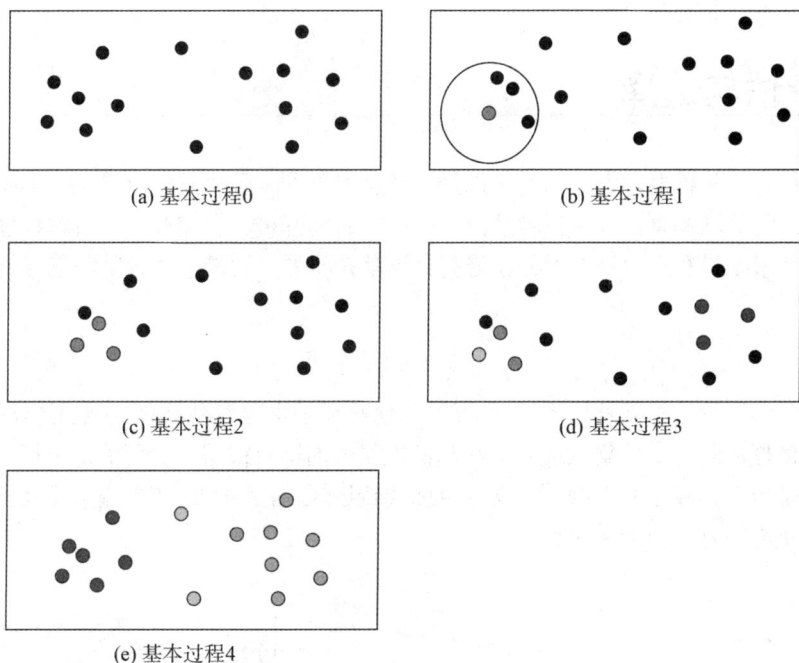

(a) 基本过程0   (b) 基本过程1

(c) 基本过程2   (d) 基本过程3

(e) 基本过程4

图 4-40　DBSCAN 算法的基本过程

下面讲述每个过程。

(1) 随机选取一个样本点,获取该点在邻域参数(3,3)内的样本数;如果样本数不小于 3,则将该样本标记为核心点(红色)。

(2) 继续选取其他样本点,按照上一步的方法标记核心点(红色)。

(3) 重复遍历所有样本点,最终找出所有的核心点(红色)。

(4) 在遍历所有非核心点时,如果该样本点在邻域参数(3,3)内的样本数小于 3,且在其他核心点邻域内,则该点为边界点(绿色)。在遍历所有非核心点时,如果该样本点在邻域参数(3,3)内的样本数小于 3,但不在其他核心点邻域内,则该点为噪声点(黄色)。遍历核心点,将核心点间密度可达的点归成一个簇,同时将距它们最近的边界点加入该簇中,就完成了聚类的操作。其中,红色点集合表示簇 1,黄色点集合表示噪声点集合,绿色点集合表示簇 2。

2. DBSCAN 算法的优缺点

DBSCAN 算法的主要优点有:

(1) DBSCAN 算法不同于 K 均值算法,它不需要事先指定聚类的数量。

(2) DBSCAN 算法能处理凸型的数据集,适用于各种形状的数据集,对噪声数据不敏感,并能发现数据集中的噪声数据。

DBSCAN 算法的主要缺点有:

(1) 对于密度不均匀的数据,如果用 DBSCAN 算法进行聚类,则聚类质量较差。

(2) 如果数据样本较大时,则使用该算法进行聚类,收敛时间较长。

(3) 相对于 K 均值之类的聚类算法,该算法中调整超参数会较为复杂,例如,需要根据实际情况调整距离阈值ε和邻域样本数阈值 MinPts。不同的超参数组合对最后的聚类效果有不同的影响。

4.5 模型评估与选择

在现实中，往往有多种机器学习算法可供选择，甚至对于同一种机器学习算法，不同的参数配置也会得到不同的算法模型，通常需要从泛化性能、时间开销、存储开销、可解释性等方面对机器学习的算法模型进行综合评判并做出选择。这就是机器学习的模型评估与选择问题。

4.5.1 泛化能力

泛化能力指机器学习算法对新鲜样本的适应能力。通常期望学习模型具有较强的泛化能力。

对于训练好的模型，若在训练集表现差，在测试集表现同样会很差，这可能是欠拟合导致的。欠拟合是指模型拟合程度不高，数据距离拟合曲线较远(见图 4-41)，或指模型没有很好地捕捉到数据特征，不能很好地拟合数据。

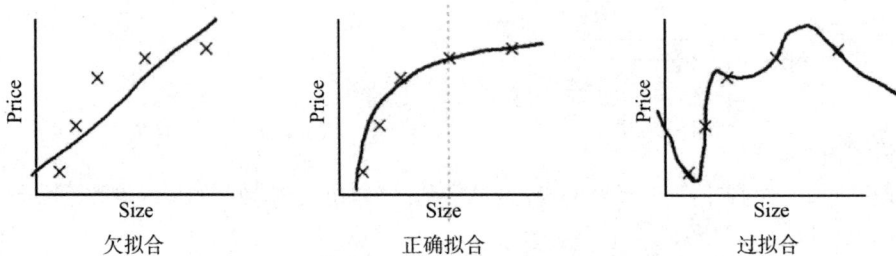

图 4-41 欠拟合与过拟合

若在训练集表现非常好，但在测试集上表现很差，可能是过拟合导致的。过拟合是指机器学习模型在训练数据上表现得非常好(训练误差非常低)，但在新的、未见过的测试数据上表现较差(测试误差较高)。这是因为模型过于复杂，以至于它不仅学习了数据中的真实规律，还学习了数据中的噪声和随机波动。避免过拟合是学习模型设计中的一个核心任务。通常采用增大数据量和测试样本集的方法对分类器性能进行评价。

4.5.2 数据集划分

学习算法或模型的预测输出与真实输出之间的差异称为误差(error)；算法模型在训练集上的误差称为训练误差(training error)，又称为经验误差(empirical error)；算法模型在新样本上的误差称为泛化误差(generalization error)。由于事先并不知道新样本的特征，因此只能尽量减小经验误差，然而单纯使经验误差最小化得到的算法模型的实际效果往往并不理想。为此，通常将包含 m 个样本的数据集 $D=\{(x_1,y_1),(x_2,y_2),\dots,(x_m,y_m)\}$ 拆分成训练集 S 和测试集 T。假设测试集 T 是从样本真实分布中独立采样获得的，可将测试集 T 上的测试误差(testing error)作为泛化误差的近似，同时根据训练误差和测试误差对学习算法进行性能评估。

研究表明，对于给定的偏差(即学习算法的期望输出与真实结果的偏离程度)，方差将随着样本个数 m 的增加而减小，即能提高对数据扰动的鲁棒性。因此，要充分利用已有的有限数量的数据集来构造一个规模尽量大的数据集，主要技术包括留出法、自助法、交叉验证法，如图 4-42 所示。

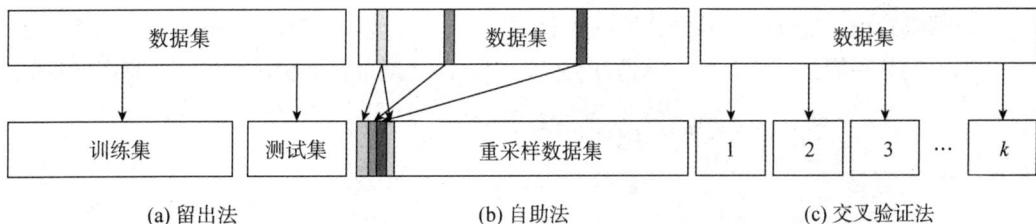

| (a) 留出法 | (b) 自助法 | (c) 交叉验证法 |

图 4-42 主要技术

1. 留出法

留出(hold-out)法是一种简单划分的方法,直接将数据集 D 简单地分为 S 和 T 两个互斥的集合,且 $D=S \cup T$,$S \cap T=\varnothing$。其中,训练集 S 用于拟合模型,测试集 T 用于评估模型的预测性能。通常使用一个经验公式,随机地抽取约 2/3(或 1/2)数据用于训练。例如,首先抽取 1/2 数据作为训练数据,若在测试数据上的预测性能不能被接受,则重新抽取 2/3 数据用于训练。

2. 自助法

自助(bootstrapping)法是以 Efron 等人提出的自助采样(bootstrap sampling)法为基础的一种解决方案,其工作方式是:假设数据集 D 中有 m 个样本,每次从 D 中随机取出 1 个样本,将其复制后放入新数据集 D' 中,再将该样本放回 D 中,如此重复 m 次,得到有 m 个样本的 D' 作为训练集,同时将 D 与 D' 的差集作为测试集。

3. 交叉验证法

交叉验证(cross validation)法是统计学上将数据样本切割为较小子集的一种方法。以 k 折交叉验证(k-fold cross validation)为例,令 m 表示数据集 D 中数据的数量,将数据集 D 分为 k 个大小相似的互斥子集,即 $D=D_1 \cup D_2 \cup \ldots \cup D_k$,$D_i \cap D_j=\varnothing(i \neq j)$,每次用 $k-1$ 个子集的并集作为训练集进行训练,余下的子集作为测试集用于测试并计算预测误差。重复这一过程 k 次,得到 k 次结果的平均值。一般采用 10 折交叉验证,即数据集被分为 10 个子集,最终预测误差为 10 次预测误差的平均值。

以 10 折交叉验证为例,给定一个数据集,随机分成 10 份,使用其中的 9 份来建模,用最后的那 1 份度量模型的性能,重复选择不同的 9 份构成训练集,余下的那 1 份用作测试,需要重复 10 次,将 10 次测试的平均值作为最后的模型性能度量(见图 4-43)。

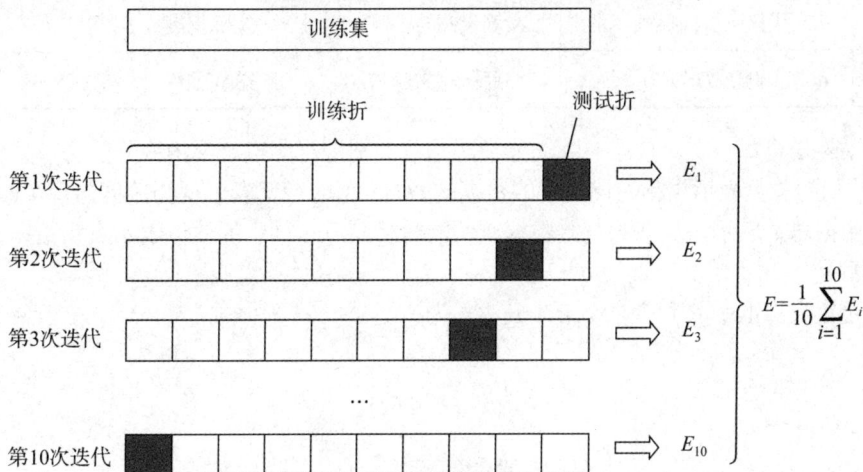

图 4-43 10 折交叉验证

在数据集较小，或难以有效划分训练集/测试集时，自助法很有效，但产生的数据集改变了初始数据集的分布规律，由此会引入估计偏差，因此在数据量足够时，留出法和交叉验证法更常用。

4.5.3　性能度量

为对学习算法或模型的性能进行定性或定量评估，需要建立相应的评价标准，这就是性能度量(performance measure)。性能度量不仅取决于算法和数据，还应反映具体的任务需求。下面主要介绍分类任务中几种常用的性能度量。

1. 错误率与精度

错误率是错分样本的数量占样本总数的比例。精度(accuracy)是分对样本的数量占样本总数的比例。

2. 查准率、查全率与 F1 度量

在信息检索、Web 搜索等场景中，经常需要衡量正例(又称正样本，positive)被预测出来的比例，或预测出来的正例中正确的比例，此时使用查准率和查全率比错误率和精度更适合。以二分类问题为例，它的样本只有正例和反例(又称负样本，negative)两类。例如，对于垃圾邮件分类，正例是垃圾邮件，反例是正常邮件。此时，可将样例根据其真实类别与学习器预测类别的组合划分为 4 种情形：正例被分类器判定为正例，称为真正例(true positive)，数量记为 TP；若正例被错判为反例，则称为假反例(false negative)，数量记为 FN；反例被判定为反例，称为真反例(true negative)，数量记为 TN；若反例被错判为正例，则称为假正例(false positive)，数量记为 FP。统计真实标签值和预测结果的组合，便可得到如表 4-13 所示的分类结果的混淆矩阵(confusion matrix)。

表 4-13　二分类混淆矩阵

实际	预测		
	正例	反例	合计
正例	TP(真正例的样例数)	FN(假反例的样例数)	实际正例数($TP+FN$)
反例	FP(假正例的样例数)	TN(真反例的样例数)	实际反例数($FP+TN$)
合计	预测正例数($TP+FP$)	预测反例数($FN+TN$)	总样本数 $TP+FP+FN+TN$

混淆矩阵是将每个观测数据实际的分类与预测类别进行比较。混淆矩阵的每一列代表预测类别，每一列的总数表示预测为该类别的数据的数目；每一行代表了观测数据的真实归属类别，每一行的数据总数表示该类别的观测数据实例的数目。每一列中的数值表示真实数据被预测为该类的数目。

从而可定义查准率 P 和查全率 R，表达式为

$$P = \frac{TP}{TP + FP}$$

$$R = \frac{TP}{TP + FN}$$

在一些实际应用中，更常用的是 $F1$ 度量，即

$$F1 = \frac{2 \times P \times R}{P + R}$$

需要指出，查准率和查全率中单独一个指标高未必有意义。例如，如果学习器预测所有的实例均为正例，查全率 R 就是 1，但这种预测没有意义；若有 1000 个实例，其中 500 个是正例，最终结果只判断出 5 个是正例，且这 5 个判断都正确，则查准率 P 等于 1，这同样没有意义，因为 99% 的数据中真正的正例并没有判断出来。因此，希望查准率和查全率这两项指标都要高，可以根据学习器的预测结果按正例可能性大小对样例进行排序，并逐个将样本作为正例进行预测，由此可得到查准率-查全率曲线，简称 P-R 曲线。

课后习题

一、选择题

1. 机器学习的最终目标是( )。
   A. 让计算机能够自动编程
   B. 让计算机能够自动学习并改进性能
   C. 让计算机能够替代人类
   D. 让计算机能够进行高速计算

2. 机器学习的核心是( )。
   A. 数据存储
   B. 算法设计
   C. 模型训练与优化
   D. 硬件加速

3. 机器学习中的分类任务是指( )。
   A. 将数据分为不同的类别
   B. 预测连续的数值
   C. 将数据按顺序排列
   D. 降低数据的维度

4. 下列哪个任务不属于机器学习的任务类别? ( )
   A. 分类
   B. 回归
   C. 排序
   D. 编程

5. 有监督学习和无监督学习的主要区别在于( )。
   A. 是否有标签数据
   B. 是否需要模型
   C. 是否需要算法
   D. 是否需要数据

6. 半监督学习的特点是( )。
   A. 只有少量的标签数据
   B. 没有标签数据
   C. 完全依赖标签数据
   D. 不需要数据

7. kNN 算法的核心思想是( )。
   A. 找到最近的 k 个邻居并投票决定类别
   B. 找到最远的 k 个邻居并投票决定类别
   C. 找到最近的 1 个邻居并决定类别
   D. 找到最远的 1 个邻居并决定类别

8. kNN 算法中，k 值的选择对模型性能的影响是(　　)。
    A. k 值越大，模型越复杂 　　　　B. k 值越小，模型越复杂
    C. k 值的选择不影响模型性能　　　D. k 值必须为 1

9. 决策树算法的核心是(　　)。
    A. 构建树状结构　　　　　　　　　B. 构建线性模型
    C. 构建神经网络　　　　　　　　　D. 构建聚类模型

10. 决策树的剪枝方法主要是为了(　　)。
    A. 提高模型的复杂度　　　　　　　B. 防止模型过拟合
    C. 增加模型的训练时间　　　　　　D. 减少模型的预测时间

11. 随机森林是一种(　　)。
    A. 单一决策树模型　　　　　　　　B. 基于多个决策树的集成模型
    C. 神经网络模型　　　　　　　　　D. 聚类模型

12. 随机森林的主要优点是(　　)。
    A. 训练速度快　　　　　　　　　　B. 模型复杂度低
    C. 对噪声和异常值不敏感　　　　　D. 需要大量数据

二、填空题

1. 机器学习中的分类任务是将数据分为不同的_____。
2. 机器学习中的回归任务是预测_____的数值。
3. 有监督学习使用带有_____的数据进行训练。
4. 随机森林是一种基于多个_____的集成模型。
5. 支持向量机的主要目标是_____。
6. 朴素贝叶斯分类器的核心假设是_____。

三、简答题

1. 简述机器学习的定义。
2. 机器学习的主要应用场景有哪些？
3. 请简述分类任务和回归任务的区别。
4. 请简述有监督学习和无监督学习的主要区别。
5. 请简述 kNN 算法的基本原理。
6. kNN 算法中，如何选择合适的 k 值？
7. 请简述决策树算法的基本原理。
8. 决策树的剪枝方法有哪些？
9. 请简述随机森林的基本原理。
10. 请简述支持向量机的基本原理。
11. 朴素贝叶斯分类器的主要优点是什么？

第 5 章

深度学习与神经网络

课程目标

知识目标：掌握深度学习与神经网络的基本概念和原理，熟悉神经网络的基本结构，包括循环神经网络(RNN)、长短时记忆(LSTM)网络的结构特点和适用场景。

能力目标：能针对任务需求选择合适的网络结构，并搭建相应的模型。掌握神经网络的训练方法。

素养目标：鼓励学生在神经网络模型设计和优化过程中发挥创新思维，探索新的架构和方法。培养学生对新兴深度学习技术的关注和学习能力。

重难点

重点：掌握神经网络的基础概念与深度学习的核心模型。前向传播和反向传播算法是神经网络训练的核心，需要重点掌握其过程和原理。将神经网络应用于实际问题，如图像识别等。

难点：理解反向传播的数学原理及深层网络的优化挑战。

5.1 深度学习的发展

深度学习是机器学习领域中的子领域，也是近年来机器学习领域发展最快的一个分支。可用一个图来直观地表明深度学习、神经网络、机器学习与人工智能的关系，如图 5-1 所示。

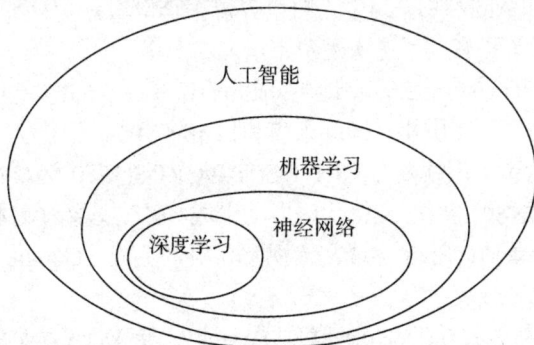

图 5-1　深度学习、神经网络、机器学习与人工智能的关系

　　神经网络的研究始于 20 世纪初,源于物理学、心理学和神经心理学等跨学科研究。20 世纪 40 年代,Meculloh 和 Walter Pitts 从原理上证明了人工神经网络可以计算任何算术和逻辑函数。20 世纪 50 年代,Rosenblatt 提出了感知机网络和联想学习规则,公开演示了进行模式识别的能力,不幸的是,研究表明感知机网络只能解决有限的几类问题。

　　为克服单层神经网络的局限性,神经网络演化为多层架构,仅将隐藏层添加到单层神经网络中就花了大约 30 年的时间。原因是没能找到训练复杂网络的学习算法,再加上当时也没有功能强大的数字计算机来支持各种实验,从而导致人工神经网络研究停滞了十几年,也导致了 20 世纪七八十年代 AI 研究的寒冬。

　　20 世纪 80 年代,物理学家 Hopfield 用统计机理解释某些类型的递归网络,训练多层感知器的反向传播算法横空出世。1986 年,反向传播算法奠定了人工神经网络中网络连接系数的优化基础。由于无法训练拥有大量参数的神经网络,使得神经网络一度陷入低谷。

　　1995—2005 年,大部分机器学习研究者的视线离开了神经网络,原因是训练网络需要极强的计算能力,使用的数据集也较小。而现在,海量数据和超强计算能力迎来了神经网络的春天,可以说深度学习顺应了潮流,是数据和算力双重驱动的。

　　又经历近 20 年的发展,Hinton 于 2006 年设计出深度信念网络,并革命性地提出深度学习的概念,从此深度学习几乎成为人工智能技术的代名词。

　　具有独特神经处理单元和复杂层次结构的各种神经网络不断涌现,如卷积神经网络、循环神经网络(Recurrent Neural Network)、生成对抗网络等,深度学习技术不停刷新着各应用领域内人工智能技术性能的极限。

　　2012 年,Google 开发的自动学习方法,实现了猫脸识别的无监督学习,人工智能从 YouTube 的视频中识别出猫。

　　2013 年,DeepMind 的深度强化学习取得突破。将深度学习与强化学习结合,在 Atari 游戏中实现超越人类的表现(DQN 算法)。

　　2014 年,生成对抗网络(GAN)的提出,开启了生成模型的新时代,广泛应用于图像生成、视频合成等领域;Seq2Seq 模型(Google 提出序列到序列学习框架)为机器翻译和自然语言处理奠定了基础。

　　2015 年,Google 开源深度学习框架 TensorFlow 发布,推动 AI 研究和应用的普及;微软亚洲研究院提出 ResNet,通过残差连接解决深度网络梯度消失问题,成为计算机视觉的基石;AlphaGo 击败人类职业棋手: DeepMind 的 AlphaGo 首次击败欧洲围棋冠军樊麾,次年(2016 年)击败李世石。

　　2016 年,人机大战中,AlphaGo 以 4:1 击败世界冠军李世石,引发全球对 AI 的关注;Google Assistant 和亚马逊 Alexa 等语音助手进入消费市场。

　　2017 年,Google 提出 Transformer 模型诞生,成为后来 BERT、GPT 等模型的基础;DeepMind 的 AlphaZero 通过自我对弈,在围棋、国际象棋和日本将棋中达到超人类水平。

　　2018—2024 年,OpenAI 连续发布 GPT-1/GPT-2/GPT-3(1750 亿个参数)/GPT-4/ChatGPT,展示大规模预训练语言模型的潜力,支持代码自动生成,实现图像与文本的跨模态理解与生成;生成式 AI 赋能动态内容革命;Sora 实现文生视频高质量生成;Google 发布 BERT,推动自然语言处理(NLP)的突破。

　　2023—2024 年,深度求索(DeepSeek)公司连续发布 DeepSeek-R1、DeepSeek-Coder、DeepSeek-67B、DeepSeek-V2/V3、DeepSeek-V4。降低了中文大模型的应用门槛,推动了开源

生态发展，填补了中文代码生成模型的空白，助力软件开发的效率革命，证明中国团队具备训练顶尖开源大模型的能力，缩小了中美在通用大模型领域的差距，推动中文 AI 生态商业化。DeepSeek 已跻身全球第一梯队模型厂商。

DeepSeek 的快速发展标志着中国 AI 技术从"追随"到"并跑"甚至"领跑"的转变，未来或将在 AGI 探索中扮演更重要的角色。

深度学习(Deep Learning，DL)这一术语无疑是近年来人工智能领域中最火爆的热词之一，它的快速发展过程犹如发射火箭，而助推火箭的"发动机"就是"大计算"，"燃料"就是"大数据"。与深度学习这个热词密不可分的另一个热词是深度神经网络(Deep Neural Network，DNN)，深度学习与深度神经网络的关系可简要描述为：深度学习是深度神经网络采用的学习方法，深度神经网络是深度学习方法的基础架构。

深度神经网络也称为深层神经网络，指神经网络架构中包含了较多的隐含层；与之相对的一个术语是浅层神经网络(Shallow Neural Network，SNN)，指神经网络架构中包含了较少的隐含层。然而，深层神经网络与浅层神经网络之间目前尚无明确的界定，有一种说法是：至少包含一个隐含层的神经网络即可称为深层神经网络，而浅层神经网络则指不含隐含层的神经网络。更普遍的说法是：至少包含两个隐含层的神经网络才可称为深层神经网络。现实应用中已出现了深达上百层的神经网络。

当然，上面提到的神经网络都指人工神经网络(Artificial Neural Network，ANN)，而非生物神经网络(Biological Neural Network，BNN)。人工神经网络只是借鉴了生物神经网络的一些原理知识，并结合了许多数学方法，这些原理和方法目前仍采用编程方式在传统计算机上模拟实现。人工神经网络的确有仿生学的影子，但毕竟不是在复制生物神经网络——如同人们受到鸟儿飞翔的启发而发明了飞机一样，飞机上并没有长满羽毛，飞机的翅膀也不上下扇动。

鉴于深度学习与深度神经网络密不可分，人们现在已习惯于混用深度学习、深度神经网络、人工神经网络、神经网络这几个术语。一般情况下，它们指的其实都是同一回事，即都是指采用深度学习方法的(深度)人工神经网络或基于(深度)人工神经网络的深度学习方法。

5.1.1 深度学习产生的背景

对于传统的机器学习技术而言，良好的特征表达对于算法的性能至关重要。为此，许多学者致力于特征工程(feature engineering)方面的研究，提出了大量人工设计的特征，如颜色矩、Harris 角点、梯度方向直方图(Histogram of Oriented Gradients，HOG)、局部二值模式(Local Binary Pattern，LBP)、SIFT(Scale Invariant Feature Transform)等。然而人工设计特征不仅费时费力，还存在许多不足之处，包括：人工设计特征一般是基于图像的低层特征信息，这些信息并不能很好地表达图像的高层语义信息，具有较弱的判别性能；人工设计特征通常是针对特定领域的具体应用而设计的，具有较弱的泛化性能。数据采集和计算能力的不断增强，不但积累了海量数据，而且其中绝大部分数据是非结构化的，这就给传统的机器学习技术带来了巨大挑战。

研究发现，大脑的视觉皮层具有分层结构。以认知图像为例，首先感知的是图像颜色和亮度信息，然后是边缘、角点、直线等局部特征，接下来是纹理、几何形状等更复杂的结构信息，最后才形成物体的整体概念。人类感知系统这种明确的层次结构，不仅极大降低了视觉系统处理的数据量，还显著提高了认知效率和鲁棒性。

5.1.2 深度学习

受视觉认知机理的启发，2006 年，Hinton 等人在 *Science* 杂志上发表论文，革命性地提出了一种称为深度置信网络(Deep Belief Network，DBN)的深度学习模型，采用非监督贪心逐层预训练算法来降低深层网络结构的训练难度，有效解决了 BP 网络存在的因隐含层增加而产生的误差传播控制问题，且包含多个隐含层的深度神经网络具有优秀的特征学习能力，通过组合低层特征形成高层抽象来更好地刻画数据本质，对数据进行可视化或分类。自此，深度学习在学术界持续升温，很多学者对深度学习的作用机理和应用领域进行了广泛而深入的探究。

5.1.3 深度学习与浅层学习的主要区别

与支持向量机、决策树、贝叶斯分类器等浅层学习算法相比，深度学习的主要不同之处在于：在模型结构深度方面，通过深度学习学得的模型中非线性操作的层级数变得更多，通常可达 5～10 层甚至数百层；在特征学习方面，浅层学习主要依靠人工经验来抽取样本特征，而深度学习则通过对原始信号逐层进行特征变换，将样本在原空间的特征表示变换到新的特征空间，自动学习，得到层次化的特征表示，从而更好地刻画数据的丰富内在信息。与浅层学习相比，深度学习不仅避免了繁杂的特征提取环节，而且能更好地实现复杂的函数逼近。

5.1.4 深度学习模型

对于不同类型的数据和问题，人们研究了多种不同的深度神经网络结构模型，主要包括深度自编码器(Deep Auto-Encoders，DAE)、深度置信网络、卷积神经网络(Convolutional Neural Network，CNN)、循环神经网络(Recurrent Neural Network，RNN)等。

CNN 是一种特殊的深层前馈型神经网络，常用于图像领域的有监督学习问题，如图像去噪、超分辨率重建、图像分割、图像修复等。卷积神经网络通过共享权值、局部感知及池化等操作来充分利用数据本身包含的局部特性，以优化网络结构，保证位移和变形在一定程度上的不变性。共享权值指在提取特征时多个神经元之间共享一套权值，使用同一个卷积核对图像做卷积运算；局部感知是指每个神经元只处理特定的图像特征，无须感知全部图像。共享权值和局部感知的存在使得卷积神经网络的参数大大减少，网络结构更加清晰。

RNN 是一类用于处理序列数据的网络，主要用于语音识别、语言翻译、自然语言理解等场合，这类数据的共同特点是在推断过程中需要保留序列上下文的信息。在循环神经网络中，隐含节点存在反馈环，即当前时刻的隐含节点值不仅与当前节点的输入有关，还与前一时刻的隐含节点值有关。循环神经网络通过隐含层上的回路连接起来，上一个时刻的数据可传递给当前时刻，当前时刻的数据也可传递给下一个时刻。常见的循环神经网络模型主要有长短时记忆(Long Short-Term Memory，LSTM)网络和门控循环单元(Gated Recurrent Unit，GRU)。其中，LSTM 网络采用输入门(input gate)、遗忘门(forget gate)和输出门(output gate)结构，克服了循环神经网络无法处理的长期依赖、梯度消失等问题；门控循环单元是 LSTM 网络的一个变种，只包含更新门(update gate)和复位门(reset gate)两个结构，将 LSTM 网络中的输入门和遗忘门合并为更新门，由于简化了网络结构，因此训练速度更快。

一般认为，深度学习通过分层结构的分段信息处理来探索无监督的特征学习和模式识别与分类,其研究动机在于模拟人脑进行分析学习的神经网络,通过模仿人脑的工作机制来解释图像、声音、文本等数据,已在语音识别、人脸识别、自然语言处理等领域取得突破性进展。

5.2 人工神经网络基础

5.2.1 生物神经元

神经元(neuron)是神经系统的结构与功能单位之一。每个神经元都由细胞体(cell body)、树突(dendrites)和轴突(axon)组成,如图 5-2 所示。其中,树突能接收周围与之相连的邻近神经元的电脉冲信号。细胞体是神经元的主体,用于处理由树突接收的信号;细胞体内部是细胞核,外部是细胞膜,细胞膜的外面是许多向外延伸的纤维。轴突是由细胞体向外延伸出的所有纤维中最长的一条分支,用来向外传递神经元产生的输出电信号。神经元彼此相连但不直接接触,相互之间形成微小的间隙,称为突触(synapse)。这些间隙可以是化学突触或电突触,将信号从一个神经元传递到下一个神经元。

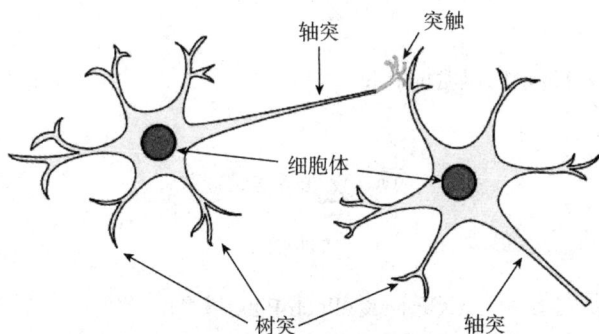

图 5-2 神经元结构图

神经元是一种哑神经元(dumb neuron),功能上相当于一个简单的积分器:所有信号在这里进行加权和计数,若总和超过某个阈值(threshold),则神经元会发出一系列电脉冲,这些电脉冲由轴突传递至其他邻近的神经元。最新研究发现,神经元并非单纯为了连接,如皮质神经元树突上的微小区室同样能执行复杂的非线性运算:如果只有输入 X 或 Y,树突会出现尖峰;而如果两个输入同时出现,就不会有尖峰,这其实相当于异或运算。

5.2.2 人工神经网络

人工神经元是对生物神经元的抽象与模拟,而人工神经网络(Artificial Neural Network,ANN)则是将人工神经元按照一定拓扑结构进行连接所形成的网络。

1. MCP 模型

1943 年,美国神经生理学家 McCulloch 与数学家 Pitts 在总结了神经元的一些基本生理特征的基础上,提出了第一个神经元的抽象模型,称为 MCP 模型(有的文献也称 M-P 模型),如图 5-3 所示。

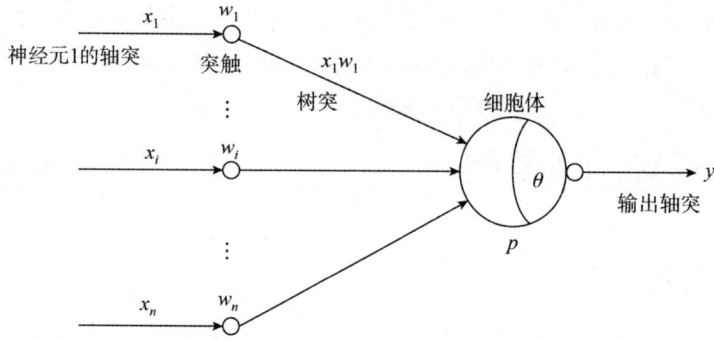

图 5-3　MCP 模型

图中，$x_1, x_2, \ldots, x_n$ 为神经元 P 的 n 个输入节点，类似于 n 个轴突信息；$w_1, w_2, \ldots, w_n$ 为权值，相当于不同树突之间的连接强度；θ 为神经元的阈值；y 为神经元的输出；f 为激活函数 (activation function)，是表示神经元输入/输出关系的函数，将神经元的输出信号限制在允许的范围内，使其成为有限值。根据激活函数的不同，可得到不同的神经元模型。

$$y = f\left(\sum_{n=1}^{n} w_i \cdot x_i + \theta\right)$$

当激活函数 f 选用单位阶跃函数时，即

$$\begin{cases} 1 & \sum_{i=1}^{n} w_i \cdot x_i \geq \theta \\ 0 & \text{其他情形} \end{cases} \tag{5-1}$$

人工神经元模型即为著名的 MCP(McCulloch-Pitts) 模型。

其工作过程可简述为：当前神经元将若干个输入进行加权求和，如果所得之和小于阈值 θ，则当前神经元的状态为抑制，输出为 0；否则状态为兴奋，输出为 1。

2. 感知机(perceptron)与单层感知器

1958 年，Rosenblatt 提出了感知机模型，如图 5-4 所示。该感知机模型在 MCP 模型的基础上加入了学习规则，使其能够根据训练样本的判别正确率对权值进行更新。第一次引入了学习的概念，可用数学方法来模拟人脑所具备的学习功能。

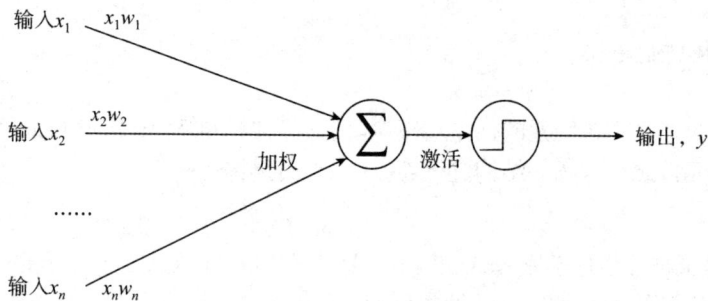

图 5-4　感知机模型

假设输入特征向量空间为 $x \in R^n(R^n$：表示特征向量是 n 维实数向量。即每个特征向量有 n 个

特征，每个特征都是实数)，输出选用单位阶跃函数，如式(5-1)，则输出的标签空间为 $y=\{1, 0\}$。

f 为激活函数，$W=(w_1, w_2, \dots, w_n)^{\mathrm{T}}$，$x$、$\theta$ 分别为神经元的权值向量和偏置(bias)。

上述模型的输出结果只有 0 和 1，它等价于一个简单的线性二分类器，所以只能做简单的二分类问题。

单一的神经元能做的事有限，为处理多类别识别问题，将一系列神经元放置在一起，形成网络，才能做一些有用的事情。1957 年，康奈尔大学的罗森布拉特提出了单层感知机模型。

单层感知机仅由输入层和输出层构成，网络的输入和输出数量由外部问题所确定，如图 5-5 所示。同一层神经元彼此之间完全独立，它们之间唯一共享的是输入，每个输入和每个神经元之间都有连接，连接权重用 w_{ij} 表示。w_{ij} 是第 i 个神经元和第 j 个输入 x_j 之间的连接权重。

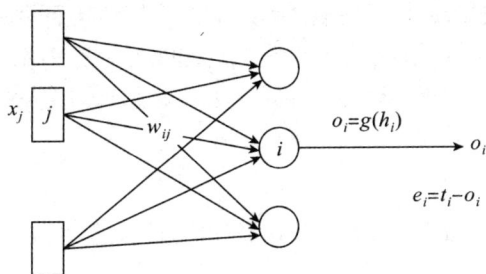

图 5-5 单层感知机结构

显然，上面的神经网络模型的激活函数选用了单位阶跃函数，所以只能输出 0,1 序列，为了拓展神经网络的表达能力，激活函数有多种选择。另外，当输入全为零时，按照输入与权重的线性组合公式，得到的结果总为零。实际上，一般神经元都要加上一个非零偏置项参数 θ，相应的公式变为 $y = wx + \theta$。为方便起见，可将偏置项 θ 理解为输入为 1 的权重。

上述模型是一个典型的监督学习模型，模型的输入为 x，输出为 y，都是确定的。为了简洁，输入 x 和输出 y 都理解成向量，经过简单分析可知，图 5-5 中的感知机模型有 n 个输入和 m 个输出值，模型中需要确定的参数为 w 和 θ，即待定的参数个数为 $m \times n + m$，这些参数通过学习得到。

3. 感知机学习算法

设 x_j 是网络的输入，t_i 是相应的目标输出(已知的标签数据)，输出节点 i 的输出 o_i，输出误差是 $e_i = t_i - o_i$，通过学习确定权值 w_{ij}。

权值 w_{ij} 调整规则称为增量规则：如果一个输入节点对输出节点的误差有贡献，那么这两个节点间的权重应当根据输入值 x_j 和输出值误差 e_i 成比例地调整。

网络初建时，链路的权重都是随机的，把训练样本一条一条地输入网络，得到输出后，与正确答案相比较，看输出结果与正确结果的偏差。如果偏差大，则说明当前网络链路的权值的设置不合理，需要重新修改，偏差越强的线路调整越大，增量规则通俗地说就是"谁引起的误差大，就调整谁"。

$$\begin{cases} w_{ij} \leftarrow w_{ij} + \alpha e_i x_j \\ b_i \leftarrow b_i + \alpha e_i \end{cases}$$

上式中，w_{ij} 是输出节点 i 和输入节点 j 之间的权值，α 是学习率，α 在 0~1 取值，控制学习的快慢。权重和偏置更新公式可以统一起来看，偏置可看成输入为 $x_i=1$ 的特殊权重。

当遍历所有训练样本集合时，w_{ij} 实际上迭代趋向收敛、稳定不变。这时就完成了学习过程。那么，按增量规则，权重 w_{ij} 是否永无休止地变化，或者说算法无法结束，此时网络学习失败？

罗森布拉特证明了感知机收敛定理：给定一个线性可分的数据集，感知机将在有限次迭代后收敛。只要最优权值存在，学习规则就一定会使网络收敛到该权值上。

利用单层感知器来解决多类别模式识别问题时，必须要求模式的类别是多线性可分的。多线性可分性从本质上讲仍然是一种线性可分性，而现实中更多的模式识别问题都涉及非线性可分性，这就极大地限制了单层感知器的实际应用范围。

在感知机盛行的 20 世纪 60 年代，人们对它的研究过于乐观，认为只要将感知机连接成一个网络，就可以解决人脑思维的模拟问题，因此掀起了人工神经网络的第一波研究热潮。1969年，Minsky 和 Papert 从数学角度证明了感知机的处理能力非常有限，甚至在面对简单的异或问题时也无能为力，并断定单层感知机的很多局限性，即使在多层感知机中也无法全部克服，导致人工神经网络的研究转入低潮。

4. 多层感知机

单个感知器或多个感知器并联而成的单层感知器只适合解决线性可分的模式分类问题，这极大地限制了它的应用范围。

在输入层与输出层之间加上若干个隐含层，就构成了多层感知机(Multi-Layer Perceptrons，MLP)。多层感知机也称多层前馈神经网络，模型如图 5-6 所示。它是一种经典的人工神经网络模型。有人认为，懂了 MLP，整个人工神经网络的知识就几乎算懂了一半。这是因为 MLP 的很多原理和方法广泛应用于许多其他的人工神经网络模型。

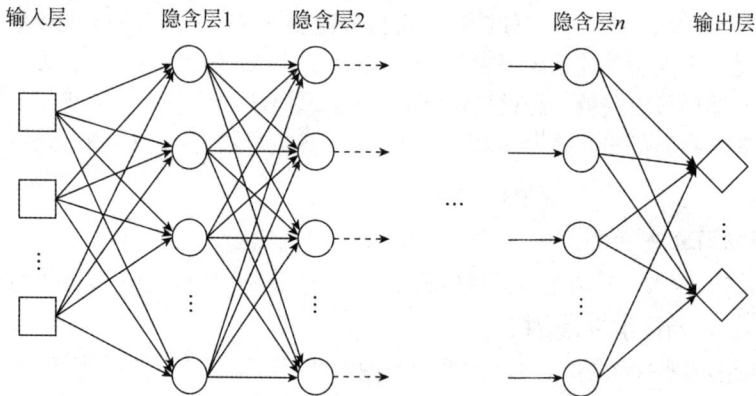

图 5-6   多层感知机模型

从数学角度看，MLP 表达了从输入向量到输出向量的某种函数映射关系。

理论已经证明，通过增加神经网络的层数和改变激活函数，并利用相应学习算法不断迭代改变损失误差，就可用多层神经网络来拟合任意函数，解决线性和非线性问题，也就是通过增加网络的深度和宽度来提高神经网络模型的健壮性和预测的准确性。因此，多层神经网络结构的出现，及其相关算法的完善，为人工智能的普及和应用做出了突破性贡献。

换句话说，一个含有隐含层的 MLP 便可成为一个万能的函数生成器，而异或(XOR)难题将迎刃而解。隐含层从输入模式中提取更多有用的信息，使网络可完成更复杂的任务。事实上，这是一种典型的前馈型神经网络，即神经网络中的各层均只从上一层接收信号并向下一层输出信号。

激活函数

一般而言，除了单位阶跃函数，激活函数还可选用如下几种非线性激活函数，以拓展神经网络的表达能力。常见的激活函数如下。

(1) Sigmoid 函数

Sigmoid 函数(见图 5-7)是一个 S 型函数。它与单位阶跃函数一样把输出值限定在(0,1)之间，只是更加柔和。它是连续可导的，求导形式简单，便于计算梯度。当神经网络层数变多或连续的输入值较大后，在使用 Sigmoid 作为激活函数时就需要注意梯度消失的问题。

$$y = \frac{1}{1 + \mathrm{e}^{-x}}$$

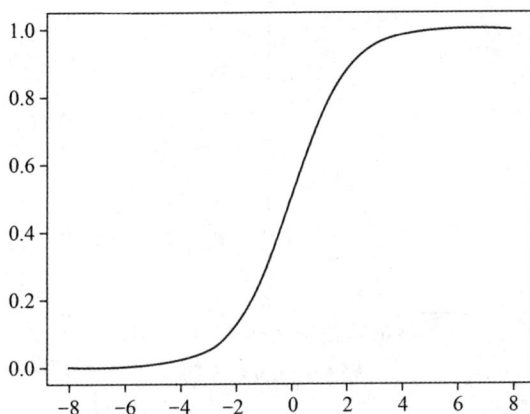

图 5-7　Sigmoid 函数

(2) tanh 函数

该函数称为双曲正切函数，它输出的结果范围为(-1,1)(见图 5-8)。以 0 为中心，有助于更新权重值，这点较 Sigmoid 函数好。但同样存在梯度消失的问题。

$$y = \frac{\mathrm{e}^{x} - \mathrm{e}^{-x}}{\mathrm{e}^{x} + \mathrm{e}^{-x}}$$

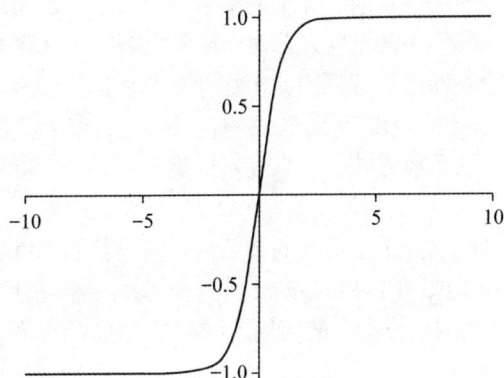

图 5-8　tanh 函数

(3) ReLU 函数

$$y = \max(0, x)$$

相比于 Sigmoid 和 tanh 函数，当输入为正时，不会有梯度消失的问题。同时，ReLU 函数是线性关系，计算速度要快于另外两个函数(见图 5-9)。但当输入为负数时，结果为 0，则使用 ReLU 函数的神经元是不会被激活的。

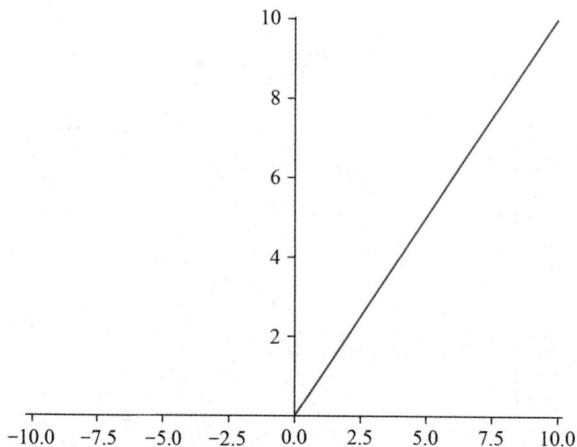

图 5-9　ReLU 函数

这 3 种激活函数除了起到"开关"作用外，还为神经网络模型引入了非线性的特质，增加了模型的拟合能力，非线性也是人们在设计激活函数时首先要考虑的。采用哪一种激活函数，需要根据实际的应用场景进行选择，并没有严格意义上的最优激活函数。

神经网络就是一个模型，模型的参数就是这些连接权值和阈值。神经网络的学习过程就是根据训练数据，学习得到合适的连接权值和阈值(学到的"知识")。这些权值和阈值等参数以分布方式存储在神经元网络中，体现了分布式表征的核心。然而，一个神经网络的连接方式、网络的层数、每层的节点数这些参数，则不是学习出来的，是人为事先设置的，这些称为超参数。

我们该如何训练多层前馈网络？前面介绍的增量规则对于多层网络的训练来说是不起作用的，因为对于输出神经元，我们不知道输入，对于隐藏层我们不知道目标，对于中间位置的隐藏层，我们既不知道输入也不知道目标，因此无法考查节点计算误差。

1986 年，反向传播算法(也称 BP 算法)最终解决了多层神经网络的训练问题。其意义在于提供了一种确定隐藏层误差的系统方法。一旦确定好隐藏层误差，就可以使用增量规则，去调整权重。

虽然层数的增加为神经网络提供了更大的灵活性，但参数的训练算法一直是制约多层神经网络发展的重要瓶颈。直到 1986 年，Rumelhart 等人在 *Nature* 杂志上发表论文，第一次系统、简洁地阐述了 BP 算法在神经网络模型上的应用，结束了 MLP 无训练算法的历史。

5.2.3　多层人工神经网络的学习过程

多层人工神经网络的学习过程包含两个部分：①正向(前向)传播得出网络输出；②利用误

差反向传播算法调整权值参数。

1. 正向(前向)传播过程

每个神经元的正向计算过程和感知机模型神经元一致，只是激活函数替换为 Sigmoid 函数。每个神经元进行计算，如式(5-2)所示。

$$y = \text{Sigmiod}\left(\sum_{i=1}^{n} w_i x_i + \theta\right) \tag{5-2}$$

其中，y 表示该神经元的输出，n 表示该神经元共有 n 个输入(输入层不是神经网络层)，w_i 表示该神经元的第 i 个输入的权值参数，x_i 表示该神经元的第 i 个输入值，θ 表示该神经元的偏置。

为了计算过程中的统一表示和简化公式，也把偏置 θ 作为一个值固定为 1 的输入，用 x_0 表示，用 x_0 与一个可变的权值参数 w_0 的乘积来代替偏置 θ，则计算公式等价变换为式(5-3)。

$$y = \text{Sigmiod}\left(\sum_{i=1}^{n} w_i x_i + w_0 x_0\right) = \text{Sigmiod}\left(\sum_{i=0}^{n} w_i x_i\right) \tag{5-3}$$

其中 x_0 为固定的输入值 1。正向计算过程为：根据上式，从第一层神经网络开始，逐层计算每个神经元的输出值，最终得到最后一层神经元的输出值。在应用该神经网络时，就根据类别判定规则，把输出值转换为类别结果。

2. 利用误差反向传播算法进行权值参数学习

1) BP 算法是一种监督式算法

在多层神经网络最初建立时，各个权值参数都是未知的，通常被设置为随机值。显然，正向传播时，输入样本从输入层传入，经各隐含层逐层处理后，传向输出层。这时正向传播计算出来的实际输出与期望的输出不符，存在误差。误差反传是将输出误差以某种形式通过隐含层向输入层逐层反传，并将误差分摊给各层的所有单元，从而获得各层单元的误差信号，此误差信号即作为修正各单元权值的依据。这种信号正向传播与误差反向传播的各层权值调整过程，是周而复始地进行的。不断调整权值的过程，也就是网络的学习训练过程。此过程一直进行到网络输出的误差减少到可接受的程度，或进行到预先设定的学习次数为止。

误差反向传播算法的具体学习过程如下。

(1) 确定训练数据集，其中每个样本都由输入信息和期望的输出结果两部分组成；

(2) 从训练集中选取任一样本，把样本的输入信息作为网络输入；

(3) 进行正向传播，逐层计算出各个神经元处理后的结果，最终得到最后一层神经元的输出结果；

(4) 计算神经网络最后一层神经元的输出结果与期望的输出结果之间的误差。

与感知机有所不同，在误差反向传播算法中，不是直接用期望的输出值减去网络输出值作为误差评价，而用一个损失函数来评价网络模型的效果，即评价该神经网络模型的期望值与真实值之间的差距。一般可采用平方差函数，如式(5-4)所示。

$$E = \frac{1}{2}\sum(t_i - o_i)^2 \tag{5-4}$$

其中 t_i 为期望输出值，而 o_i 为实际输出值；总误差为最后一层所有神经元的误差平方和；前面的 1/2 是为了便于求导计算，对整个误差值的缩放不影响网络运行。

(5) 根据上面得到的总误差 E，用"梯度"概念对网络中所有权值参数进行调整，使得调整后的网络总误差减小。权值参数的调整基于"函数梯度反方向为函数值(误差)减小最快的方向"这一规则,其基本原理分析如下。

因为总误差是由于网络中的所有权值参数设置不合理导致的,而在网络训练过程中,网络输入值是给定的,所有权值参数都可以改变,因此总误差与权值参数的关系可看作一个关于各个权值参数的函数,如式(5-5)所示。

$$E = f(w_0, w_1, w_2, ..., w_{L-1}) \tag{5-5}$$

其中,L 为网络中权值参数的总个数。

网络训练的目的就是通过调整权值参数让网络总误差减小到可接受的程度。根据前面对多元函数的梯度的介绍可知:为让 E 最快减小,让各个权值参数同步按照梯度反方向改变就可以实现,而梯度由函数对于各个权值参数的偏导数构成,为此需要求各个参数的偏导数。

在实际计算中,由于网络层次深、权值参数多,神经网络中前面一些层次的权值参数的偏导数很难直接计算,因此引入了数学中的链式求导法则,可从后往前逐层累积偏导数并保存(偏导数与误差相关,因此称为误差反向传递),从而简化前面层次神经元权值参数的偏导数计算。

(6) 对训练样本集中的每一个样本,重复执行步骤(3)~(5),直到整个训练样本集的总误差达到要求为止。

图 5-10 为三层 BP 神经网络结构及其学习过程的示意图。

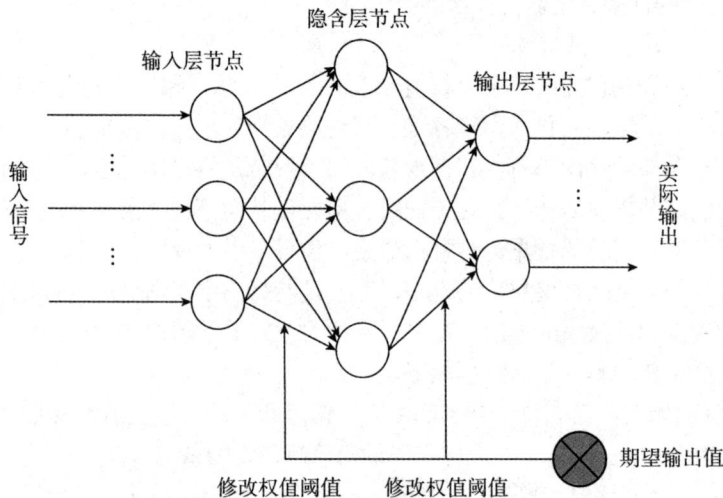

图 5-10 三层 BP 神经网络结构及其学习过程的示意图

2) 梯度消失与梯度爆炸问题

BP 算法基于梯度下降策略,从误差函数的负梯度方向调整权值参数。输入数据通过各层神经元前向传递,各层逐一对其进行处理。在训练过程中,需要计算最终的误差评估函数对所有神经元权值参数的偏导数,而根据链式传递法则可知,误差评估函数对前面层次神经元的权值参数的偏导数由误差评估函数对后面各层神经元输出算式的偏导数的连续乘积计算得来。当存在非常多的网络层次时,各层神经元函数的偏导数连续相乘的结果就会接近于 0 或非常大,这两种情况分别称为梯度消失和梯度爆炸,会造成整个网络训练不稳定而无法成功训练。

5.3 卷积神经网络(CNN)

前面介绍的多层感知机(MLP)的学习过程,会随着层数的增加,训练出现停滞现象。对图像数据而言,全连接网络的参数量庞大,不但占用空间大,也容易过拟合。全连接层从输入特征空间中学到的是全局模式,而卷积神经网络通过局部感知,从卷积层学到的是局部模式,因为每个神经元不会响应上一层的全部输入,这就大大降低了网络复杂度。研究表明,对于大规模的神经网络,只要规模足够大,足够深,有足够多的神经元,最后的结果会非常接近全局最优解。

卷积神经网络由计算机科学家 LeCun 提出。它是深度学习技术中极具代表性的网络结构,应用非常广泛,尤其是在计算机视觉领域,取得了极大的成功。

瞳孔接收到像素级颜色信号的刺激,大脑皮层的视觉细胞提取边缘和方向,得到物体的形状,完成由点到线,再到面,局部到整体的特征提取过程,最终抽象出物体的本质属性。科学家发现,视神经细胞中有 S 型细胞和 C 型细胞,S 型细胞用于局部特征提取,类似于卷积操作,C 型细胞则用于抽象和容错,类似于池化操作。

卷积神经网络相较于传统图像处理算法的优点在于,避免了前期复杂的对图像人工特征的提取工作。它能直接从原始像素出发,经过少量的预处理,就能识别出原图视觉上的特征。深度卷积网络分层次学习输入数据的特征,每一层从前一层的输出数据中提取特征。

5.3.1 卷积神经网络的功能组件

卷积神经网络大体可看作包含提取输入图像特征的神经网络和另一个进行图像分类的神经网络。这些功能组件大致分为卷积层、池化层、全连接(FC)层,当然还存在一些隐藏的功能单元,如激活函数、Dropout 丢弃处理、批量规范化等。神经网络之所以能往深度方向发展,离不开各种功能层。

(1) 卷积层:可想象为数字滤波器的集合,是 CNN 网络的核心结构。卷积层的作用类似于经典信号处理中的滤波器,功能是增强原信号特征。

(2) 激活层:通过非线性的激活函数处理上层的线性输出。

(3) 池化层:也称子采样或下采样层,是 CNN 的另一个核心结构层,通过对输入数据的各个维度进行空间的采样,可进一步降低数据规模,对输入数据具有局部线性转换的不变性,可增强网络的泛化处理能力。

(4) 全连接层(FC 层):等价于传统的多层感知机的层。卷积网络在进入全连接层前,已经过多个卷积层和池化层的处理,数据维度大大降低,此时的全连接层就是一个分类神经网络,起到分类器的作用。卷积神经网络的最后几层都是全连接层加一个输出层。扁平化(Flatten)操作也叫拉直,是卷积网络进入全连接神经网络的一个具体操作,经过不断抽象图像特征信息,最终利用扁平化操作和高维特征矩阵"压缩并拉直"成一维向量,进而作为输入数据源,进入经典的全连接前馈神经网络。

(5) 丢弃层(Dropout 层):解决深度学习中因大量参数而导致的过拟合问题。2012 年的深度神经网络 AlexNet 会在每次训练时,随机删除 50%的隐藏神经元,下次训练时,再随机删除 50%的神经元,发现丢弃一些神经元反而使训练误差更小。由于每次训练会随机删除掉不同的神经元，实际上每个神经元都可能发挥作用。

(6) 批规范化(**BN 层**)：由 DeepMind 团队提出，是现代深度网络架构中最常用的一种技巧之一，其原理是使网络中间数据的分布尽量规范化。通过一定的规范化手段，把每层神经网络任意神经元的输入值的分布强行拉到正态分布。可显著加速网络的训练，避免了过拟合，通常将 BN 层放在非线性激活层之前。

一般在图像处理中，卷积神经网络每层的神经元都按三维排列，具有宽度、高度、深度。有几个卷积核就对应几组参数，并可得到相应的特征映射，而卷积核的个数就是超参数。

在卷积神经网络中，有大量需要预设的参数。与网络有关的参数有卷积层的卷积核的大小、卷积核的个数、激活函数的种类、池化方法的种类、卷积层的个数、全连接层的个数、Dropout 的概率。与训练有关的参数有 Mini-Batch 的大小、学习率、迭代次数等。

5.3.2 卷积层

卷积神经网络之所以在机器视觉和视频图像处理领域展现出强大实力，与其非凡的特征提取能力密不可分，而实现对图像特征提取的核心部分是卷积层。卷积层对输入数据进行卷积运算，是卷积神经网络区别于其他类型网络的关键所在。

由于卷积神经网络主要关注的是图像，所以卷积层和池化层的运算在概念上是处于二维平面的，也是卷积神经网络与其他神经网络的不同点。

卷积层具有平移不变性，在图像右下角学到某个模式后，可在任何地方识别这个模式，如左上角。只需要更少的训练样本就能学到具有泛化能力的数据表示。

卷积层可学到模式的空间层次结构，第一个卷积层将学习较少的局部模式，如边缘。第二个卷积层将学习由第一层特征组成的更大模式，使得卷积网络可学到越来越复杂、抽象的视觉特征。

卷积层生成的特征映射的数量，与卷积核的数量相等。

卷积核用二维矩阵(5×5 或 3×3 矩阵)：卷积核矩阵的值是在训练过程中确定的，这些值在整个训练过程中不断得到优化，此过程类似于普通神经网络中连接权重的更新过程。

卷积的运算过程

卷积是一种用文字难以解释的运算，因为它是在二维平面上运算的，如图 5-11 所示。最左侧的矩阵表示一个 4×4 的像素图，⊙表示进行卷积运算，2×2 的矩阵为卷积核，对这个图像用一个卷积核运算生成一个特征映射。注意，这个卷积核的特征是：左上角至右下角，对角线上的元素为 1，其余元素为 0。

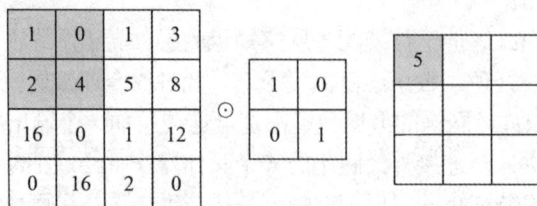

图 5-11 卷积运算示意(第 1 步)

卷积核从图像矩阵的左上方开始，从左至右、从上到下依次滑动，每次滑动可以间隔一个或多个像素，称为步长。每滑动一次，就将卷积核中的各个参数与对应图像区域的像素值进行点乘运算(即对应点的数值相乘，最后对所有乘积相加)，得到新图像的一个像素值。随着滑动的进行，得到的像素值将构成一个新图像，作为卷积计算的最终结果(也称为特征图)。

图 5-12～图 5-14 展示了第 2 步到第 4 步的结果。卷积核向右，然后向下移动，一直到最后，如图 5-15 所示。

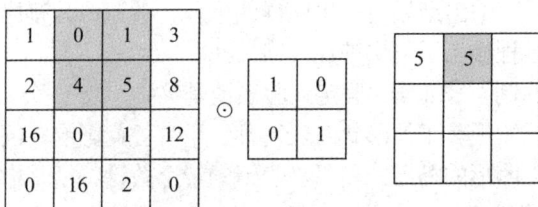

图 5-12 卷积运算示意(第 2 步)

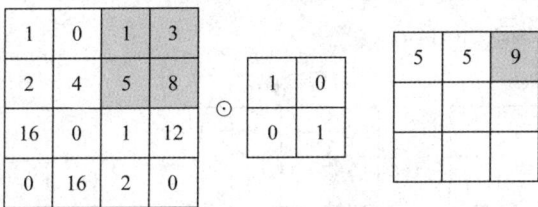

图 5-13 卷积运算示意(第 3 步)

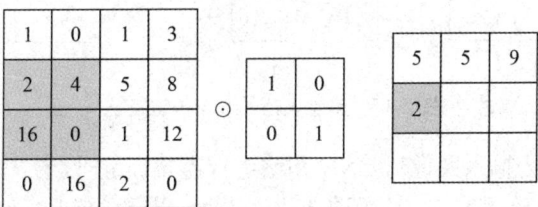

图 5-14 卷积运算示意(第 4 步)

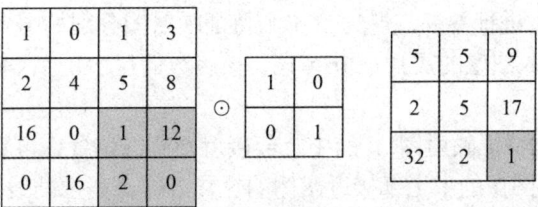

图 5-15 卷积运算示意(最后一步)

卷积结果的 3×3 矩阵中，数值大小代表了输入图像矩阵与特征(卷积核)匹配程度，数值越大，与特征越匹配。结果发现左下角的元素 32 最大，这是因为原图像的左下角与卷积核的形态相同，卷积运算就生成一个最大的值。次大的是 17，与之对应的位置具有与卷积核接近的形态。这说明卷积对细节的观察能力很强。如图 5-16 所示。

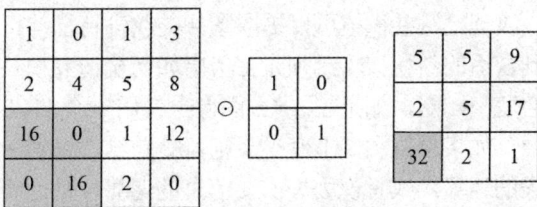

图 5-16 特征映射的结果

卷积核对输入图像进行卷积运算，并生成特征映射，在卷积层中提取出的特征由训练后的卷积核确定。因此，卷积层提取的特征因使用不同的卷积核而异。

一个卷积核就像一个小小的探测器，卷积核扫过图像时，卷积核具有平移不变性，即当输入的特征位置发生平移后，输出结果也产生同样的平移。卷积核具有局部性，只对图像中的局部区域敏感。整个卷积过程相当于一层神经网络。

下面以一个更形象的例子来证实。假定人脸表情是笑脸，或平静表情。如图 5-17 所示，是一个"标准笑脸"。分析发现鼻子的形状对表情几乎没有任何影响，同时笑脸的两个关键特征分别是上凸形的眼睛和上凹形的嘴巴，而平静表情的一个关键特征是横线形的眼睛和嘴巴。因此，可据此总共选用 3 个特征，一个是上凸形，见图 5-17 中的(a)；一个是上凹形，见图 5-17 中的(b)；一个是水平横线，见图 5-17 中的(c)。上凸形和上凹形这两个特征刻画的是笑脸表情，水平横线这个特征刻画的是平静表情。

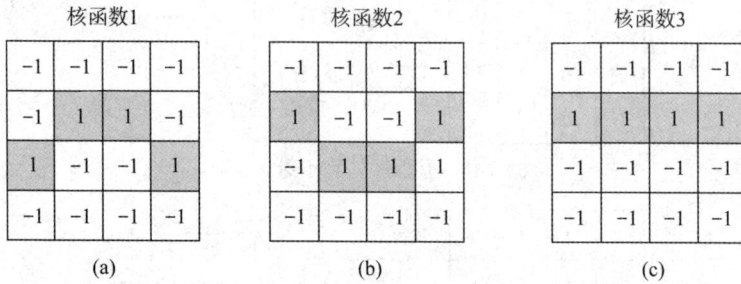

核函数1

-1	-1	-1	-1
-1	1	1	-1
1	-1	-1	1
-1	-1	-1	-1

(a)

核函数2

-1	-1	-1	-1
1	-1	-1	1
-1	1	1	1
-1	-1	-1	-1

(b)

核函数3

-1	-1	-1	-1
1	1	1	1
-1	-1	-1	-1
-1	-1	-1	-1

(c)

图 5-17　刻画表情的 3 个关键特征

用某个表情图像作为输入图像对 CNN 网络进行监督训练时，首先要将该输入图像分别与图 5-17 中的核函数 1、核函数 2、核函数 3 进行卷积，从而得到 3 个特征映射图。例如，用标准笑脸图像对 CNN 网络进行监督训练时，需要将标准笑脸图像分别与图 5-17 中的核函数 1、核函数 2、核函数 3 进行卷积，得到的 3 个特征映射图分别如图 5-18(a)、图 5-18(b)和图 5-18(c)所示。注意，输入图像的尺寸是 16×16，核函数的尺寸是 4×4，每个特征映射图的尺寸是 13×13。

在图 5-18(a)所示的特征映射图 1 的中上部接近两侧的位置，可看到有两个小格的值 16 是最大值，这说明输入图像的中上部接近两侧的位置各有一条上凸线(笑眼)；在图 5-18(b)所示的特征映射图 2 的中下部位置，可看到有一个小格的值 16 也是最大值，这说明输入图像的中下部有一条上凹线(笑嘴)；在图 5-18(c)所示的特征映射图 3 中，未发现取值等于或接近 16 的小格，这说明输入图像中不存在平静眼或平静嘴。综上分析，大致可推断出输入图像是一张笑脸。

卷积可用来识别纹理和形状。卷积核在图像上滑动，通过与图像局部区域的元素进行加权求和，能够提取出图像的局部特征。不同的卷积核可识别不同的目标，例如边缘检测卷积核可以提取图像的边缘信息，纹理检测卷积核可以提取图像的纹理特征等。卷积神经网络的优点是可以通过训练，自动找到合适的卷积核，无须人工考虑如何构造卷积核。

卷积操作后，图像会变小一圈，如果在 $n \times n$ 图像上使用一个 $k \times k$ 卷积核，那么输出的就是 $(n-k+1) \times (n-k+1)$ 的图像，如果希望图像不变小，则可提前给边缘加一圈 0。

卷积运算是信息丢失的运算，或者说丢失次要信息的运算，从而实现定向特征提取。

卷积核就是神经元之间的连接权重，也就是卷积神经网络中需要训练的参数，训练方法仍然是误差反向传播算法。

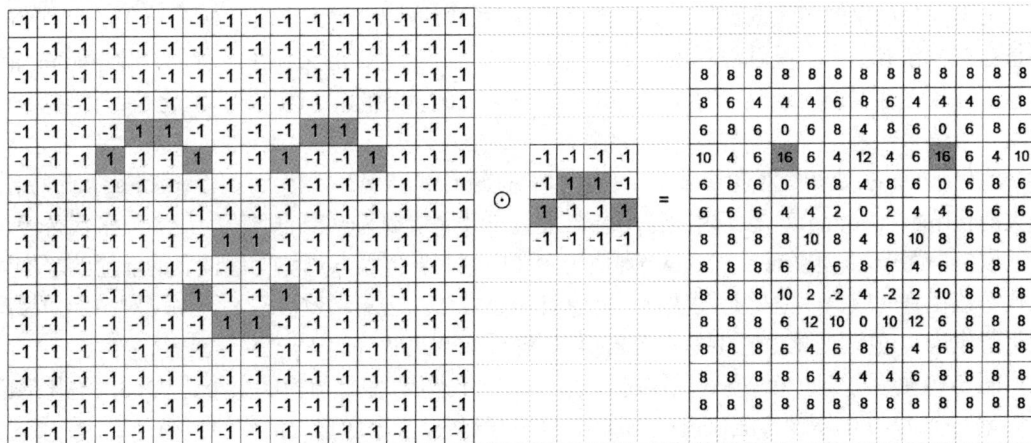

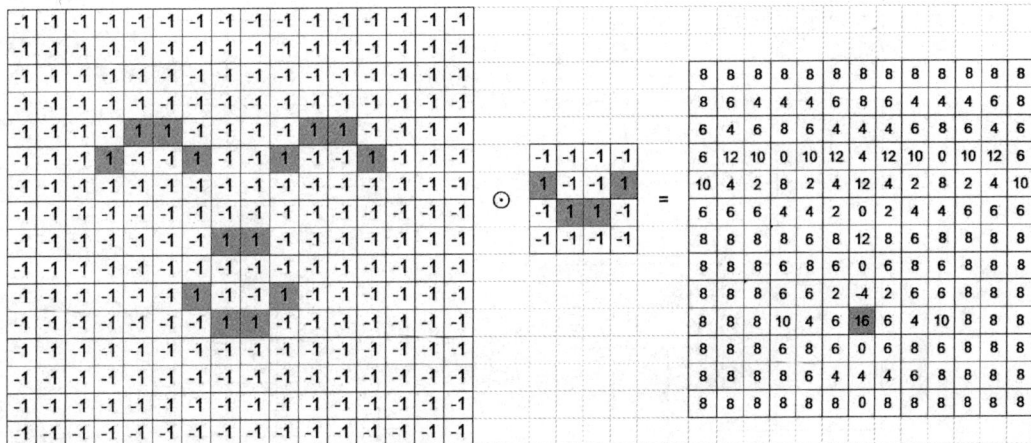

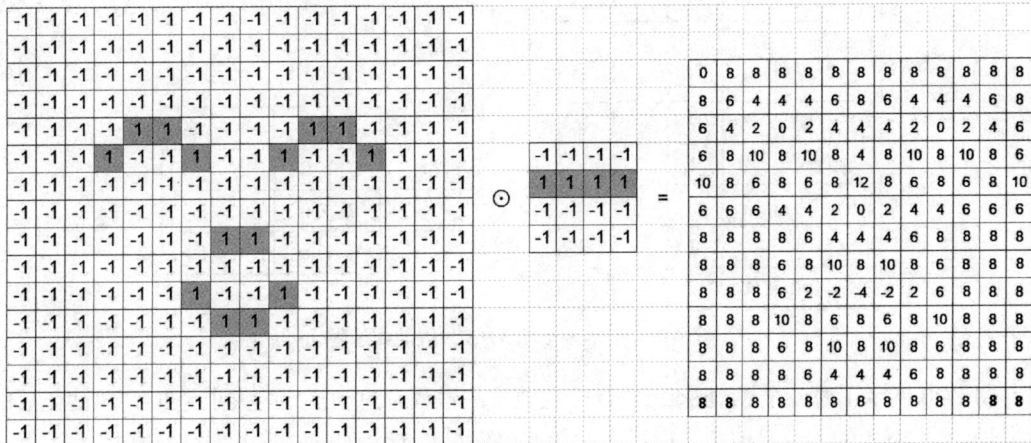

(a)

(b)

(c)

图 5-18 卷积提取特征映射图

5.3.3 池化层

由于高分辨率的图像数据量太大，卷积运算后的特征图点仍然很多，输入到全连接网络时还是存在权值参数多、高计算量的问题。为减少输入数据量，通常还采用称为池化(pooling)的运算。池化运算实质上就是一种下采样操作，是将一定大小的区域中(称为池化窗口)的多个点值用一个值来代替。

池化(pooling)处理是对图像中某个位置的特征进行聚合统计，称为池化 (pooling)。例如，最大池化(max pooling)就是使用图像中某个位置及其周边相邻位置的取值的最大值来代替该位置的取值，而平均池化(mean pooling)则使用图像中某个位置及其周边相邻位置的取值的平均值来代替该位置的取值。池化是图像处理的一种常见方法，它的功效很多，例如可对图像效果产生平滑作用，可突显图像中的某些特征，可压缩图像的尺寸等。

图 5-19 展示了对一个 6×6 图像进行最大池化的过程，池化窗口的大小是 3×3，池化后的结果是一个 4×4 的图像。池化窗口每次滑动的位移量是 1 个像素，池化的步幅是 1。

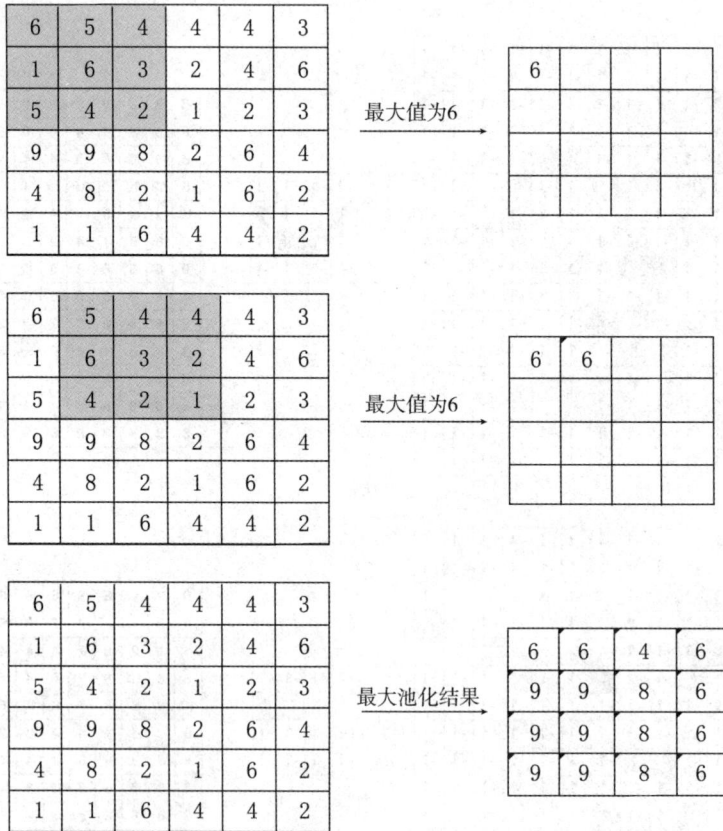

图 5-19　步幅为 1 的 3×3 最大池化过程

图 5-20 展示了对一个 6×6 图像进行平均池化的过程，池化窗口的大小是 3×3，池化后的结果是一个 4×4 的图像。池化窗口每次滑动的位移量是 1 个像素，池化的步幅是 1。

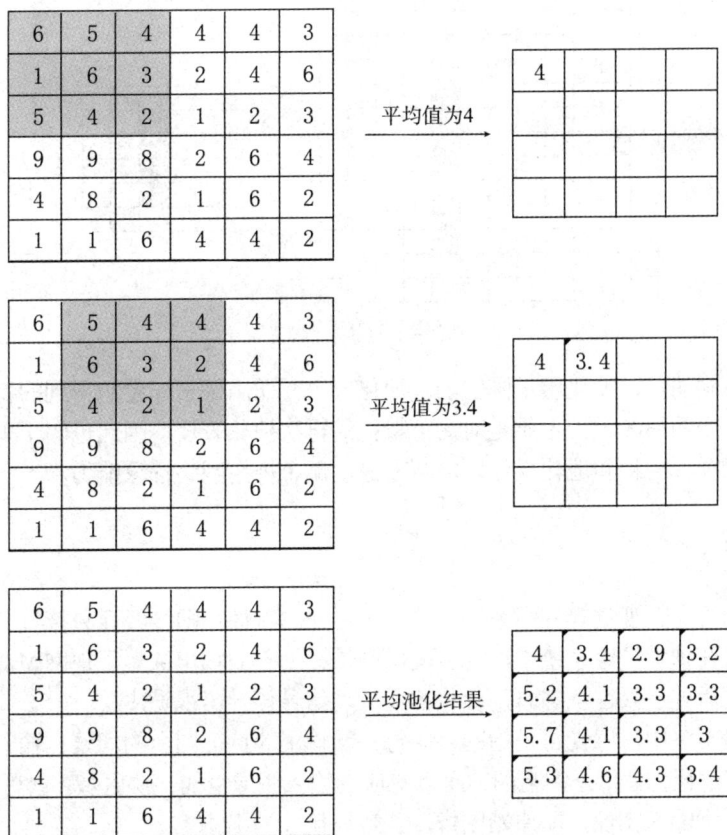

图 5-20 步幅为 1 的 3×3 平均池化过程

当池化的步幅为 3 时，池化后的结果是一个 2×2 的图像，如图 5-21 所示。

图 5-21 步幅为 3 的池化过程

池化有一个很重要的特性，那就是对局部微小位移的不变性。被池化的图像中所有像素或部分像素发生微小位移后，池化后的结果并不会发生改变，或改变非常小。比如最大池化时，具有最大像素值的像素点的位移未超出池化窗口范围时，池化后的结果是不会发生任何改变的。

池化运算能在减少参数同时保留图像主要特征，还具有平移、旋转、尺度等不变性。

如图 5-22 所示，一个 12×12 的图像，里面有一个数字 7，经过 2×2 的池化窗口进行非重叠最大池化，变成 6×6 的特征图。从图中可看出，在保留该图像主要特征的情况下(还是能看出数字 7)，将图像缩到原图的 1/4 大小，大大减少了对其进行处理的神经网络中的输入，从而减少了权值参数数量。

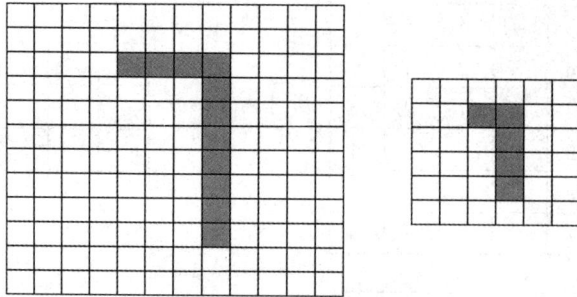

图 5-22　池化运算效果

与卷积层不同的是，池化层是固定的。池化层主要作用是去掉卷积得到的特征映射中的次要部分，进而减少网络参数，本质是对局部特征的再次抽象表达，因此也叫子采样，有均值采样和最大值子采样。卷积和池化操作，层层递进，赋予神经网络抽象能力。

5.3.4　感受野

感受野原指听觉、视觉等神经系统中一些神经元的特性，即神经元只接收其所支配的刺激区域内的信号。在视觉神经系统中，视觉皮层中神经细胞的输出依赖于视网膜上的光感受器。当光感受器受刺激处于兴奋状态时，会将神经冲动信号传导至视觉皮层。

在卷积神经网络中，感受野是指网络中每一层输出的特征图上的像素在输入图像上映射的区域大小。通俗解释为，特征图上的一个点对应于输入图像上的一块区域，如图 5-23 所示。图中所示的最底层为输入图像，即原始图像，其数据尺寸为 12×12。

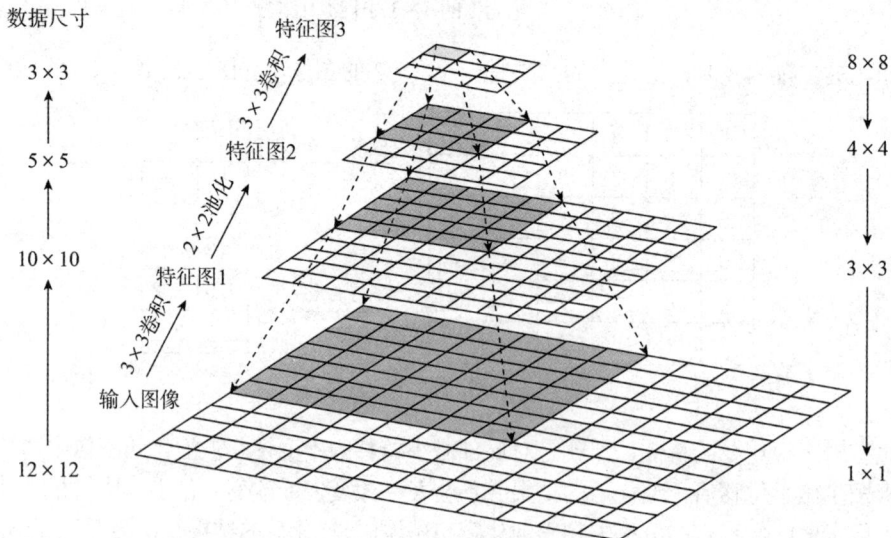

图 5-23　感受野

第 1 步，原始图像经 3×3 卷积核卷积运算后得到特征图 1。特征图 1 的数据尺寸为 10×10，它的每个像素对应于原始图像上 3×3 的区域，因此感受野为 3×3。

第 2 步，特征图 1 经 2×2 池化后得到特征图 2(步幅为 2)。特征图 2 的数据尺寸为 5×5。它的每个像素对应原始图像中 4×4 的区域，因此感受野为 4×4。

第 3 步，再用 3×3 的卷积核对特征图 2 进行卷积得到特征图 3。特征图 3 的数据尺寸为 3×3，它的每个像素对应原始图像中 8×8 的区域，因此感受野为 8×8。

由此可见，池化层增大了后续网络中卷积核的感受野。这些卷积核学习到的特征不但在空间上更大，而且所学习的特征是之前多个卷积核在不同尺度特征基础上的高级特征。

其实，上图中一层 3×3 卷积，加一层 2×2 池化，再加一层 3×3 卷积所得的结果与仅用一层 7×7 卷积，加一层 2×2 池化结果是相当的。但使用两层 3×3 卷积代替一层 7×7 卷积具有以下几个优点。

(1) 参数更少：一层 7×7 卷积的参数数量是 7×7=49；两层 3×3 卷积的参数数量是 3×3+3×3=18。

(2) 更多非线性：两层 3×3 卷积之间可以有 ReLU 等激活函数，增加非线性表达能力。

(3) 计算效率：虽然看起来两层计算量更大，但实际上因为参数减少和优化，可能更高效。

5.3.5 典型卷积神经网络结构 LeNet-5 模型

Yann LeCun 在 1998 年提出的用于文字识别的 LeNet-5 模型是经典模型，它是第一个成功大规模应用的卷积神经网络，在 MNIST 数据集中的正确率高达 99.2%，其网络结构如图 5-24 所示。

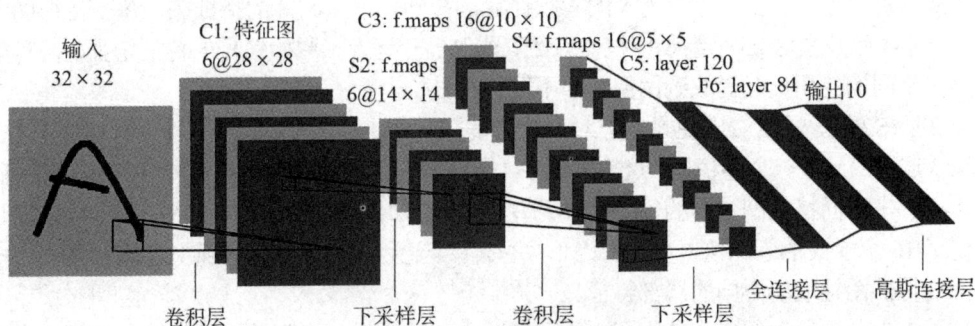

图 5-24　LeNet-5 网络结构

LeNet-5 卷积神经网络模型共有 7 层，包含卷积层、池化层(下采样层)、全连接层等。

首先需要将含有手写字符的原始图像处理成包含 32×32 个像素点的图像，作为输入；后面的神经网络层采用卷积层和池化层交替分布的方式。输入层不算 LeNet-5 的网络结构，传统上，不将输入层视为网络层次结构之一。

原始输入图像内容是手写体的 ASCII(American Standard Code for Information Interchange)字符，包括 26 个大小写英文字母、阿拉伯数字 0～9、标点符号等。需要说明的是，LeNet-5 不仅可识别单个的手写体字符，经过修改调整后还可识别手写体字符串，但为了简略起见，接下来只描述 LeNet-5 对单个手写体阿拉伯数字 0～9 的训练识别情况。

针对单个手写体阿拉伯数字的训练识别任务，LeNet-5 使用了包含 60 000 个手写阿拉伯数字的训练集及包含 10 000 个手写阿拉伯数字的测试集，这个训练集和这个测试集统称为 MNIST Database(Modified NIST Database)。MNIST Database 是对美国 NIST Database(National Institue of Standards and Technology Database)中的 SD-1(Special Database 1)和 SD-3(Special Database 3)进行混合、重组和调整而得到的，图 5-25 所示为 MNIST Database 中的一些样本。

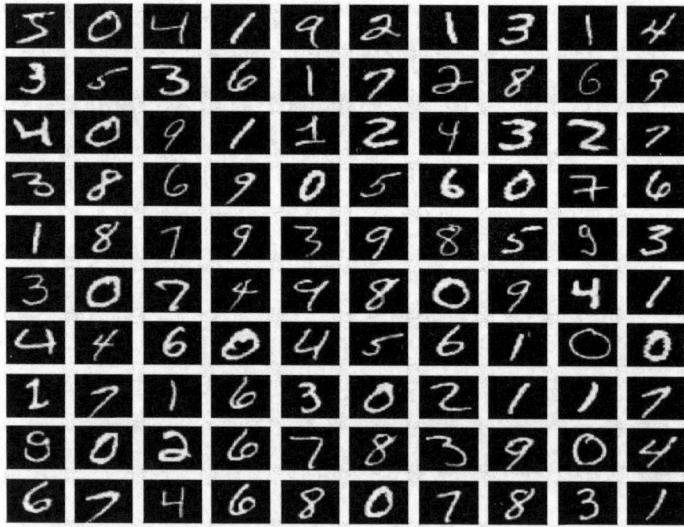

图 5-25 MNIST Database 中的一些样本

第 1 层(C1)是卷积层，分别采用了 6 个不同的卷积核，每个卷积核的尺寸均为 5×5，对 32×32 的输入数据进行纵向、横向步长为 1 的卷积计算，得到 6 个 28×28 的特征图，每个特征图中的 28×28 个神经元共享这 25 个卷积核权值参数。通过卷积运算，原始信号的特征增强，同时降低了噪声，不同的卷积核能提取到图像中的不同特征。

第 2 层(S2)是一个 2×2 的池化层，对 6 个特征图分别进行池化，得到 6 个 14×14 的特征图。

第 3 层(C3)又是一个卷积层，这次采用了 16 个 5×5 的卷积核，得到 16 个 10×10 的特征图，而且本层产生不同特征图数据的每个神经元并不是和 S2 层中的所有 6 个特征图连接，而是人为设定了 16 个 5×5 的卷积核，步长均为 1，并令每个卷积核只连接其中某几个特征图，这样可让不同的特征图抽取出不同的局部特征。

这种人为分配输入的方式是为了用尽可能减小的计算量，实现从不同的输入特征组合中提取尽可能丰富和全面的特征。随着硬件计算能力的逐步提升，这种方式目前已很少使用，而倾向于让卷积核覆盖所有的输入数据通道，以保证能获取更全面的特征信息，从而增大获取最优解的可能性。

第 4 层(S4)是池化层，同样采用 2×2 的池化，对 16 个 C3 层的特征图进行处理，得到 16 个 5×5 的特征图。

第 5 层(C5)有 120 个特征映射图，每个特征映射图的尺寸是 1×1(一个数值)，即这一层共有 120 个神经元。这 120 个特征映射图是 S4 中的 16 个特征映射图与 120 个不同的核函数进行卷积得到的，每个核函数的尺寸皆为 5×5。将每个特征图与 120 个神经元进行全连接，即每个神经元有 5×5×16 个连接。

第 6 层(F6)则包含 84 个神经元，与 C5 层进行全连接，每个神经元经过激活函数处理，生成数据，输出给最后一层。因为是对 10 个数字字符进行识别，最后一层设置了 10 个神经元来获得分类结果，每个神经元的输出对应输入为某一个数字字符的概率。

输出层(OUTPUT)共有 10 个神经元，分别对应了需要识别的阿拉伯数字 0～9。这一层的每个神经元都与 F6 中的每个神经元有权值连接，所以这一层的每个神经元都有 84 个权值参数。每个权值或为 1，或为-1。1 代表一个黑色像素点，-1 代表一个白色像素点。每一个神经元的输入权值向量正好对应一个尺寸为 12×7 的图像(这就是为何 F6 中包含 84 个神经元，因为 12×7=84)。总体上对应于图 5-26 中第二行的那 10 个表示阿拉伯数字的图像。

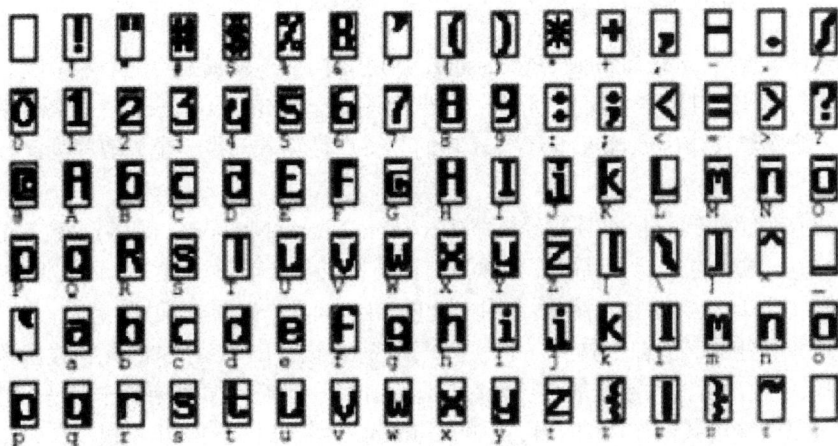

图 5-26　预先设计好的 ASCII 字符集(每个字符图像尺寸皆为 12×7)

图 5-27 给出对 LeNet-5 进行训练和测试的基本情况。

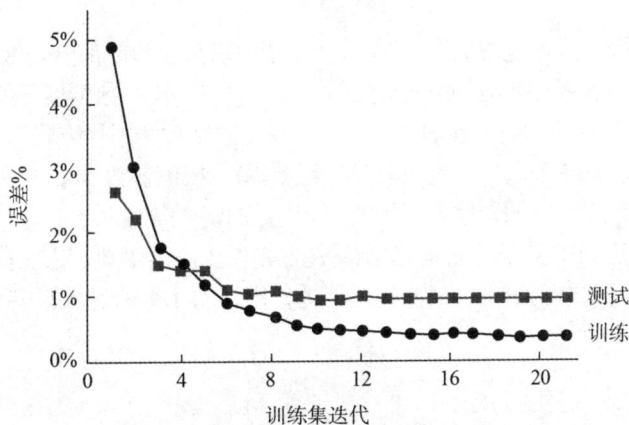

图 5-27　LeNet-5 训练测试曲线

从图 5-27 中可以看到，对训练集遍历 10 次左右后，训练过程就基本收敛了，训练误差基本稳定在 0.5%左右，相应的测试误差基本稳定在 1%左右，最低可到 0.95%。

进一步的训练和测试表明，如果在训练集中混入一些经过人为进行变形后(对原来的某些训练样本进行平移、缩放、挤压、拉伸等变换)的样本，则测试误差可进一步降至 0.8%。这几乎与人的识别能力不分伯仲了。

CNN 利用多种方法减少参数的数量，下面列出其中的三种方法。

(1) 部分连接：CNN 可只与前一层的一部分神经元相连，以减少大量参数。并且，部分连接打破网络的对称性，更有利于提取特征。

(2) 权值共享：CNN 允许一组连接共享同一个权重值，从而进一步减少参数数量。

(3) 下采样：下采样采用池化(pooling)技术，在一组数据中挑选最重要的数据进行进一步处理，以进一步减少后续各层的样本数，同时提高模型的鲁棒性。

5.4 循环卷积神经网络(RNN)

自然语言处理(Natural Language Processing，NLP)属于 AI 领域中的一个子领域。NLP 主要涉及人与机器之间的自然语言交互问题，如语音识别(speech recognition)、机器翻译(machine translation)、语音转文本(speech-to-text)等。它们的特点是输入都是一个离散序列：一段语音、一段文字或一句话。

与一般的神经网络不同，循环神经网络(Recurrent Neural Network，RNN)的输入是一个离散序列(sequence)，输出也是一个离散序列。当前输出不仅与当前输入有关，还与过往的输入(历史输入)有关。所以，这种网络特别适合用来处理 NLP 问题，效果非常好。

循环神经网络能在处理时对样本的先后顺序进行建模。RNN 中神经元的输出数据可在下一个运算中又作为自身输入数据的一部分参与运算，即该神经元 t 时刻的输出是 t 时刻的外部输入和 $t\text{-}1$ 时刻的输出共同作用的结果。因此，RNN 在某一时刻的输出不仅与该时刻的网络输入有关，还与该时刻之前所有时刻的网络输入有关。

5.4.1 RNN 的网络结构和工作过程

RNN 的基本结构和工作过程如图 5-28 所示，图中箭头左边的部分是 RNN 的基本结构图，箭头右边的部分为 RNN 按时间序列每个时刻(t_0, t_1, t_2，…)输入数据展开的工作过程状态图。基本结构中，该神经网络只包含一个神经元，该神经元的结构和工作方式与感知机神经元类似，包含输入数据 X(可以是单个数据，也可以是一组数据)、权值参数 W、求和计算、激活函数；但其输出数据 Y 会反馈回去，作为下一次神经元运行的输入数据。

在图 5-28 中可见，RNN 采用 tanh 函数(见图 5-8)作为激活函数，它的特点在于可将数值压缩到(-1,1)之间，从而调节网络中神经元输出值的范围，防止数值过大影响后续计算。

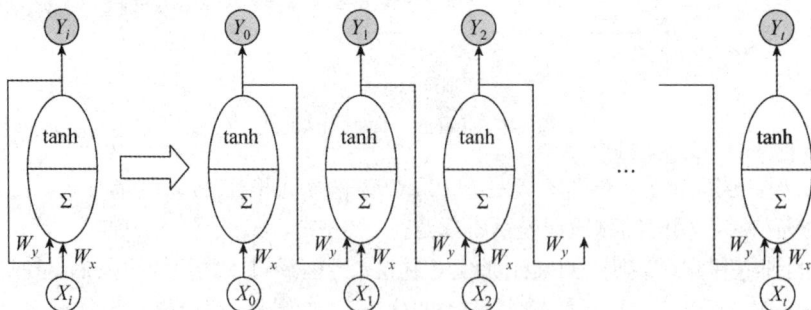

图 5-28　RNN 的基本结构

RNN 的运行过程为：t_0 时刻输入的数据用 X_0 表示(单个数值或一组数据)，与权值 W 相乘，然后求和(通常每个神经元也包含一个偏置)，对求和结果采用激活函数处理，生成输出 Y_0；输出 Y_0 既作为网络输出向后传递，又反馈回输入端，与 t_1 时刻输入的数据 X_1 一起作为该神经元的输入。对于反馈回来的 Y_0，有一个权值参数 W_y，而对于第二次输入数据仍使用原来的权值 W_x，神经元进行同样的求和与激活，然后生成输出 Y_1；同样过程继续运行，直到输入结束。

RNN 按照其输入、输出的对应关系，分为以下 4 种类型，如图 5-29 所示，图中每个类型的底层为输入数据，中间为神经元，顶层为输出数据，用阴影填充的输入和输出为无实际意义的数据。

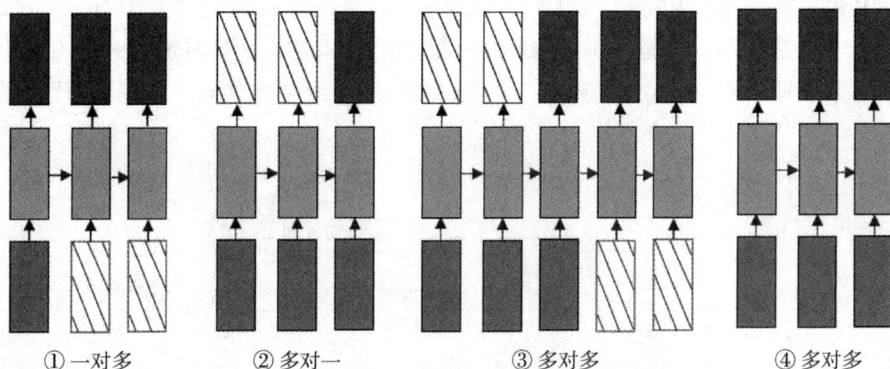

① 一对多　　　② 多对一　　　③ 多对多　　　④ 多对多

图 5-29　RNN 的类型

下面分析一下 RNN 的类型。

(1) 一对多(one to many)。输入单个值，输出序列。例如输入一个主旨词，输出一段描述该主旨词的文本。

(2) 多对一(many to one)。输入序列，输出单个值。例如情感分析任务，输入一句话，返回其情感极性。

(3) 多对多(many to many)。多对多情形又分为两种。①输入、输出均为序列，但输入的有效数据与输出的有效数据数量不一致。例如机器翻译任务，输入一句话，翻译为另一种语言的一句话，两句话的词语数量很可能不一样多。②输入、输出均为序列的情况，输入的有效数据与输出的有效数据数量一致。例如实时语音识别任务。

用 RNN 模型通过上下文来预测下一个单词时，如果预测的内容和关键信息之间的距离较近，RNN 可较好地利用前文的信息实现预测，例如输入"24 hours in a (　　)"这句话，RNN 模型可轻松预测出下一个单词为"day"。但当预测内容和关键信息间的距离较远时，RNN 模型就很难掌握这种长距离的信息。例如输入"My motherland is China, …, the capital is(　　)"，希望预测出"Beijing"，这个文本较长，提示信息与当前要预测的单词距离较远，利用 RNN 模型进行预测的准确率就较低。

导致这个问题的原因是，只反馈当前输出作为下一次的输入，而对于更早前一些时刻的信息记忆较短(即更早前一些时刻的信息留存在当前输出中的部分较少)。长短时记忆(Long Short Term Memory，LSTM)网络旨在解决信息的长时期(长距离)依赖问题。

5.4.2　LSTM 的结构和工作过程

LSTM 的核心思想是神经元不是简单将当前输入和上次反馈回来的结果一起处理后就输出，而是模仿人的记忆过程，每次接收到新数据后，对原来相关的记忆信息进行更新，然后视情况对更新后的记忆信息按一定比例输出；下一次有信息到来时，同样更新记忆和输出记忆信息。

LSTM 网络的基本单元并非一个简单的神经元，而是一个包含多组神经元的、称为细胞(cell)的结构，如图 5-30 所示。为实现记忆更新和输出需要的各种控制比例，LSTM 细胞的内部结构较复杂，通过不同组神经元计算各种数据，并设置内部循环的细胞状态。在 t 时刻，除了当前输出向量 Y_t(一个向量中包含多个数值)外，LSTM 细胞计算产生的其他信息也会作为输入用于下一次计算，还增加了反馈传递当前的状态向量 C_t；上一次的输出 Y_{t-1} 反馈传递回来，和当前输入向量 X_t 拼接在一起，构成 t 时刻的输入。为了更清楚地表示，图 5-30 将这两部分输入数据分开画线(计算时会将两部分输入拼接在一个向量中)，因此对这两部分输入对应的权值参数也分开标记，如分别用 w_{fy} 和 w_{fx} 分开标记，公式中则直接用 w_f 表示所有输入数据的权值向量。

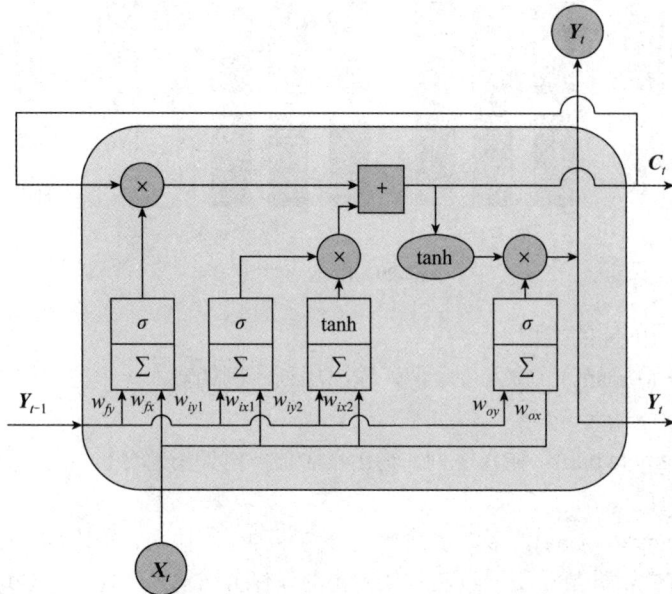

图 5-30 LSTM 的基本单元——细胞结构

LSTM 细胞内部有 5 个实现不同功能的结构，主要分为 3 类："门"(一共 3 个控制门)、"候选信息生成"和"输出信息生成"。3 个控制门和"候选信息生成"结构内部均包含数量与状态向量 C_t 维度相等的神经元，且每个神经元都使用 Y_{t-1} 和 X_t 作为输入，但使用不同的权值参数。门结构用 Sigmoid(图中用 σ 表示)作为激活函数，输出值范围为(0,1)，用于控制信息向前传输的比例；信息生成结构采用 tanh 作为激活函数，取值范围为(-1,1)。

LSTM 细胞内部的三个控制门如下。

- 遗忘门——控制原来记忆的信息(状态)保留多少；
- 输入门——控制新产生的信息有多少能进入记忆(状态)中；
- 输出门——控制经过处理后的当前记忆信息(状态)按多大比例输出。

整个 LSTM 网络可由多个这种细胞连接构成。其工作过程如下。

如图 5-31 所示，细胞状态 C_t 可理解为在 t 时刻该 LSTM 细胞记住的信息，将反馈回去构成下一时刻细胞状态的一部分；同时乘以一个控制比例，输出给下一层 LSTM 细胞，并反馈回本细胞作为下一次输入数据的一部分，记为 Y_t。由于细胞状态不输出给其他 LSTM 细胞，只在本细胞内部循环，因此也被称为隐藏信息或隐藏状态。

1. 遗忘门

每次输入数据到来时，LSTM 会通过"遗忘门"来控制保留多少此前时刻记住的信息，也即遗忘掉多少比例的信息。遗忘门通常包含多个神经元，每个神经元都对上次输出和本次新输入数据进行加权求和，使用 Sigmoid 作为激活函数，生成(0,1)之间的一个数值，表示模型需要记住或遗忘对应的原记忆信息的比例。Sigmoid 值为 0 时，表示这部分信息全部遗忘，Sigmoid 值为 1 时表示信息全部保存下来。

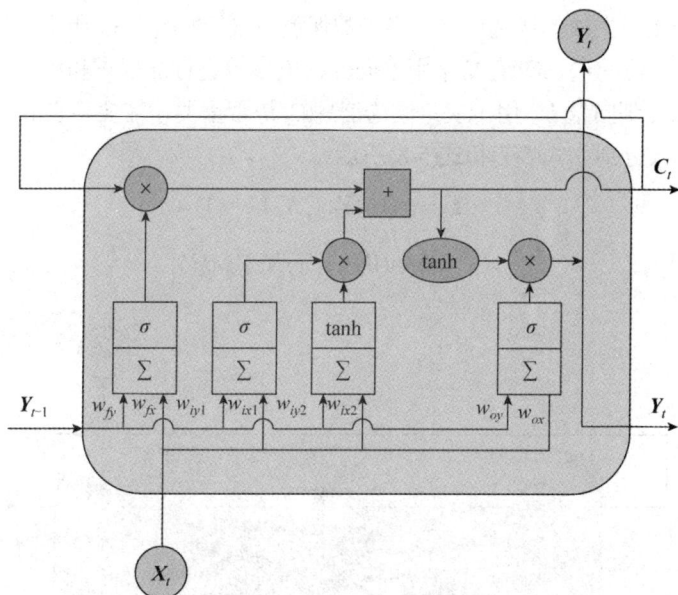

图 5-31 细胞状态(记忆的信息)

如图 5-32 所示，遗忘门的输入向量为前一时刻输出反馈回来的 Y_{t-1} 和当前的输入向量 X_t，将这两部分数据送入带有 Sigmoid 激活函数的神经元组处理，得到比例向量 f_t，从而让模型自行判断对之前时刻的记忆需要遗忘多少，其计算如式(5-6)所示。

$$f_t = \sigma(w_f(Y_{t-1}, X_t) + \theta_f) \tag{5-6}$$

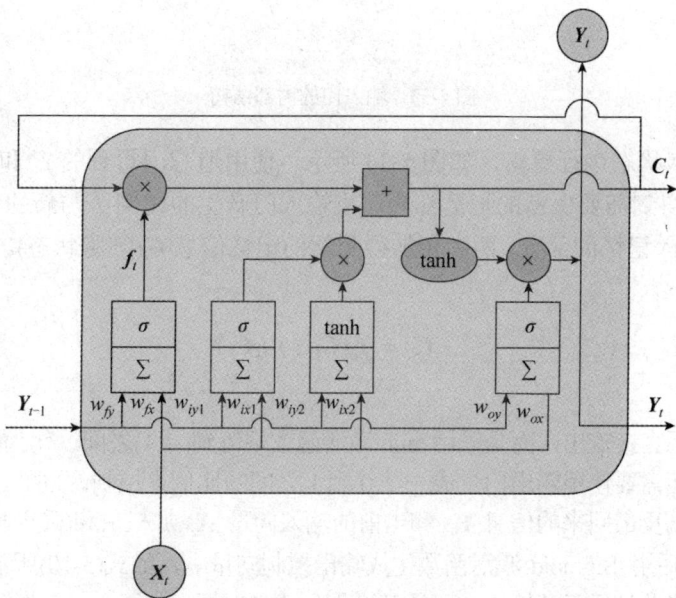

图 5-32 遗忘门的内部结构

如图 5-33 所示，将前一时刻输出端反馈回来的信息 Y_{t-1} 和当前的输入向量 X_t 加权求和后，采用 tanh 激活函数生成一个新的候选信息 $\tilde{C}_t$，用来更新记忆。

2. 输入门

输入门用于控制新生成的候选信息有多少被保留下来。如图 5-33 所示，它也是将前一时刻反馈的信息 Y_{t-1} 和当前的输入向量 X_t 采用不同的权值参数进行加权求和后，用 Sigmoid 激活函数输出，得到输入控制向量 i_t，用于决定候选信息 $\tilde{C}_t$ 是否重要，需要将它的多大比例保留到记忆中。i_t 和 $\tilde{C}_t$ 的算式分别如式(5-7)和式(5-8)所示。

$$i_t = \sigma(w_i(Y_{t-1}, X_t) + \theta_i) \tag{5-7}$$

$$\tilde{C}_t = \tanh(W_C(Y_{t-1}, X_t) + \theta_C) \tag{5-8}$$

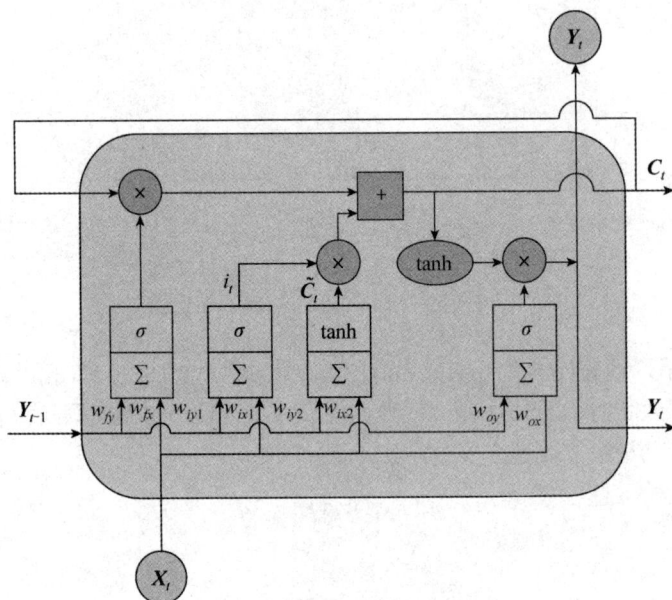

图 5-33　输入门的内部结构

之后将对细胞状态进行更新，如图 5-34 所示。使用遗忘门得到的 f_t 和前一时刻的细胞状态 C_{t-1} 相乘来得到需要保留的记忆部分，将输入门产生的比例 i_t 与新的候选值 $\tilde{C}_t$ 相乘来得到 $\tilde{C}_t$ 中应该进入记忆的部分，两者相加得到新的记忆信息 C_t(细胞状态)。其计算如式(5-9)所示。

$$C_t = f_t(C_{t-1} + i_t\tilde{C}_t) \tag{5-9}$$

3. 输出门

记忆信息并不直接输出，而是采用 tanh 激活函数规范到(-1,1)之间，作为准备输出的信息。但实际输出多少还需要使用输出门生成一个 0 到 1 之间的比例来控制。如图 5-35 所示，同样是将前一时刻输出端反馈回来的信息 Y_{t-1} 和当前的输入向量 X_t 加权求和(采用与其他神经元不同的权值参数)，然后用 Sigmoid 激活函数生成输出控制向量 o_t，如式(5-10)所示。将上述两部分相乘来最终确定当前神经元的输出 Y_t。计算过程如式(5-11)所示。

$$o_t = \sigma(W_o(Y_{t-1}, X_t) + \theta_o) \tag{5-10}$$

$$Y_t = o_t \cdot \tanh(C_t) \tag{5-11}$$

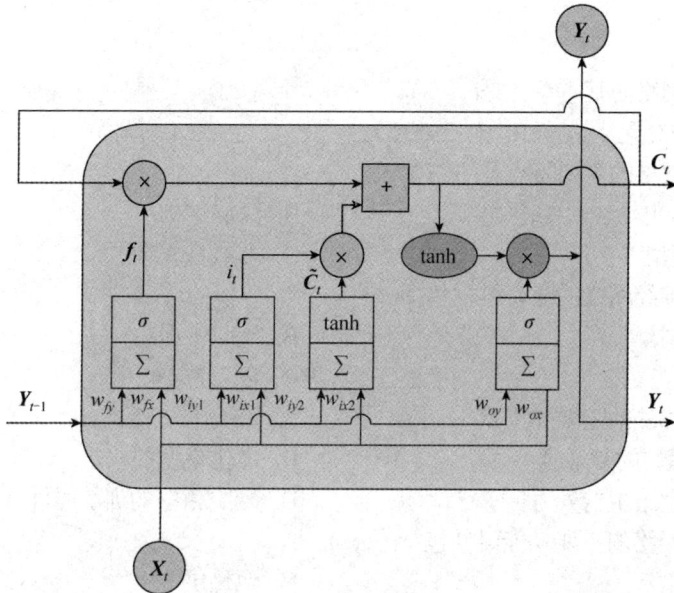

图 5-34 细胞状态更新

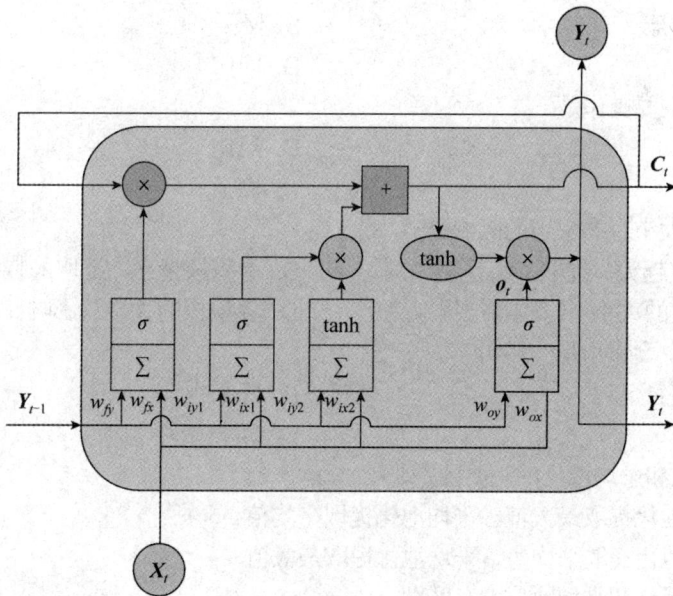

图 5-35 输出门的内部结构

由于 LSTM 的神经元可通过自动学习来调节各个门产生的控制比例,因此即使是较早时刻产生的重要信息,也能通过状态来保存,并传递到其后较远的时刻,从而在结构上克服传统 RNN 带来的"长距离依赖问题"。

课后习题

一、选择题

1. 人工神经网络的基本单元是(　　)。
   A. 生物神经元　　　　B. 人工神经元　　　　C. 神经元网络　　　　D. 神经元层

2. 人工神经网络的主要特点是(　　)。
   A. 浅层结构　　　　　　　　　　　　B. 深层结构
   C. 线性模型　　　　　　　　　　　　D. 非线性模型

3. 多层人工神经网络的学习过程包括(　　)。
   A. 前向传播　　　　　　　　　　　　B. 反向传播
   C. 权重更新　　　　　　　　　　　　D. 以上都是

4. 反向传播算法的主要作用是(　　)。
   A. 提高模型的复杂度　　　　　　　　B. 优化模型的权重
   C. 增加模型的层数　　　　　　　　　D. 减少模型的训练时间

5. 卷积神经网络的主要功能组件包括(　　)。
   A. 卷积层　　　　　　　　　　　　　B. 池化层
   C. 全连接层　　　　　　　　　　　　D. 以上都是

6. 卷积神经网络中的卷积层的主要作用是(　　)。
   A. 提取特征　　　　　　　　　　　　B. 降采样
   C. 分类　　　　　　　　　　　　　　D. 回归

7. 卷积层的主要操作是(　　)。
   A. 卷积　　　　　　　　　　　　　　B. 池化
   C. 全连接　　　　　　　　　　　　　D. 激活

8. 卷积核的大小对卷积层的影响是(　　)。
   A. 卷积核越大，提取的特征越局部　　B. 卷积核越小，提取的特征越局部
   C. 卷积核的大小不影响特征提取　　　D. 卷积核的大小只影响计算效率

9. 池化层的主要作用是(　　)。
   A. 提取特征　　　　　　　　　　　　B. 降采样
   C. 分类　　　　　　　　　　　　　　D. 回归

10. 最大池化和平均池化的主要区别是(　　)。
    A. 最大池化提取最大值，平均池化提取平均值
    B. 最大池化提取平均值，平均池化提取最大值
    C. 最大池化和平均池化没有区别
    D. 最大池化和平均池化都是提取最大值

11. 感受野是指(　　)。
    A. 神经元的输入范围　　　　　　　　B. 神经元的输出范围
    C. 神经元的激活范围　　　　　　　　D. 神经元的权重范围

12. LeNet-5 模型主要用于(　　)。

    A. 图像分类　　　　　　　　　　　B. 语音识别

    C. 自然语言处理　　　　　　　　　D. 强化学习

二、填空题

1. 深度学习与深度神经网络的关系可简要地描述为：深度学习是深度神经网络采用的学习方式，深度神经网络是深度学习方法的基础_____。

2. 人工神经元是对生物神经元的抽象与模拟，而人工神经网络(Artificial Neural Network，ANN)则是将人工神经元按照一定拓扑结构进行连接所形成的_____。

3. 在输入层与输出层之间加上若干个_____，就构成了多层感知机(Multi-Layer Perceptrons，MLP)(也称多层前馈神经网络)。

4. 卷积神经网络的功能组件大致分为_____层、_____层、_____层。

5. 卷积运算是信息丢失的运算，或者说丢失_____信息的运算，从而实现定向特征提取。

6. 池化运算能在减少参数的同时保留图像主要特征，还具有_____、_____、尺度等不变性。

三、简答题

1. 简述人工神经网络的基本原理。

2. 人工神经网络的主要特点是什么？

3. 简述多层人工神经网络的学习过程。

4. 除了单位阶跃函数，激活函数还可选用哪几种非线性激活函数？

5. 简述误差反向传播算法的具体学习过程。

6. 在卷积神经网络中，感受野指的是什么？

7. LeNet-5 卷积神经网络模型共有几层？各层的作用是什么？

8. 简述 RNN 的运行过程。

第 6 章

自然语言处理

6.1 自然语言处理概述

在信息爆炸的时代，自然语言处理(Natural Language Processing, NLP)作为人工智能的重要分支，正深刻改变人类与机器的交互方式。从智能手机的语音助手到跨语言翻译系统，从社交媒体的情感分析到智能客服的自动应答，NLP 技术已渗透至人们日常生活的方方面面。

然而，人类语言的复杂性——包括歧义性、文化差异和动态演变——使得让机器真正"理解"语言成为一项极具挑战的任务。近年来，随着深度学习和大语言模型(如 GPT、BERT 等)的突破，NLP 取得了前所未有的进展，但其发展仍面临诸多待解难题。

本章将从 NLP 的基本概念出发，系统介绍其关键技术、典型应用及未来趋势，帮助读者全面了解这一充满活力的领域。

6.1.1 初识自然语言处理

什么是自然语言处理(Natural Language Processing, NLP)？通俗地讲，就是让电脑听懂人类语言，还能说人类语言！比如，你问 Siri "明天天气怎么样？"——它能听懂并回答你，这就是 NLP。再比如你用微信聊天时打错字，系统会自动纠正(如"泥豪"→"你好")，这也是 NLP。

(1) 那么怎样才能让电脑"听懂"人类语言呢？想象教一个外星人学中文这样一个场景。你要分这样几步或阶段。

首先是认字。先教他将某句话拆成词，比如"我爱吃小米"拆成"我/爱/吃/小米"；

其次是弄懂每个词的意思。"小米"可以指粮食，也可以指手机(需要结合上下文)，再如句子"笑死了"不是真的死了，而是形容特别好笑；

最后是学习句子的套路：如"怎么……？"通常是提出问题，"把……给我"则是命令。计算机就是这么一步步地进行学习！进而听懂人类语言的。

(2) 那么如何让电脑"说人类语言"？

例如，让电脑写天气预报。

电脑需要查找信息："今天气温20℃，多云"，然后套用相应的模板，生成"今天是多云天气，气温20摄氏度"。

高级版的"说人类语言"则像ChatGPT和DeepSeek，可直接编出自然句子，与人写的句子相似。

自然语言处理离我们并不遥远，自然语言处理的许多概念，你几乎天天都在用。如输入法中，你输入"woxiangchi"，它猜出是"我想吃"；使用翻译软件，可将英文网页变成中文网页；使用短视频字幕，可自动将语音转成文字；垃圾邮件过滤可识别出"免费领红包"是广告，会将该红包扔进垃圾桶。

(3) 让电脑学人类语言并不是一件容易的事情，主要有以下难点：

- 多义词："白象"是方便面还是动物名称？(需要看上下文确定)；
- 方言梗："绝绝子"是什么意思？这需要电脑能自动上网学习网络用语；
- 语气："你可真行！"可能是夸人，也可能是讽刺(电脑在这上面经常翻车)。

(4) 自然语言处理的未来会怎样呢？

客服机器人从反应上更像真人一样，不再答非所问；NLP成为人类的全能助手，帮你写作业、写工作报告、编故事。但自然语言处理会给我们带来威胁：有人用AI造假新闻、骗人(比如模仿名人的声音进行诈骗)。

总之，自然语言处理就是教电脑玩转人类语言，现在它还在"小学生"水平，但进步飞快。目前你骂Siri，它还笨嘴拙舌，但它可能很快就会变得伶牙俐齿，妙语作答，让你无言以对哦！

6.1.2 自然语言处理概述

1. 自然语言处理的地位

人工智能主要包括运算智能、感知智能、认知智能和创造智能。反映了人工智能从基础到高级、从具体到抽象的不同层次的能力。

运算智能是快速计算、存储和检索海量数据，遵循既定规则进行逻辑推演的能力。这是AI最基础的能力，也是计算机相对于人类的传统优势领域。它强调速度和精度，超级计算机进行复杂的科学计算(如天气预报、核聚变模拟)，数据库系统快速检索和处理PB级数据，早期的专家系统(基于大量规则进行推理判断)和下棋程序(如深蓝)具有强大的计算推演能力。本质上，其他所有更高级的AI能力都建立在强大的运算智能基础之上。

感知智能是获取和理解来自物理世界的信息的能力，模拟人类的感官(主要是视觉、听觉)。它让机器能"看""听""感受"环境。这是连接物理世界与数字世界的桥梁。常见的感知智能有：①计算机视觉——能识别图像/视频中的物体、人脸、场景、动作等，主要应用领域或场景有人脸识别、物体检测(自动驾驶)、图像分类、医学影像分析、视频监控；②语音识别——也称为听觉感知，能将语音转化为文字(智能助手、语音输入)，主要应用领域或场景有智能助手(Siri、小爱同学)、实时字幕生成、语音转写(会议记录)、声纹识别(身份验证)；③自然语言处理——也称为语义感知(基础层面)，对文本进行分词、词性标注、句法分析(理解语言的结构)；④传感器数据处理——通过整合摄像头、雷达、激光雷达(LiDAR)、IMU 等多传感器数据，理解来自摄像头、麦克风、雷达、激光雷达、温度传感器等的数据，还有通过力传感器、触觉传感器感知压力、纹理、形状的触觉感知，通过温湿度、气体、光照等传感器感知物理环境的环境感知，以及通过气体传感器、电子舌等检测化学成分的化学感知。感知智能是 AI 的"感官"，使机器能"看、听、读、感"，为认知智能(决策、推理)提供基础。感知智能技术目前已在安防、医疗、汽车、消费电子等领域深度落地，将持续推动智能化场景的革新。

认知智能是理解信息、学习知识、进行推理、规划决策和解决问题的能力。模拟人类的"思考"过程。这是 AI 当前发展的重点和难点，涉及对信息的深度理解、关联、抽象和逻辑推演。使机器能处理模糊、不确定、动态变化的环境。常见的认知智能如下。

(1) 自然语言理解：理解文本的深层含义、情感、意图(如阅读理解、情感分析)；

(2) 知识图谱与推理：构建知识网络并进行逻辑推理(如智能问答系统)；

(3) 机器学习/深度学习：从数据中学习模式和规律，用于预测、分类等；

(4) 强化学习：通过试错学习在环境中做最优决策(如游戏 AI、机器人控制)；

(5) 规划与决策：为达到目标制定行动步骤(如物流调度、机器人导航)；

(6) 常识推理：理解和应用人类普遍拥有的常识(这是当前 AI 的一大挑战)。

创造智能是生成新颖、有价值，具有艺术性或实用性的内容或解决方案的能力。它超越简单的模仿或重组，体现出一定的原创性、想象力和审美。这是 AI 发展的高级阶段，近年来取得了显著突破。

如生成式 AI，就包括以下主要方面。

(1) 文本生成：创作诗歌、故事、代码、营销文案、新闻稿(如 ChatGPT 等大型语言模型)；

(2) 图像生成：根据文本描述创作绘画、设计(如 DALL-E、Midjourney、Stable Diffusion)；

(3) 音乐生成：创作不同风格的音乐片段或旋律；

(4) 视频生成：创建新视频或编辑现有视频；

(5) 设计创新：能辅助进行产品设计、建筑设计、药物分子设计；

(6) 科学发现：可提出新的科学假设或实验方案。

当前 AI 在运算和感知智能方面已非常强大，在认知智能(尤其是深度理解和常识推理)方面正在快速发展，而在创造智能方面则展现出了巨大潜力，取得了令人惊叹的成果。

认知智能已经成为当前的研究焦点。认知的核心是"理解"；认知智能不仅要求处理数据(运算智能)或感知信号(感知智能)，更要理解信息背后的含义、逻辑、意图和上下文关联。语言是人类思维的载体，人类绝大部分知识、推理和交流都通过语言承载。自然语言理解就是让机器破解语言符号背后的语义和知识，这是实现高级认知(如推理、决策、学习)的前提。如果把认知智能看作"大脑"，自然语言理解就是负责处理和理解"思想语言"的核心模块。自然语言理解打通了人类语言到机器可计算知识的通道，使得人工智能技术得以落地并得到实际应用。因此，多位科技领袖和学者在不同时期、从不同角度提出了"语言理解是人工智能皇冠上的明珠"这一共识性比喻。

2. 自然语言处理概念

自然语言指人类日常使用的语言，包括口语和书面语等。如汉语、英语、法语、德语等都是不同国家和民族的人民使用的自然语言。自然语言是人类交流思想、传递信息必不可少的工具，也是人类生存及社会进步的基础。

自然语言处理是人工智能(AI)的一个重要分支，致力于让计算机理解、解释和生成人类语言。它结合了计算机科学、语言学和机器学习，使机器能处理文本或语音数据，并做出有意义的响应。NLP 的核心任务包括：文本理解(如情感分析、关键词提取)，语言生成(如自动写作、对话机器人)，语音识别与合成(如语音助手)，机器翻译(如中英文互译)。

自然语言处理机制涉及两个流程(见图 6-1)，包括自然语言理解(NLU，Language Understanding)和自然语言生成(NLG，Natural Language Generation)。NLU 是指使计算机理解自然语言(人类语言文字)等，重在理解。具体来说，就是理解语言、文本等，提取出有用的信息。

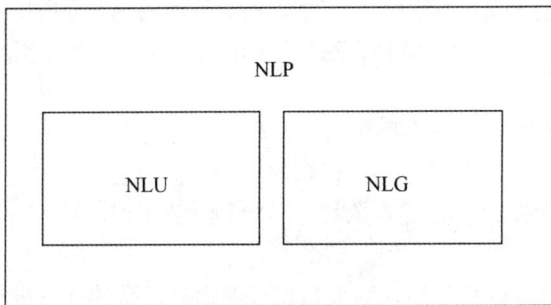

图 6-1 自然语言处理机制的两个流程

NLG 是指提供结构化的数据、文本、图表、音频、视频等，生成人类可以理解的自然语言形式的文本。

NLP 在解决具体问题的时候，通常既需要 NLU，也需要 NLG。比如常见的语音助手、智能音箱等产品。

在自然语言处理时，通常有 7 个步骤，分别是：获取语料、语料预处理、特征工程、特征选择、模型选择、模型训练、模型评估。

(1) 获取语料。语料，即语言材料。语料是语言学研究的内容，是构成语料库的基本单元。所以，人们简单地用文本作为替代，并把文本中的上下文关系作为现实世界中语言的上下文关系的替代品。把一个文本集合称为语料库，当有几个这样的文本集合时，称为语料库集合。按语料来源，可将语料分为以下两种：已有语料和网上下载、抓取的语料。

(2) 语料预处理。在一个完整的中文自然语言处理工程应用中，语料预处理大概占整个工作量的 50%～70%，所以开发人员大部分时间都在进行语料预处理。可通过数据清洗、分词操作、词性标注、去停用词四个方面来完成语料的预处理工作。

① 数据清洗。数据清洗，即保留有用的数据，删除噪声数据。对于原始文本，提取标题、摘要、正文等信息；对于爬取的网页内容，则去除广告、标签、HTML、JS 代码和注释等。

② 分词操作。分词操作将文本分成词语。中文语料数据有短文本形式，如句子、文章摘要、段落等；或者是长文本形式，如整篇文章组成的一个集合。

③ 词性标注。词性标注就是给词语标上词类标签，如名词、动词、形容词等，这是一个经典的序列标注问题。词性标注可为后续的文本处理融入更多有用的语言信息，在情感分析、

知识推理场景中是非常必要的。常见的词性标注方法有基于规则的、基于统计的方法。其中基于统计的方法有基于最大熵方法的词性标注、基于最大概率的词性标注和基于 HMM 的词性标注。

④ 去停用词。在信息检索中，为节省存储空间和提高搜索效率，在处理自然语言数据(或文本)之前或之后会自动过滤掉某些字或词，这些字或词即被称为停用词(Stop Words)。在一般性文本处理中，分词之后，接下来的步骤是去停用词。但是对于中文来说，去停用词操作不是一成不变的，停用词词典是根据具体场景决定的，比如，在情感分析中，语气词、感叹号是应该保留的，因为它们对表示语气程度、感情色彩有一定的贡献和意义。

(3) 特征工程。完成语料预处理后，接下来需要考虑如何把分词之后的字和词语表示成计算机能够计算的类型。词袋模型和词向量是两种常用的表示模型。词袋模型不考虑词语原本在句子中的顺序，直接将每一个词语或者符号统一放在一个集合中，然后按照计数的方式对词语或符号出现的次数进行统计。词向量是将字、词语转换成向量矩阵的计算模型。到目前为止最常用的词表示方法是 One-Hot，这种方法将每个词表示为一个很长的向量。这个向量的维度是词表大小。

(4) 特征选择。文本特征一般都是词语，具有语义信息，使用特征选择能够找出一个特征子集，仍可保留语义信息；但通过特征提取找到的特征子集，可能丢失部分语义信息。所以特征选择是一个很有挑战的过程，更多依赖于经验和专业知识，并且有很多现成的算法来进行特征的选择。

(5) 模型选择。选择好特征后，需要根据自然语言理解的任务进行模型选择，即选择怎样的模型进行训练。常用的模型有机器学习模型，如 KNN、SVM、决策树、K-Means 等；也可采用深度学习模型，如 RNN、CNN、LSTM 等。

(6) 模型训练。模型训练是将数据转化为智能的关键过程。选择好模型后，就要训练使用的模型，其中包括训练优化技术选择、超参数的调优等。

(7) 模型评估。为让训练好的模型对语料具备较好的泛化能力，在模型上线之前还要进行必要的评估。常用的模型评价指标有错误率、精准度、准确率、召回率等，利用这些指标来评价模型的优劣程度，以选择最佳模型，进而输出最合理的自然语言处理的结果。

自然语言处理通过分词，把句子拆成词/子词(分词)，去掉无用符号、停用词(清洗)，统一格式(标准化，如小写化)，获得干净的、结构化的词序列，将原始文本转化为机器可处理的基础单元。

通过特征提取和结构/语义分析，让机器理解文本含义并转化为数值表示。基于理解完成具体任务。如"分类/分析"进行情感判断、主题分类、垃圾邮件识别，"信息抽取"进行问答、摘要生成(提取关键信息)，"生成"进行机器翻译、聊天回复、文本创作(生成新文本)。

基于这些技术，又可将自然语言处理应用于若干领域。例如，在人机交互与沟通领域，使用智能客服、聊天机器人、语音助手、语音识别和机器翻译；在信息处理与分析领域，进行情感分析、信息抽取、文本摘要和问答；在专业领域，提供医疗健康、金融服务和法律服务。

自然语言处理不是一个独立技术，受云计算、大数据、机器学习、知识图谱等各方面的支撑。云计算是肌肉，是"动力引擎"，提供运行基础；大数据是"血液"，决定模型的智能上限；机器学习是大脑，形成语言认知能力，驱动认知进化；知识图谱是"记忆网络"，赋予语义关联能力和逻辑灵魂。失去任一支柱，自然语言处理都将退化为字符处理工具，只有各方面协同进化，才能实现真正的语言智能(见图 6-2)。

3. 自然语言处理的层次

按照自然语言处理的对象的粒度，自然语言处理大致可分为图 6.3 所示的几个层次。

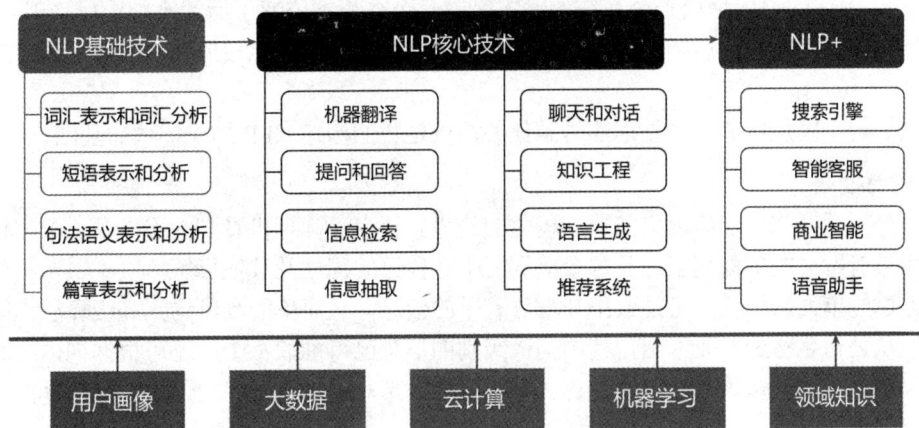

图 6-2 自然语言处理框架图

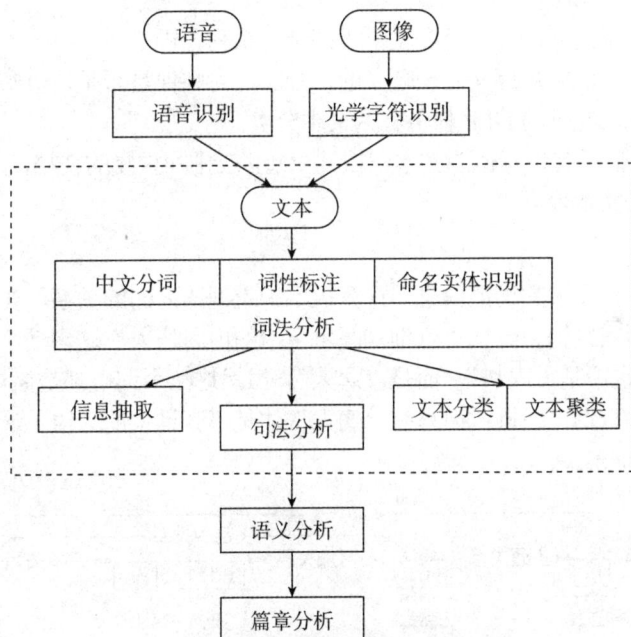

图 6-3 自然语言处理的层次

4. 语音、图像和文本

自然语言处理系统的输入源共有 3 个，即语音、图像与文本。其中，语音和图像虽然正引起越来越强烈的关注，但受制于存储容量和传输速度，它们的信息总量还是没有文本多。另外，这两种形式一般经过识别后转化为文本，再进行接下来的处理，分别称为语音识别(Speech Recognition)和 OCR (Optical Character Recognition，光学字符识别)。语音和图像一旦转化为文本，就可执行后续的 NLP 任务。所以，文本处理是重中之重。

5. 中文分词、词性标注和命名实体识别

这 3 个任务都是围绕词语进行的分析，统称词法分析。词法分析的主要任务是将文本分隔

为有意义的词语(中文分词),确定每个词语的类别和浅层的歧义消除(词性标注),并识别出一些较长的专有名词(命名实体识别)。对中文而言,词法分析常常是后续高级任务的基础。在流水线式(前一个系统的输出是后一个系统的输入,前一个系统不依赖于后续系统)的系统中,如果词法分析出错,则会波及后续任务。所幸的是,中文词法分析已比较成熟,基本达到了工业使用的水准。

词法分析不仅是自然语言处理的基础任务,也是我们构建 NLP 知识体系的基础。

6. 信息抽取

词法分析后,文本已呈现出部分结构化的趋势。至少,计算机看到的不再是一个超长的字符串,而是有意义的单词列表,且每个单词还附有自己的词性及其他标签。

根据这些单词与标签,可抽取出一部分有用的信息,从简单的高频词到高级算法提取出的关键词,从公司名称到专业术语,其中词语级别的信息已可抽取不少。还可根据词语之间的统计学信息抽取出关键短语乃至句子,更大颗粒度的文本对用户更友好。值得一提的是,一些信息抽取算法用到的统计量可复用到其他任务中。

7. 文本分类与文本聚类

将文本拆分为一系列词语后,可在文章级别做一系列分析。

有时我们想知道一段话是褒义还是贬义的,判断一封邮件是否是垃圾邮件,想把许多文档分门别类地整理一下,此时的 NLP 任务称为文本分类。

另一些时候,我们只想将相似的文本归档到一起,或排除重复的文档,而不关心具体类别,此时执行的任务称为文本聚类。

8. 句法分析

词法分析只能得到零散的词汇信息,计算机不知道词语之间的关系。在一些问答系统中,需要得到句子的主谓宾结构。比如"查询刘医生主治的内科病人"这句话,用户真正想要查询的不是"刘医生",也不是"内科",而是"病人"。虽然这三个词语都是名词,甚至"刘医生"离表示意图的动词"查询"最近,但只有"病人"才是"查询"的宾语。通过句法分析,可得到如图 6-4 所示的语法信息。

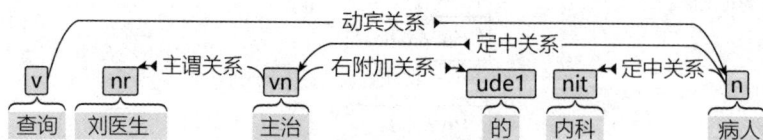

图6-4 句法分析结果

我们发现,图中果然有根长长的箭头将"查询"与"病人"联系起来,并且注明了它们之间的动宾关系。

不仅是问答系统或搜索引擎,句法分析还经常应用于基于短语的机器翻译,给译文的词语重新排序。比如,中文"我吃苹果"翻译为日文后则是"私は(我)林檎を(苹果)食べる(吃)",两者词序不同,但句法结构一致。

9. 语义分析与篇章分析

相较于句法分析,语义分析侧重语义而非语法。它包括词义消歧(确定一个词在语境中的含义,而不是简单的词性)、语义角色标注(标注句子中的谓语与其他成分的关系)乃至语义依存分析(分析句子中词语之间的语义关系)。

随着任务的递进，它们的难度也逐步上升，属于较高级的课题。即便是最前沿的研究，也尚未达到实用的精确程度。

10. 其他高级任务

除了上述的"工具类"任务，还有许多综合性任务，与终端应用级产品联系更紧密。下面是一些例子。

(1) 自动问答：根据知识库或文本中的信息直接回答一个问题，如微软的 Cortana 和苹果的 Siri；

(2) 自动摘要：为一篇长文档生成简短的摘要；

(3) 机器翻译：将一句话从一种语言翻译到另一种语言。

注意，一般认为信息检索(Information Retrieve，IR)是区别于自然语言处理的独立学科。虽然两者具有密切的联系，但 IR 的目标是查询信息，而 NLP 的目标是理解语言。此外，IR 检索的未必是语言，还可以是以图搜图、听曲搜曲、商品搜索乃至任何信息的搜索。

11. 自然语言处理的发展历史

自然语言处理(NLP)的历史几乎和人工智能一样长。自然语言处理是机器学习的应用层。如同人工智能的历史一样，自然语言处理也经历了从逻辑规则到统计模型的发展历程。人工智能的早期研究已涉及自然语言理解，其发展历程可划分为多个阶段，从早期基于规则的方法到如今的大语言模型(如 ChatGPT)。下面列出 NLP 的主要发展阶段。

第一阶段为自然语言处理发展的萌芽期(20 世纪 50 年代和 60 年代)。出现了基于规则与符号主义，其理论基础主要有艾伦·图灵提出的图灵测试(通过语言对话判断机器是否具备人类级智能)；出现了乔姆斯基的生成语法，形式化语言理论为早期 NLP 提供了语言学基础。早期典型尝试有机器翻译(MT)、1954 年乔治城实验(Georgetown-IBM 实验)、俄英自动翻译(但效果粗糙)、ELIZA(出现于 1966 年，是 Joseph Weizenbaum 开发的第一个聊天机器人)、模拟心理治疗师(基于关键词匹配)。这一时期的特点是：依赖人工编写语法规则，处理能力有限。

第二阶段为自然语言处理的发展期(20 世纪 70 年代和 80 年代)。统计方法初现，主要采用的统计语言模型有基于概率的文本预测(如马尔可夫链)的 n-gram 模型、用于语音识别和词性标注的隐马尔可夫模型(HMM)。另外，就是知识库系统的建立，例如，普林斯顿大学开发的语义词典 WordNet 建立了词汇关系网络，SHRDLU 等专家系统通过规则解析简单自然语言指令。但这一时期的主要局限在于：统计方法需要大量标注数据，但数据稀缺。

第三阶段为自然语言处理的突破期(20 世纪 90 年代，以及 21 世纪首个 10 年)。以机器学习方法为主导。主要有统计机器翻译(SMT)，如基于词对齐的 IBM Model 翻译模型系列(Model 1 至 Model 5)。开源工具 MOSES 推动了 SMT 普及。这一时期出现的相关机器学习算法主要有：用于文本分类、情感分析的支持向量机(SVM)和最大熵模型，解决序列标注问题(如命名实体识别)的条件随机场(CRF)。这一时期数据驱动方法成为主流，但仍依赖特征工程。

第四阶段为自然语言处理的深度学习革命阶段(2010—2017)。以神经网络的崛起为代表。关键模型有 Mikolov 等人提出的词向量(词嵌入)、捕捉语义关联的 Word2Vec(2013)模型、基于 RNN/LSTM 端到端模型(如机器翻译)的 Seq2Seq 模型(2014)、解决长距离依赖问题的模型(为 Transformer 奠基的注意力机制)。自然语言处理的应用和研究得到扩展，如情感分析、问答系统(如 IBM Watson)、语音助手(Siri、Alexa)。深度学习的优势在于自动学习特征，减少人工干预。

第五阶段为自然语言处理的大模型时代(2018 至今)。主要由于 Transformer 与通用 AI 的采用。Vaswani 等人提出自注意力(Self-Attention)取代 RNN/CNN，并提出 Transformer 架构。在预训练语言模型上，出现了双向 Transformer 的 BERT，该模型刷新了 11 项 NLP 任务纪录；出现了 GPT 系列的生成式预训练模型(GPT-3 参数量达 1750 亿)及多模态模型，如 CLIP(文本-图像关联)、Whisper(语音识别)。通过零样本/小样本学习，大模型仍然展现出优异的泛化能力。这使得 NLP 进入"工业化"阶段，模型规模与多模态成为竞争焦点。

自然语言处理未来的发展方向是：降低训练成本(如模型压缩、稀疏化)的更高效模型、理解模型决策逻辑的可解释性、语言与物理世界交互(如机器人控制)的具身智能、解决偏见和虚假信息生成等伦理与安全问题。

NLP 从"规则模仿"到"数据驱动"，再发展为"认知智能"，其演进始终围绕"如何让机器理解人类语言"这一核心挑战。随着技术的突破，NLP 正深刻改变教育、医疗、娱乐等行业。

6.2　文本预处理和词向量

文本预处理的目的是将原始文本转化为机器可处理的标准化输入。主要有三个目标：①降噪——去除无关字符、冗余信息；②标准化——统一文本格式，消除变异；③结构化——将连续文本转化为离散单元。需要注意，中文的处理方式和英文相比有其特殊的地方。

6.2.1　文本预处理流程

文本预处理流程主要有四个关键步骤。

(1) 分词。将句子切分为单词/子词，英文采用的典型方法和工具有 spaCy、NLTK，中文采用的典型方法和工具有 Jieba、HanLP。中文特殊处理：需要解决歧义组合，如"研究生命"→研究/生命。

(2) 清洗。移除噪声字符，如删除 HTML 标签、URL，过滤特殊符号(!@#)，剔除停用词(的/is/the)。中文特殊处理：为表达复杂语气，需要保留中文标点(如逗号、句号和问号)。

(3) 标准化。统一文本表示形式。具体内容有全角转半角("Ａ"→"A")，大小写归一化("NLP"→"nlp")，数字替换("100"→<NUM>)。中文特殊处理：需要进行简繁转换("衆"→"众")。

(4) 词形归并。合并词根相同的词汇。如词干提取("running"→"run")、词形还原("better"→"good")等，而中文则不需要这一步骤。

在中文文本处理范畴，文本预处理要注意新词(如网络用语"yyds")的识别，这时需要更新词典；而对专有名词要进行保护，如"Python"不被切分为"Pyth/on"。

下面列举一个文本预处理示例。

原始文本：

"2023 年 NLP 技术爆发！GitHub 星标★超 10k 的项目：https://github.com/xxx"

预处理后：

```
['2023', '年', 'nlp', '技术', '爆发', 'github', '星标', '超', '<NUM>', 'k', '项目']
```

关键变化：

A. 删除 URL 和表情符号；

B. 数字泛化(10k→<NUM>k)；

C. 英文小写化(GitHub→github)；

D. 中文保留原词。

在自然语言处理中，为什么必须进行文本的预处理？

主要有以下几个原因：①避免模型偏差。如停用词"的"占中文文本 20%还多，若不剔除会淹没关键信息，使得训练出的模型存在较大偏差；②提升泛化能力。数字泛化使模型学会将"100 元"/"500 元"处理为同类特征；③降低计算成本。清洗后词汇量减少 30%~50%，可加快后续处理。

在进行文本预处理时也会出现以下常见错误。

- 过度清洗。在数据预处理阶段，尤其是文本数据清洗环节，过度激进地移除或修改了原始数据中的信息，导致丢失了对于下游任务(如机器学习模型训练、分析、可视化)可能重要或必需的信号。这通常源于过度追求"干净"数据或对噪声过于敏感的清洗策略。解决方法之一是保留领域关键敏感符号，如医疗文本保留"%""°C"。

- 分词粒度不当。这是自然语言处理(NLP)中常见的问题，在中文分词领域尤其如此。它指的是分词结果中词语的切分大小(粒度)不符合任务需求或语言习惯，导致信息丢失、歧义或后续处理困难。分词粒度不当有两类。一类是粒度过细(过切分)，把本应是一个完整语义单位的词语切分成更小的部分，如"云计算"切分成"云"和"计算"(丢失了"云计算"技术术语的整体含义)；另一类是粒度过粗(欠切分)，把本应分开的词语粘连在一起。如："武汉市长江大桥"切分成"武汉市长"和"江大桥"(极端歧义例子，应切分为"武汉市""长江大桥")。解决办法是按任务调整(实体识别需细粒度分词)，了解不同分词工具(如 Jieba、HanLP、LTP、PKUSeg、FudanNLP、THULAC 等)的特点和默认粒度倾向。有些工具提供多种分词模式(精确模式、全模式、搜索引擎模式等)，考虑使用融合了词典、统计和深度学习技术的现代分词器，它们的效果通常更好。

- 新词识别失败。这是自然语言处理(NLP)，尤其是中文信息处理中的一个核心挑战和常见痛点。指分词系统或模型无法正确识别和处理那些未出现在训练数据、词典或已知词汇库中的词语。这些词语可能是新创造的、领域特定的、网络流行的，或只是分词系统未曾见过的组合。如果能动态更新用户词典(如添加 ChatGPT)，可在一定程度上缓解这一问题。

6.2.2 文本的向量化工具 Word2Vec

Word2Vec 是一种高效生成词向量(Word Embedding)的经典模型，由 Google 的 Tomas Mikolov 团队于 2013 年提出。它的核心作用在于将自然语言中的词语转化为计算机能理解和处理的稠密、低维实数向量，并让这些向量蕴含词语的语义和语法信息。

简单来说，Word2Vec 的作用就是"让机器理解词语的意思"，但它理解的"意思"不是人类的抽象概念，而通过词语在大量文本中出现的上下文环境来捕捉词语之间的关系。图 6-5 所示为 Word2Vec 模型的架构。

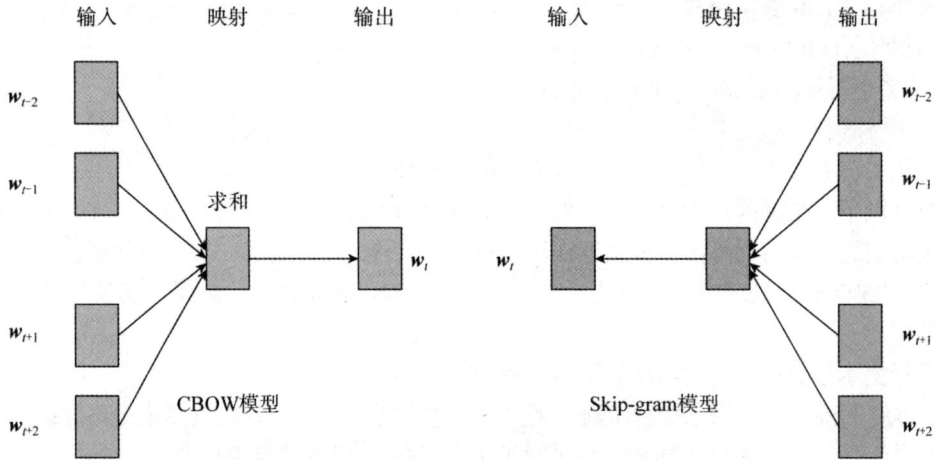

图 6-5　Word2Vec 模型的架构图

1. Word2Vec 的核心作用

Word2Vec 的核心作用是将词语转化为稠密向量(词嵌入)，使机器能捕捉词语的语义与语法关系。其功能可概括为以下三点。

(1) 语义向量化。用于将词语映射为固定维度的实数向量(通常为 50~300 维)。

示例:

"国王" → [0.21,-0.45,...,0.73]

"王后" → [0.19,-0.41,...,0.68]

优势：解决独热编码(One-Hot)的维度灾难问题，向量距离可量化词语相似度(如 cos(国王,君主) > cos(国王,苹果))。

(2) 语义关系计算。核心能力是通过向量运算揭示词语间的逻辑关系。

经典示例(向量加减):

vec("国王") - vec("男人")+vec("女人") ≈ vec("王后")

vec("running") - vec("run")+vec("walk") ≈ vec("walking")

应用场景：近义词扩展("智能" → "智慧"/"聪慧")，词类比推理(首都与国家的关系：北京 - 中国+日本 ≈ 东京)。

(3) 下游任务支撑

作为 NLP 任务的基础输入，赋能如表 6-1 所示的应用。

表 6-1　NLP 赋能的主要应用

任务类型	作用	案例
文本分类	将词向量聚合为句子/文档表示	新闻主题分类
推荐系统	计算用户偏好词与物品描述的相似度	基于商品描述的协同过滤
机器翻译	对齐源语言与目标语言的语义空间	旧版 Google 翻译的编码器输入

Word2Vec 相对于传统方法的对比优势如表 6-2 所示。

表 6-2 Word2Vec 与传统方法的对比优势

维度	Word2Vec	传统方法(如 TF-IDF)
语义表达	捕获深层语义关系	仅反映词频统计
维度控制	低维稠密向量(可降维)	高维稀疏矩阵
计算效率	向量运算速度快	矩阵运算开销大

但是，Word2Vec 也存在局限性。

局限 **1**：无法处理一词多义(如"苹果"只有单一向量)。

→ 解决方案：用 BERT 等上下文模型替代。

局限 **2**：未登录词**(OOV)**无法生成向量。

→ 解决方案：结合 FastText 的子词嵌入。

Word2Vec 是 NLP 的"文本 GPS"，通过词向量将语言关系映射为数学运算，为机器理解语义提供基础坐标。

2. 使用 Word2Vec 的示例

下面用一个简单例子来说明如何用 Word2Vec 为中文文本生成向量表示。这里使用"平均词向量"法。

场景：比较两句话的相似度。

句子 1：猫追老鼠；句子 2：狗啃骨头。

处理步骤如下。

(1) 准备词向量(简化版)

假设有一个微型中文词向量库(实际应用需要使用真实训练数据)，如表 6-3 所示。

表 6-3 微型词汇向量库

词语	向量(3 维简化版)	说明
猫	[0.9,0.1,0.3]	宠物/捕猎者特征
狗	[0.8,0.2,0.4]	类似于猫但存在差异
追	[0.2,0.7,0.1]	快速移动/捕捉动作
啃	[0.3,0.6,0.2]	咀嚼动作(与"追"相似)
老鼠	[0.1,0.3,0.9]	猎物/食物特征
骨头	[0.1,0.2,0.8]	食物/咀嚼对象

注意，现实中的向量是 100~300 维。为方便理解，这里使用 3 维。

(2) 计算文本向量

句子 1：猫追老鼠

向量 1 =(猫+追+老鼠)/3

$\qquad$ =([0.9,0.1,0.3]+[0.2,0.7,0.1]+[0.1,0.3,0.9])/3

$\qquad$ =[1.2,1.1,1.3]/3

$\qquad$ =[0.4,0.37,0.43]

句子 2：狗啃骨头

向量 2 =(狗+啃+骨头)/3

$$=([0.8,0.2,0.4]+[0.3,0.6,0.2]+[0.1,0.2,0.8])/3$$
$$=[1.2,1.0,1.4]/3$$
$$=[0.4,0.33,0.47]$$

(3) 计算相似度(余弦相似度)

采用余弦相似度，来计算向量间的相似度。这里介绍一下这个概念，如图 6-6 所示。

对于两个 n 维向量，$v_1=(a_1,a_2,\cdots,a_n)$，$v_2=(b_1,b_2,\cdots,b_n)$，余弦相似度的计算公式为：

$$\text{Cossine Similarity}(v_1,v_2)=\frac{\sum_1^n a_i b_i}{\sqrt{\sum_1^n a_i}\sqrt{\sum_1^n b_i}}$$

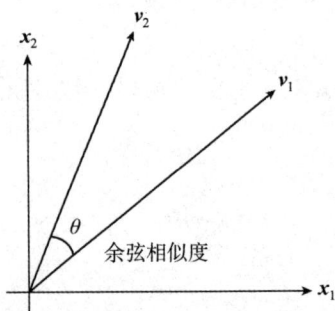

图 6-6　两向量间的余弦相似度示意图

分子部分 $\sum_1^n a_i b_i$ 是向量 v_1 和向量 v_2 的内积，它体现了两个向量在各个维度上的分量乘积之和，反映了两个向量在同一方向上的"协同程度"。分母部分 $\sqrt{\sum_1^n a_i}\sqrt{\sum_1^n b_i}$ 是两个向量的模的乘积。

3. 解释现象

通过计算，两向量间的余弦相似度达到 0.99，下面解释一下这一关键现象。

(1) 为什么相似度高？

- 两句话都是"动物+动作+对象"结构；
- 猫/狗向量相似(宠物特征)；
- 追/啃向量相似(动作特征)；
- 老鼠/骨头向量相似(被处理的对象)。

(2) 语义捕捉：

即使具体内容不同，模型识别出相同的语义模式：

[动物]+[主动作]+[目标对象]

(3) 对比实验：

若计算"猫追老鼠"和"苹果很甜"的相似度：

"苹果很甜"的向量 3=[0.3,0.8,0.1]，向量 1 和向量 3 的余弦相似度近 0(完全不相关)，你可以分析一下原因。

6.2.3 联系上下文的 BERT 模型

BERT(Bidirectional Encoder Representations from Transformers)是革命性的预训练语言模型，其核心功能是通过上下文动态理解语义，彻底解决一词多义问题。它读句子时能同时看懂整句话的前后关系(比如明白"苹果"指的是水果还是手机公司)。

1. 类比小故事

假设你教三岁小孩认字：

1) 传统方法(如 Word2Vec)

→ 你指着卡片说："这！是！猫！"

→ 孩子死记硬背：🐱 = "猫"

→ 问题：孩子看到"猫在爬树"，以为"爬树"是一种猫。

2) BERT 的方法

→ 你带孩子看真实场景：

指着沙发上的毛团："看，猫在睡觉"；

指着窗外的树："快看！猫在爬树"；

指着手机广告："苹果手机出新款了"。

→ 孩子自己悟出：

"猫"在不同地方都是同一个动物；

"苹果"在吃的时候是水果，在店里是手机。

2. BERT 的三大绝招

1) 双向阅读理解(核心突破)

传统模型(如 Word2Vec)像从左到右读课文的小学生：

→ 看到"＿＿＿＿手机很贵"，只能根据前面猜后面(可能是"苹果")。

BERT 像同时读全文的侦探：

→ 看到"＿＿＿＿手机很贵"，会前后扫视发现"新款""iOS 系统"等线索，

→ 立刻锁定"苹果"！

2) 预训练+微调(省时省力)

预训练：BERT 先"啃书"自学(读维基百科+新闻等海量文本)，接着学会以下操作。

- 完形填空(遮住词猜原文，如"猫爱抓老＿＿＿＿"→鼠)
- 判断句子关系(如"猫吃鱼"和"鱼被猫吃"是同一意思)

微调：当你需要具体功能(如情感分析)，只需要完成以下任务。

- 加个"小帽子"。在预训练的 BERT 后接简单层
- 少量训练。用 100 条影评就能教会它辨认同类句子

3) Transformer 引擎(高效处理长文)

传统模型(如 RNN)像传话游戏，第 10 个人可能忘了第 1 个人说了啥；

BERT 的 Transformer 像微信群聊，所有人同时看到全部消息。

→ 瞬间理解长距离关系(如"尽管价格高……但＿＿＿值得买"中的"但"字决定正面评价)。

BERT 能干什么？

BERT 赋能四大 NLP 任务，如表 6-4 所示。

表 6-4　BERT 赋能四大 NLP 任务

任务	传统方法	BERT 的操作
机器翻译	逐词翻译	整句理解后输出(知道 "I'm hot" 不是 "我很辣")
问答系统	关键词匹配	联系上下文找答案(如从文章中定位 "谁发明了电灯")
情感分析	数 "好" "坏" 词的出现次数	看懂反讽(如 "这手机真! 好! 用!" 其实是差评)
文本生成	机械接龙	写合理段落(续写故事时记得前文伏笔)

举个生活化的例子。

句子:

"银行流水显示他每月收入 3 万,但昨天他带着这笔钱去河边钓鱼时,手机掉入河中。"

Word2Vec 处理结果:

→ 看到 "银行" 直接想到金融机构(忽略 "河边")

→ 看到 "钓鱼" 以为在赚钱(混淆 "钓鱼" 的金融隐喻)

BERT 处理结果:

→ 前文 "银行流水" →金融机构

→ 后文 "河边" "掉进" →河岸

→ 明白 "钓鱼" 是真钓鱼,不是金融术语。

3. 与 Word2Vec 的关键对比

BERT 与 Word2Vec 的对比如表 6-5 所示。

表 6-5　BERT 与 Word2Vec 的对比

能力	Word2Vec	BERT
语义表示	静态(一词一义)	动态(一词多义)
上下文处理	无	双向深度编码
训练成本	单机可训练	需要 GPU 集群(>1000 亿参数)
典型应用	轻量级语义匹配	复杂语言理解任务

4. BERT 的典型应用场景

- 搜索引擎:理解用户查询真实意图(如 "苹果最新手机" →科技产品);
- 智能客服:解析口语化提问 "我付不了款咋办?" →跳转支付故障处理;
- 医疗诊断:从患者描述 "头痛伴视力模糊" 关联脑部疾病。

5. 为什么 BERT 会改变世界?

- 以前:每个 NLP 任务需要单独造轮子(如翻译一套、情感分析另一套);
- 现在:BERT 像 "预训练大脑",只需要微调就能适应新任务,效果吊打前辈;
- 结果:谷歌搜索、智能客服、AI 写作的底层引擎全面 BERT 化。

▽ 简单总结:BERT=会联系上下文的学霸+通用大脑+自学成才。

💡 技术本质:它让 AI 真正理解了 "一词多义" 和 "语言的逻辑关系"!

BERT 如同语言显微镜,通过深度上下文建模揭示词语的隐藏语义,成为 NLP 从 "处理字符" 迈向 "理解思想" 的关键转折点。其预训练架构已成为大模型时代(GPT 等)的基础范式,如图 6-7 所示。

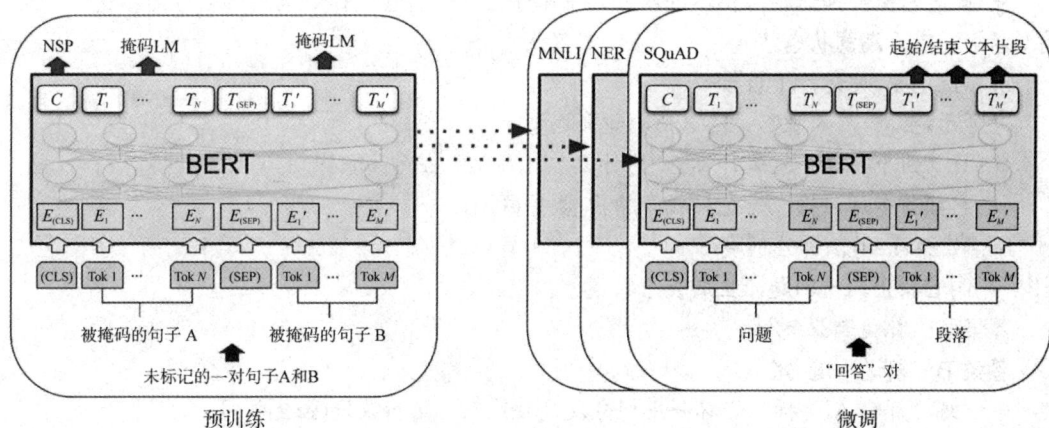

图 6-7　BERT 模型图

6.3　语言模型与对话系统

6.3.1　语言模型和对话系统实例

现在抛开技术术语，用最生活化的方式解释语言模型和对话系统(如 ChatGPT)是怎么回事。先看语言模型的实例。

1. 语言模型：一个"超级猜词游戏高手"

想象你在玩"词语接龙"，每次只能说一个词。

语言模型就是专门练这个游戏的 AI。

- 它读过全网所有书和网页(海量数据)，记住所有词语搭配规律。
- 当你开头说："今天天气……"

  → 它立刻计算出概率：

  "晴"(80%) | "不好"(15%) | "哈哈哈"(5%)

  → 选最高概率的"晴"！

关键能力：

- 不是死记硬背，而是理解"哪些词常一起出现"(比如"生日"后面大概率是"快乐")。
- 类似"语文版自动补全"(手机输入法的高级形态)。

2. 对话系统(如 ChatGPT)：一个"会聊天的智能体"

光会猜词不够，还得能对话。ChatGPT 的处理方式如下。

1) 第一步：成为"学霸"

→ 把整个互联网装进大脑(预训练)，并掌握以下知识。

- 语法规则("的、地、得"怎么用)

- 常识(太阳从东边升起)

- 浅层逻辑("如果下雨，要带伞")

💡 此时它像"知识渊博但不会聊天的书呆子"——问它"你好吗？"它可能答道："'好'是形容词，表示满意状态。"😊

2) 第二步：人类老师辅导

老师示范：→雇人教它"怎么好好说话"。

你问："讲个笑话"→老师答："为什么鸡过马路？去对面啊！"

→ 它模仿老师风格，学会按指令输出(监督微调)。

3) 第三步：考试评分制度

→ 向它提出同一问题，生成多个答案：

答案 A：礼貌专业 ✓

答案 B：胡说八道 ✗

→训练"评分 AI"标记好坏→用评分反复鞭策它，进行改进(强化学习)。

💡 从此它变成"高情商聊天达人"——问"我胖吗？"，会答："健康比体重更重要哦！"☺

3. ChatGPT 类系统和传统聊天机器人有啥区别？

如表 6-6 所示。

表 6-6　ChatGPT 类系统和传统聊天机器人的区别

	传统聊天机器人	ChatGPT 类系统
知识来源	人工编写的对话剧本	自学整个互联网
灵活度	只能回答预设问题	能聊任何话题(天文地理到写诗)
拟人度	像电话客服机器人	像知识丰富又有趣的朋友
缺点	"看不懂"就死机	偶尔编造答案(如虚构历史事件)

👤 语言模型=猜词王者(预测下一个字)

☐ 对话系统=语言模型+人类价值观约束→变成懂你的聊天伙伴

ChatGPT 的魔法：把"词语概率计算器"训练成"既能写代码又会安抚他人情绪的智能体"——核心秘诀是三步炼丹法(填知识→教人类语言→考情商)！

6.3.2　ChatGPT 原理

可将 ChatGPT 想象成一个超级会玩文字接龙并且博览群书(互联网)的机器人。它的核心原理可用一个厨房来做比喻。

1. 海量菜谱学习(训练阶段)

原料：想象互联网上的所有书籍、文章、网页、对话记录等，这些都是"文字食材"。ChatGPT 在诞生前，被"喂"了海量(万亿级别)的文字数据。这就像厨师阅读了世界上几乎所有的菜谱和美食评论。

学习目标：它的学习目标不是理解每个词的含义(像人一样)，而是学习文字出现的规律和模式。

比如，哪些词经常一起出现？("猫"后面常跟"喵喵叫""吃鱼")

在什么情境下用什么词？(问句怎么开头？故事怎么展开？)

什么样的回复是合理的、通顺的、符合人类习惯的？(学习对话的套路)

核心技能——"注意力机制"：想象厨师在做一道新菜时，会特别关注最重要的几本菜谱的关键步骤。ChatGPT内部有一个叫Transformer的核心技术(就像厨房里的核心厨具)。它最厉害的本领是"注意力机制"。当处理一句话时，它能瞬间"注意到"句子中最关键的字词(无论这个词在句子的开头还是结尾)，并根据这些关键信息来决定接下来要说什么。这避免了传统方法只能按顺序看字的局限。

2. 玩文字接龙(生成回复阶段)

用户输入：输入一句话或问题，如"讲个笑话"。

理解(模式识别)：ChatGPT不是真的"理解"笑话是什么，而是根据它学过的海量数据，识别出"讲个笑话"这个模式通常后面应该跟着一段符合笑话格式的文字(开头、铺垫、笑点)。

预测下一个词(核心)：ChatGPT开始玩一个极其复杂的文字接龙游戏。

(1) 基于你输入的话("讲个笑话")，它运用学到的所有模式和注意力机制，预测最可能出现的第一个词是什么？比如它预测"有"。

(2) 现在输入变成"讲个笑话 有"，它再预测下一个词，如"一个"。

(3) 输入变成"讲个笑话 有 一个"，预测下一个词，如"程序员"。

(4) 以此类推："讲个笑话 有 一个 程序员 走进 了 酒吧……"

选择：每次预测，ChatGPT其实不是只选一个词，而是计算出一堆候选词的概率(比如"有"概率80%，"从前"概率15%，"为什么"概率5%)。它通常选择概率最高的那个词(或者有时会随机选一个概率不是最高但也不低的词，增加点创造性)，然后接上去。

重复直到完成：它这样一个词一个词地预测、添加，直到生成一个完整回复(如一个完整的笑话)，或达到设定的长度，或遇到一个表示结束的信号。

3. 关键点通俗解释

- 不是搜索引擎：不是在数据库里搜索现成的答案给你。是在根据你输入的信息，实时地、一个字一个字地"创作"出它认为最可能、最合理的回答。就像厨师不是端出冰箱里的剩菜，而是根据你的要求现场炒菜。

- "知道"很多，但不懂意义：它学习了人类语言的模式和关联，知道"太阳从东边升起"是常见的说法，但它并不真正理解"太阳""东边""升起"这些概念在现实世界中的物理意义。它只是知道这些词经常这样组合。

- 上下文很重要：它依靠"注意力机制"记住对话中前面说过的话(上下文)，这样它生成后面的词时，会考虑到整个对话的历史，让回复更连贯。就像厨师记得你之前说不要辣椒，这次做菜也不会放。

- 概率驱动：它的核心是计算"在给定前面所有文字的情况下，下一个词出现的概率"。它选择概率最高的路径前进。

- 创造性的来源：有时它不完全选概率最高的词，而是选一个概率稍低但合理的词，或者它学到的模式本身就包含了人类语言的创造性和多样性(比如各种修辞、不同的表达方式)，这样就能产生看起来有创造性的回复。就像厨师偶尔会尝试一种新的香料组合。

4. 简单总结一下 ChatGPT 的原理

- 海量阅读：用互联网上的海量文本学习人类语言的模式和规律。
- 核心能力：利用 Transformer(尤其是"注意力机制")高效地处理和关联信息。
- 生成回复：把你的输入当作起点，像玩超高阶文字接龙一样，一个字一个字地预测并生成最可能、最通顺的下一个词，直到形成完整回复。
- 依赖上下文：在整个过程中，会参考之前的对话内容，保持连贯性。

所以，它就像一个极其擅长模仿人类语言模式、能根据上下文进行超复杂文字接龙的超级语言模型。它的"智能"来自对海量数据中统计规律的掌握，而非人类意义上的理解和意识。ChatGPT 的原理概览如图 6-8 所示。

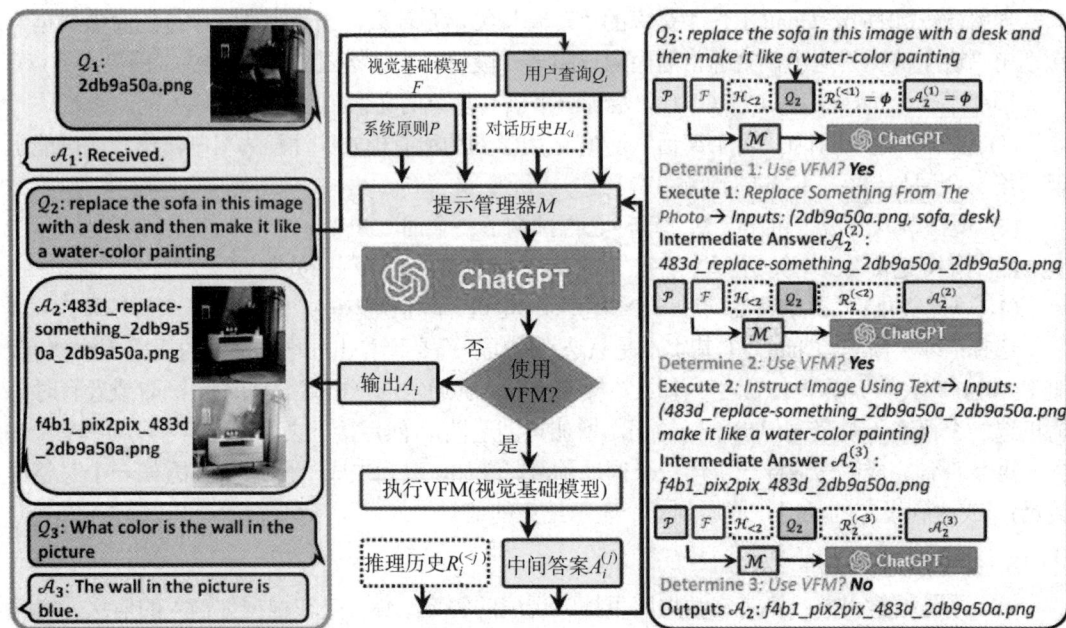

图 6-8　ChatGPT 的原理概览

6.4　应用实例

下面将通俗介绍自然语言处理的两个实际应用案例。

6.4.1　电商评论情感分析应用实例

案例背景：手机店老板老王的烦恼。

老王开了一家手机网店，每天能收到上百条顾客评价。他想知道：

- 顾客们是满意还是不满意？
- 大家最喜欢和最讨厌手机的哪些方面？
- 哪些问题需要优先解决？

但人工阅读每条评论太费时间，于是老王决定采用"情感分析"技术来自动处理。

1. 什么是情感分析

简单说就是让电脑读懂文字中的情绪。比如：

- "手机拍照超清晰！"→开心(正面)；
- "电池半天就没电"→生气(负面)；
- "昨天收到货了"→没带情绪(中性)。

2. 实现步骤

第一步：收集顾客评价

老王从网店后台导出最近 3 个月的所有评价，包含：

- 评价文字("屏幕很大但电池不耐用")；
- 星级评分(1~5 星)；
- 购买型号(iPhone14/小米 13 等)。

第二步：清洗评价内容

电脑需要先"打扫"这些文字：

- 去掉无用符号(表情符号、标点等)；
- 统一大小写("Good"和"good"当成同一个词)；
- 删除无用词("的""了"等不表达情绪的词语)；
- 把相似词归类("卡顿"和"反应慢"算同类问题)。

第三步：判断情绪倾向

老王尝试了以下三种方法。

方法 1：查情感词典

这就如同有一本"情绪词典"，里面记录着如下内容。

- 开心词：流畅、超值、推荐……(+1 分)
- 生气词：卡顿、发热、差评……(-1 分)

把评价里的词分数相加，看总分是正还是负。

方法 2：使用现成的情感分析工具

这类似于"情绪扫描仪"，输入评价就能输出：

- 正面(笑脸)；
- 负面(哭脸)；
- 中性(扑克脸)。

方法 3：教电脑自己学习

用历史数据训练电脑。

- 输入："屏幕很清晰"+5 星 → 标记为"正面"
- 输入："经常死机"+1 星 → 标记为"负面"

训练后，电脑就能自动判断新评价的情绪。

第四步：分析结果

老王得到以下的发现结果。

① 整体满意度：

- 正面评价 65%(主要夸拍照和屏幕)；
- 负面评价 20%(集中抱怨电池)；
- 中性评价 15%(单纯描述性内容)。

② 问题排行榜：

- 第 1 名为电池续航(占比 58%负面评价)；
- 第 2 名为系统卡顿(23%)；
- 第 3 名为物流慢(12%)。

③ 型号对比：小米 13 的正面评价比 iPhone14 多 15%，但 iPhone14 的"拍照好评率"高出 30%。

第五步：采取行动

根据分析结果，老王做出以下改进：

- 在商品页面突出显示"赠送充电宝"解决电池续航问题；
- 联系厂家优化系统更新；
- 把 iPhone 的拍照样张放在更显眼的位置；
- 设置自动提醒，即收到负面评价时，客服优先联系该顾客。

3. 实际效果

三个月后，取得的实际效果为：

- 负面评价减少 40%；
- 顾客回复满意度提升 25%；
- 小米 13 销量增长 18%。

4. 其他应用场景

这个技术还能用在以下场景。

- 餐厅：分析食评，找出需要改进的菜品；
- 影视公司：预测观众对剧本的情绪反应；
- 政府：监测民众对公共政策的舆论倾向；
- 股票投资：通过新闻情绪预测股价波动。

情感分析不是完全替代人工，而是帮助我们快速发现需要重点关注的问题，就像给所有顾客评价装上了"情绪雷达"。

6.4.2　机器翻译应用实例

机器翻译就是用电脑程序，像变魔术一样，把一种语言(如中文)自动快速地变成另一种语言(如英文)。它不再是实验室里的玩具，而是已经渗透到我们生活和工作的方方面面。

(1) 电商出海——小商品征服大世界。

- 场景：浙江义乌的一个小老板，想把他的创意手机壳卖到全球。
- 痛点：产品描述、用户评价、客服沟通需要翻译成英语、法语、德语、西班牙语等几十种语言，人工翻译成本高、速度慢。
- 机器翻译出手：
  - 老板把中文版的产品描述(材质、功能、特点)上传到电商平台后台。
  - 平台内置的机器翻译引擎(如阿里云的翻译服务)几秒钟内就把描述自动翻译成多种语言。
  - 外国买家看到的商品页面就是他们熟悉的语言。
  - 买家留下的英文评价，也能被瞬间翻译成中文给老板看。

- 简单的客服问题(如"发货了吗？")，系统也能自动翻译回答。
- 效果：小老板几乎不用额外花钱请翻译，就能把货卖到全球，销量噌噌上涨！省时省钱，门槛大大降低。

(2) 科技公司——让全球团队"说同一种话"。

- 场景：一家体量接近华为、小米的跨国科技公司，研发中心设在中国，市场部设在欧美，技术支持设在印度。
- 痛点：技术文档(说明书、API 文档)、内部邮件、项目进度报告需要频繁在中英等语言间转换。人工翻译量大、易出错、效率低。
- 机器翻译出手：
    - 工程师写完中文技术文档，通过公司的翻译系统(可能集成了 Google Translate 企业版或自研引擎)，一键批量翻译成英文。
    - 翻译结果虽然不够优美，不像文学作品，但准确传达了技术细节，工程师稍作校对就能发给海外同事。
    - 美国市场部发来的英文市场报告，也能被快速译成中文供中国团队决策参考。
    - 内部协作平台的聊天消息，开启了"自动翻译"功能，不同国家的同事能大致看懂彼此在说什么。
- 效果：信息流转速度快了好几倍，全球团队协作更顺畅，产品上市时间缩短，沟通成本大幅下降。

(3) 旅行达人——走遍天下都不怕。

- 场景：小王第一次去日本自由行，不懂日语。
- 痛点：看不懂菜单、路牌、商品标签、地铁指示，问路也困难。
- 机器翻译出手，可完成以下任务。
    - 拍照翻译：小王用手机(如微信扫一扫、Google 翻译 App)对准餐馆菜单一拍，手机屏幕上立刻覆盖显示中文翻译，轻松点菜。
    - 语音翻译：在药妆店想找一款面膜，对着手机说"祛痘面膜在哪里？"手机实时播放出日语语音问店员。店员回答后，手机又把日语实时转成中文显示/播报给小王。
    - 对话翻译：和小店老板讨价还价，打开翻译 App 的对话模式，你说中文，它播日语；老板说日语，它显示中文，像个小翻译官。
- 效果：语言障碍几乎消失，旅行体验极大提升，自由行变得轻松自在，再也不用担心点错菜或坐错车。

(4) 学习充电——知识无国界。

- 场景：大学生小李想学习国际顶尖大学的公开课(如 Coursera、edX)，或者查阅国外的专业论文、技术博客。
- 痛点：课程视频是英语版本的，没有中文字幕；论文/博客是英文的，阅读速度慢，理解困难。
- 机器翻译出手，可完成以下任务。
    - 字幕实时翻译：在观看英文课程视频时，浏览器插件或学习平台本身提供实时生成的中文字幕(虽然可能不如人工字幕精准，但能帮助理解大意)。
    - 网页/文档翻译：小李在浏览器(如 Chrome)里打开一篇英文论文或博客，右击然后选择"翻译成中文"，整个页面瞬间变成中文，阅读效率倍增。遇到 PDF 文档，也可以用专门的翻译工具翻译整篇内容。

- 效果：获取知识的大门被打开了，不再受语言限制，学习成本降低，视野更开阔。

(5) 国际会议——跨越语言的桥梁。

- 场景：一个大型国际行业峰会，参会者来自几十个国家。
- 痛点：提供覆盖所有语种的人工同声传译服务过于昂贵，脱离实际。
- 机器翻译出手，可完成以下任务。
  - 演讲字幕：主讲人用英语发言，会场大屏幕或参会者手机 App 上实时显示多种语言的字幕(如中文、日语、西班牙语)。
  - 同传耳机：参会者可以选择佩戴支持机器翻译的耳机，耳机里实时播放他们所选语言的翻译语音。
- 效果：即使没有足够的人工译员，更多国家的参会者也能大致理解会议内容，促进了更广泛的国际交流与合作。

下面总结一下机器翻译实战的核心价值。

- 快如闪电：瞬间完成海量文本/语音的翻译。
- 省时省钱：大幅降低人工翻译成本和时间。
- 破除壁垒：让信息、商品、服务、知识在全球更自由地流动。
- 提升效率：加速跨国沟通、协作和学习。
- 普及便利：成为普通人日常生活中的实用工具(旅游、学习、看资讯)。

现在的机器翻译虽然厉害，但还不是完美的。它在处理非常专业、特别口语化、充满文化梗或者需要极高文学性的内容时，效果可能会打折扣，有时还需要人工润色。但这丝毫不妨碍它在上述这些"实战"场景中发挥巨大作用，实实在在地改变着人类的沟通方式。它就像一个不知疲倦、速度超快的"翻译助手"，虽然偶尔会犯点小迷糊，但绝对是现代生活和商业中不可或缺的好帮手！

课后习题

一、选择题

1. 手机输入法"猜你想输入的下一个词"用了(　　)技术。
   - A. 人脸识别
   - B. 语言模型
   - C. 图片美化
   - D. 计算器
2. 智能音箱(如小爱同学)听懂你的指令，核心靠(　　)。
   - A. 魔法
   - B. 语音识别+自然语言理解
   - C. 读心术
   - D. 联网搜索
3. 垃圾短信识别为"广告"主要靠(　　)。
   - A. 检查短信字数
   - B. 分析关键词(如"免费""促销")
   - C. 看发送时间
   - D. 随机猜测

二、判断题

1. 机器翻译(如中译英)需要让电脑先学会中文语法规则。
2. 微信语音转文字功能属于自然语言处理。
3. ChatGPT 和你聊天时，真的理解"开心"是什么意思。

三、填空题(用生活中的例子解释概念)

1. NLP 就是教电脑听懂人类的语言，还能用语言和我们_____。
2. 电脑要把一句话拆成一个个词语，就像把积木拆开，这个过程叫作_____。
3. 电脑给每个词贴标签，如"苹果"是名词，"跑"是动词，这个游戏叫作词性_____。
4. 电脑要明白"你真棒!"是在表扬人，而不仅仅是认识字，这叫作_____理解。
5. 电脑在文章里找出人名(如"小明")、地点(如"北京")、学校名(如"希望小学")，这个任务叫作_____识别。
6. 电脑看一句话，判断它是开心的(☺)、生气的(☹)还是普通的(☺)，叫作_____分析。(答案：心情/情感)
7. 让电脑自己写一句话或小故事，比如写"春日里，花园真美呀!"，叫作自然语言_____。
8. 电脑把中文变成英文(或英文变中文)，比如把"你好"翻译成"Hello"，叫作_____翻译。
9. 能和你打字聊天、回答问题的电脑程序，如"小度""Siri"，叫作聊天_____。

四、简答题

1. NLP 有什么作用？举 3 个你每天遇到的例子。
2. 为什么 Siri 有时答非所问？

五、实践操作题

场景：小明对智能音箱说：
"播放周杰伦的歌，不要慢速的，音量调大点!"
请拆解 NLP 是如何执行的。

第 7 章

计算机视觉

7.1 计算机视觉概述

在数字化浪潮席卷全球的今天，计算机视觉(Computer Vision，CV)作为人工智能的核心分支，正以前所未有的速度重塑着人类与世界的交互方式。从手机解锁时的人脸识别，到自动驾驶汽车对路况的实时判断；从医院里医学影像的智能诊断，到工厂中产品缺陷的自动检测，计算机视觉技术已悄然渗透到生产和生活的每个角落。

然而，让机器像人类一样"看懂"世界并非易事。人类视觉系统能轻松识别出阴雨天模糊画面中的物体，能理解复杂场景中物体间的关系，而计算机要实现这些能力，需要突破图像噪声、视角变化、语义歧义等重重难关。近年来，随着深度学习的爆发式发展，计算机视觉在精度和效率上取得了跨越式进步，但距离真正的"视觉智能"仍有漫长的探索之路。

本章将从计算机视觉的基本概念出发，系统解析其核心任务、技术流程、典型算法及应用场景，带读者全面走进这个奇妙的领域，了解如何让机器"看见"并"理解"世界。

7.1.1 初识计算机视觉

什么是计算机视觉？通俗地说，就是让计算机具备"看见"和"理解"的能力。比如，当你用手机扫描二维码时，手机能"看"到二维码并解析出其中的信息；当你在电商平台上传衣服的一张照片时，系统能"看"出衣服的颜色、款式并推荐相似商品——这些都是计算机视觉的应用。

(1) 那么，计算机是如何"看"世界的？

想象教一个盲人认识苹果的场景。首先，你需要描述苹果的视觉特征：圆形、红色(或绿色)、表皮光滑；然后，让他通过触摸感受形状，通过图片的灰度差异引导他"想象"颜色；最后，告诉他苹果通常出现在水果摊、餐桌等场景中。

计算机"看"世界的过程与之类似。

- 第一步是"感知"：通过摄像头等设备将图像转化为数字信号(像素值)；
- 第二步是"解析"：从数字信号中提取特征(如边缘、颜色、纹理)；
- 第三步是"理解"：结合场景知识判断物体类别和关系(如"水果篮中的红色、圆形物体，可能是苹果")。

(2) 如何让计算机"理解"图像的含义？

下面以识别一张猫的照片为例进行分析。

- 基础版的理解是"分类"：计算机通过学习猫的大量图片，记住猫的典型特征(尖耳朵、长尾巴、毛茸茸的身体)，最终判断出"这是一只猫"；
- 进阶版的理解是"分析"：不仅认出是猫，还能说出"这是一只白色的波斯猫，正趴在沙发上"；
- 高级版的理解是"推理"：比如从"猫弓起身子、毛发竖起"推断出"它可能感到害怕"。

从简单的图像分类到复杂的场景推理，计算机视觉的"理解"能力正在逐步接近人类。

(3) 计算机"看世界"面临哪些难题？

- 视角变化：同一条狗，正面照和侧面照的样子差异很大，计算机可能认不出来；
- 环境干扰：阴天拍摄的照片比晴天暗很多，光线变化会影响识别效果；

- 语义模糊："苹果"照片可能指水果，也可能指品牌，需要结合上下文判断；
- 复杂背景：在拥挤的人群中找一个人，就像在塞满杂物的抽屉里找一根针，对计算机是极大的考验。

(4) 计算机视觉的未来会怎样？

未来的计算机视觉系统将更加"聪明"：医生通过 AI 辅助诊断 CT 影像，能更早发现癌症病灶；机器人看到老人摔倒会主动上前搀扶；AR 眼镜能实时识别眼前的物体并显示相关信息(比如看到一朵花，就能说出花名和生长习性)。但同时需要警惕隐私泄露风险——无处不在的摄像头可能让个人行踪被轻易追踪。

总之，计算机视觉就是教机器用"数字眼睛"观察世界，目前已能完成许多以前只有人类才能完成的视觉任务，并且在飞速进化。或许不久的将来，计算机不仅能"看见"，还能像人类一样"联想"和"创造"。

7.1.2 计算机视觉的定位与内涵

1. 计算机视觉的地位

在人工智能的技术体系中，计算机视觉是"感知智能"的核心支柱，与自然语言处理、语音识别共同构成 AI 感知世界的三大基础能力。如果说自然语言处理让机器实现"语言交互"，语音识别让机器实现"听觉感知"，那么计算机视觉让机器实现"视觉认知"——三者协同推动人工智能从"数据处理工具"进化为"能感知、会交互的智能体"。

(1) 感知智能的"视觉中枢"

人类通过视觉获取的信息占比超过 80%，计算机视觉同样是 AI 感知环境的主要渠道。它为自动驾驶汽车提供路况判断能力，为安防系统提供异常行为识别能力，为机器人提供物体操作依据，是 AI 与物理世界交互的"核心接口"。

(2) 连接物理与数字世界的桥梁

计算机视觉通过摄像头、传感器等设备，将现实世界的光信号转化为数字图像(像素矩阵)，使机器得以"读取"物理世界的信息。例如，工厂的质检摄像头将产品表面的瑕疵转化为数字图像，供算法判断是否合格；卫星遥感图像通过计算机视觉分析，可识别农田干旱等级或城市建筑分布。

(3) 多技术融合的关键纽带

计算机视觉并非孤立存在，而是与其他技术深度协同：①与自然语言处理结合实现"图文互转"(如 AI 为图片生成文字描述、根据文字指令生成图像)；②与机器人技术结合，机械臂通过视觉定位物体位置并精准抓取，服务机器人通过视觉识别用户手势指令；③与增强现实(AR)结合，手机 AR 应用通过识别现实场景，将导航箭头、商品信息等虚拟内容叠加在画面中。

计算机视觉的发展直接推动 AI 从"处理数据"向"理解世界"跨越，是实现通用人工智能的必备基础。

2. 计算机视觉的定义与目标

计算机视觉是一门研究"如何让机器从图像或视频中提取高层语义信息"的交叉学科，融合了计算机科学、数学(如线性代数、概率论)、物理学(如光学成像原理)、神经科学(如人类视觉系统机制)等领域知识。其目标可分为三级递进的层次，从"处理图像"到"理解场景"逐步深入。

(1) 低级目标：图像预处理

优化原始图像，消除干扰信息，为后续处理奠定基础：①去噪，去除图像中的斑点、条纹(如老照片的划痕、雨天拍摄的照片的模糊噪点)；②几何校正，修正镜头畸变(如广角镜头的"鱼眼效果")、图像倾斜(如扫描文档的歪斜)；③增强，提升暗部亮度、调整对比度(如让逆光拍摄的人脸更清晰)。这一层次类似人眼通过眨动调节焦距，确保"看得清楚"。

(2) 中级目标：特征提取与物体识别

从预处理后的图像中提取关键特征，并识别物体的类别与位置：①提取特征；检测物体的边缘(如书本的轮廓)、纹理(如木质桌面的纹路)、颜色分布(如交通灯的红黄绿三色)。②识别物体。③通过特征匹配判断"这是一只猫"，并标记其在图像中的位置。这一层次类似人看到苹果时，通过形圆、色红等特征立刻认出"这是苹果"。

(3) 高级目标：场景理解与推理

深入解读图像的深层语义，包括物体间关系、场景上下文及行为预测：①理解关系；从"孩子坐在椅上吃苹果"的图像中，识别出"孩子-椅子(坐)""孩子-苹果(吃)"的关联性。②预测行为；从"汽车急刹车"视频中，预判"前方可能有障碍物"。③场景语义；在"教室"场景中，理解"黑板用于教学""桌椅供学生使用"的功能关联。

简单来说，计算机视觉的终极任务是"让机器从像素中读懂世界"——不仅能"看见"图像的物理属性(颜色、形状)，更能"理解"其背后的逻辑意义(是什么、为什么、会怎样)。

3. 计算机视觉的技术流程

计算机视觉处理视觉信息的流程，模拟了人类视觉系统"获取-处理-理解-行动"的工作逻辑，可分为五个核心步骤，各步骤环环相扣，共同构成从原始信号到智能应用的完整链路。

(1) 图像获取：光信号到数字信号的转化

通过图像传感器(如摄像头的 CMOS 或 CCD 芯片)捕捉现实世界的光信号，将其转化为计算机可处理的数字图像(像素矩阵)。具体过程为：光线经镜头聚焦后投射到传感器表面，传感器的每个感光单元根据光强生成对应的电信号，再经模数转换(A/D 转换)生成由 0 和 1 组成的数字信号。例如，一张分辨率为 1920×1080 的彩色图像，由 1920 列×1080 行的像素点构成，每个像素点通过 RGB(红、绿、蓝)三通道的数值(通常为 0~255)表示颜色信息。这一步相当于人类视觉系统中视网膜将光信号转化为神经电信号的过程，是视觉信息进入计算机的"入口"。

(2) 预处理：优化图像质量以消除干扰

对原始数字图像进行标准化处理，减少噪声和冗余信息，为后续分析奠定基础。主要操作如下。

- 噪声去除：通过高斯滤波、中值滤波等算法，消除图像中的随机噪声(如低光照环境下的"雪花点")、椒盐噪声(如老照片的斑点)；
- 几何校正：修正图像的畸变(如广角镜头导致的"鱼眼效应")、倾斜(如扫描的文档歪斜)，确保物体几何形状的准确性；
- 归一化处理：统一图像的尺寸、分辨率、亮度与对比度(如将不同尺寸的图像缩放至 224×224 像素)，降低后续算法的处理复杂度。

预处理的质量直接影响后续任务的精度，在实际工程中约占总工作量的 30%~50%，是保障系统稳定性的关键环节。

(3) 特征提取：从像素中提取关键语义信息

从预处理后的图像中提取具有区分性的特征(即图像的"语义指纹")，这些特征是计算机识别物体的核心依据。根据技术路径可分为两类。

- 传统手工设计特征：基于先验知识提取的边缘(如 Canny 算法检测的物体轮廓)、角点(如 SIFT 算法提取的图像拐角点)、纹理(如 LBP 算法描述的表面纹路)等低层次特征；
- 深度学习特征：通过卷积神经网络(CNN)等模型自动学习的高层语义特征(如"猫的耳朵""汽车的轮胎")，无需人工设计，能更精准地捕捉物体的本质属性。

优质特征需要满足"区分性"(不同物体的特征差异显著)与"稳定性"(同一物体在不同视角、光照下的特征保持一致)，是后续模型推理的基础。

(4) 模型训练与推理：实现从特征到语义的映射

利用机器学习或深度学习模型，通过数据驱动的方式建立"特征-语义"映射关系，完成对图像的理解与判断。具体包括两个阶段。

- 模型训练：使用大规模标注数据(如标注"猫""狗"的图像数据集)，通过反向传播等算法优化模型参数，使模型通过学习，了解特征与类别的对应关系(例如，将"尖耳朵+长尾巴"特征与"猫"的类别关联)；
- 模型推理：训练完成的模型对新输入的图像进行特征匹配与计算，输出语义判断结果(如"图像中存在猫，置信度 98%""目标位置为(x=100, y=200, 宽=50, 高=80)")。这一步类似于人类通过大量样本学习形成"经验"，再用"经验"判断新事物的过程，是机器从"看见"到"看懂"的核心环节。

(5) 结果应用：将语义信息转化为具体行动

根据模型输出的语义结果，驱动实际场景中的智能决策与操作，实现技术价值的落地。典型应用场景如下。

- 安防领域：人脸识别模型判定"目标为黑名单人员"后，触发门禁系统的报警机制；
- 自动驾驶领域：目标检测模型识别"前方 50 米有行人"后，向控制系统发送"减速至 30km/h"的指令；
- 医疗领域：医学影像分割模型定位"CT 图像中的肿瘤区域"后，生成可视化报告供医生参考。

应用层是计算机视觉技术与行业需求的结合点，其反馈也会反向推动前序步骤的优化(如根据实际误判案例改进特征提取算法)，形成"数据-模型-应用"的闭环迭代。

7.2 图像获取与预处理

7.2.1 图像获取

计算机视觉系统首先需要通过成像设备获取图像或视频数据。常见的成像设备(如数码相机、摄像机等)利用光学原理将场景中的光线聚焦到图像传感器上，图像传感器将光信号转换为电信号，再经过模数转换后得到数字图像。此外，在一些特殊应用场景中，会用到其他类型的成像设备，如红外摄像机、X 光机、激光雷达等，以获取不同类型的图像信息，满足特定任务的需求。

7.2.2 图像预处理

获取到的原始图像往往存在各种噪声和不理想的因素，需要进行预处理来改善图像质量。

预处理操作包括灰度化、滤波、降噪、图像增强、归一化等。

1. 灰度化

彩色图像包含丰富的色彩信息，但在一些计算机视觉任务中，如边缘检测、特征提取等，灰度图像往往更能满足需求。灰度化就是将彩色图像转换为灰度图像的过程，常见的方法有加权平均法，即根据人眼对红、绿、蓝三种颜色的敏感度不同，对彩色图像的 RGB 三个通道进行加权求和，得到灰度值。公式为：$Gray=0.299R+0.587G+0.114B$。灰度化可减少图像的数据量，提高后续处理的效率。

2. 滤波与降噪

原始图像在获取过程中易受各种噪声(如高斯噪声、椒盐噪声等)的干扰，这些噪声会影响图像的质量和后续分析的准确性。滤波操作可有效去除噪声，常见的滤波方法有均值滤波、中值滤波和高斯滤波。均值滤波通过计算图像局部区域内像素的平均值来替换当前像素值，能够平滑图像，但会使图像边缘变得模糊；中值滤波则将图像局部区域内的像素值进行排序，用中间值替换当前像素值，对椒盐噪声有很好的抑制作用，同时能较好地保留图像边缘；高斯滤波基于高斯分布对图像进行加权平均，在去除噪声的同时，对图像边缘的影响较小，常用于图像的平滑处理。

3. 图像增强

图像增强旨在突出图像中的有用信息，改善图像的视觉效果。常用的图像增强方法有直方图均衡化；它通过调整图像的直方图，使图像的灰度分布更加均匀，从而增强图像的对比度，使图像细节更加清晰。此外，有基于小波变换的图像增强方法，能在不同尺度上分析和处理图像，有效地增强图像的边缘和细节信息。

4. 归一化

归一化是将图像的像素值映射到一个特定的范围内，如[0, 1]或[-1, 1]。这有助于统一不同图像的尺度和范围，避免因像素值差异过大而对后续的图像处理算法产生影响。例如，在深度学习中，对输入图像进行归一化处理可加速模型的训练过程，提高模型的稳定性和准确性。常见的归一化方法有最小-最大归一化和 Z-score 归一化，前者通过线性变换将像素值映射到指定范围，后者则基于数据的均值和标准差对像素值进行标准化处理。

7.3 特征提取与表示

特征提取与表示是计算机视觉的核心环节，旨在从图像数据中提取出对后续任务(如目标检测、图像分类等)有价值的信息，并以适当的形式表示这些信息。下面从传统手工特征提取、基于深度学习的特征提取及特征表示方法等方面展开详细阐述。

7.3.1 传统手工特征提取

在深度学习兴起之前，传统的手工特征提取方法在计算机视觉领域占据主导地位。这些方法依赖于研究人员对图像特性的理解和经验，通过设计特定的算法来提取图像的特征。

1. 基于局部特征的方法

SIFT(尺度不变特征变换)：SIFT 特征具有尺度不变性，在计算机视觉中应用广泛。其提取过程主要包括四个步骤：①通过高斯卷积构建图像的尺度空间，以检测不同尺度下的关键点；②在关键点处确定主方向，使特征具有旋转不变性；③以关键点为中心，在主方向上构建局部区域，并计算该区域内的梯度方向直方图，形成特征描述子；④对特征描述子进行归一化处理，增强其对光照变化的鲁棒性。SIFT 特征能在复杂的场景变化中保持稳定，常用于图像匹配、目标识别等任务。

SURF(加速稳健特征)：SURF 是对 SIFT 的改进，通过采用积分图像和盒子滤波器，加快了特征提取的过程。SURF 在特征点检测和描述子生成方面与 SIFT 类似，但计算效率更高，更适合实时性要求较高的应用场景。同时，SURF 具有尺度不变性和旋转不变性，在图像拼接、目标跟踪等领域具有良好的表现。

2. 基于全局特征的方法

HOG(方向梯度直方图)：HOG 特征主要用于描述图像中局部区域的梯度分布情况，特别适用于行人检测等任务。其原理是将图像划分成若干个小单元(cell)，计算每个单元内像素的梯度方向直方图，然后将相邻单元组合成块(block)，对块内的梯度直方图进行归一化处理，最后将所有块的特征串联起来，形成图像的 HOG 特征描述子。HOG 特征能有效地捕捉物体的边缘和形状信息，对光照变化和部分遮挡具有一定的鲁棒性。

颜色直方图：颜色直方图是一种简单、有效的全局特征表示方法，它统计图像中不同颜色出现的频率。通过将图像的颜色空间划分为若干个区间(bin)，计算每个区间内像素的数量，从而得到颜色直方图。颜色直方图能反映图像的整体颜色分布信息，常用于图像检索、图像分类等任务。不同的颜色空间(如 RGB、HSV 等)适用于不同的应用场景，例如 HSV 颜色空间更符合人类对颜色的感知，在基于颜色的图像分割和目标识别中应用广泛。

7.3.2 基于深度学习的特征提取

随着深度学习的快速发展，基于卷积神经网络(CNN)的特征提取方法逐渐成为主流，它能自动从大量图像数据中学习到有效的特征表示，不需要人工设计复杂的特征提取算法。

1. 卷积神经网络(CNN)

CNN 由卷积层、池化层、全连接层等组成。卷积层是 CNN 的核心部分，通过卷积核在图像上滑动进行卷积操作，自动提取图像的局部特征。不同的卷积核可以提取不同类型的特征，如边缘、纹理等。随着网络层数的增加，卷积层能够学习到从低级到高级的层次化特征。池化层则对卷积层的输出进行下采样，减少数据量，同时保留重要的特征信息，提高模型的鲁棒性和计算效率。全连接层将池化层输出的特征向量进行整合，并通过激活函数进行非线性变换，最终输出分类结果或其他任务的预测值。

2. 预训练模型与迁移学习

在实际应用中，由于标注大量图像数据的成本较高，通常会利用在大规模数据集(如 ImageNet)上预训练好的 CNN 模型，如 VGG、ResNet、Inception 等。这些预训练模型已经学习到了丰富的图像特征表示，通过迁移学习的方法，可以将预训练模型的参数迁移到自己的任务中，然后在较小规模的数据集上进行微调，从而在减少训练时间和数据需求的同时，获得较好的性能。例如，在医学图像分类任务中，可使用在 ImageNet 上预训练的 ResNet 模型，然后针对医学图像数据集进行微调，从而有效提高分类的准确率。

7.3.3 特征表示方法

提取到的图像特征需要以合适的形式进行表示，以便进行后续处理和分析。

向量表示：将图像特征表示为向量是最常见的方法。无论是手工设计的特征，如 SIFT 特征描述子、HOG 特征向量，还是深度学习提取的特征，如 CNN 最后一层的输出特征向量，都可以看作向量表示。向量表示便于进行数学运算，如计算特征之间的相似度，在图像匹配、分类等任务中广泛应用。例如，在图像检索中，可通过计算查询图像特征向量与数据库中图像特征向量的欧氏距离或余弦相似度，找到与查询图像最相似的图像。

矩阵与张量表示：在深度学习中，图像数据和特征通常以矩阵或张量的形式表示。例如，一幅彩色图像可表示为一个三维张量，其维度分别为图像的高度、宽度和通道数(RGB 图像通道数为 3)。在卷积神经网络中，各层的输出也是张量形式，张量可更方便地进行卷积、池化等操作，并能有效地处理多维数据，适应深度学习模型对数据的处理需求。

特征提取与表示是计算机视觉实现准确分析和理解图像的关键步骤。随着技术的不断进步，从传统的手工特征到基于深度学习的自动特征提取，特征提取与表示的方法也在不断创新和完善，为计算机视觉在各个领域的广泛应用提供了坚实的技术支撑。

7.4 目标检测与识别

在当今数字化时代，计算机视觉作为人工智能领域的重要分支，正以前所未有的速度渗透到社会生产生活的各个角落。而目标检测与识别技术，作为计算机视觉的核心组成部分，更是扮演着连接虚拟数字世界与物理现实世界的关键角色。它赋予计算机"看懂"世界的能力，让机器能像人类一样，从图像或视频中精准定位并辨识各类目标物体，为众多领域的智能化升级提供了坚实的技术支撑。

7.4.1 目标检测与识别简介

1. 概念区分

目标检测与目标识别是计算机视觉中两个紧密关联又存在明确差异的任务，准确理解两者的概念是深入学习相关技术的基础。

目标检测(Object Detection)的核心任务是在给定的图像或视频帧中，不仅要确定图像中是否存在感兴趣的目标物体，更重要的是要精确地定位出这些目标物体的位置和范围。通常，目标的位置和范围通过边界框(Bounding Box)来表示，边界框由其左上角和右下角的坐标(或中心点坐标、宽、高)来定义。例如，在一张包含多辆汽车的街景图片中，目标检测需要找出每一辆汽车，并为每辆车绘制出一个能够完整包围它的矩形框。因此，目标检测的输出是"目标类别+边界框坐标"的组合，它解决了"是什么"和"在哪里"的问题。

目标识别(Object Recognition)有时也称为目标分类(Object Classification)，其主要任务是对已定位出的目标物体(或整个图像中唯一的目标)进行类别判断，确定该目标属于预先定义的类别集合中的哪一类。例如，对于通过目标检测得到的汽车边界框内的区域，目标识别需要判断这辆车是轿车、卡车还是公交车等。目标识别专注于解决"是什么"的问题，它通常假设目标的位置已通过某种方式确定，或者目标在图像中占据主要区域。

简而言之，目标检测包含了目标定位和目标识别的部分功能，而目标识别则可以看作目标检测过程中的一个关键环节，但也可以独立存在于仅需要判断目标类别的场景中。两者相互配合，共同完成从图像感知到语义理解的过程。

2. 基本流程

目标检测与识别是一个多步骤协同工作的过程，其基本流程通常包括图像预处理、目标区域提取、目标分类与定位优化等环节，各环节相扣，共同实现从原始图像到目标信息输出的转化。

图像预处理(Image Preprocessing)：原始图像往往存在噪声干扰、光照不均、分辨率不一致等问题，这些因素会影响后续处理的准确性和效率。因此，在进行目标检测与识别之前，需要对图像进行预处理。常见的预处理操作包括：图像去噪(如使用高斯滤波、中值滤波等方法去除图像中的噪声)、图像增强(如调整对比度、亮度，采用直方图均衡化等方法提升图像的视觉质量和特征辨识度)、图像尺寸归一化(将不同尺寸的图像调整到统一的尺寸，以方便后续算法进行统一处理和特征提取)、色彩空间转换(如从 RGB 色彩空间转换到 HSV 或灰度空间，减少计算量或突出特定特征)等。预处理旨在为后续步骤提供高质量的输入图像，提升算法的鲁棒性。

目标区域提取(Region of Interest Extraction)：这一步骤的任务是从预处理后的图像中筛选出可能包含目标物体的候选区域(Region of Interest，ROI)，排除大部分明显不包含目标的背景区域，以减少后续分类任务的计算量。早期的方法(如滑动窗口技术)，通过在图像上滑动不同大小和比例的窗口，并对每个窗口区域进行判断来提取候选区域，但这种方法计算量巨大。随着技术的发展，出现了选择性搜索(Selective Search)、区域生成网络(Region Proposal Network，RPN)等更高效的候选区域生成方法，能够在保证候选区域质量的前提下，显著提高生成效率。

目标分类(Object Classification)：对于提取到的候选区域，需要利用分类算法判断该区域是否包含目标，以及包含的目标属于哪一类别。传统方法中，通常先对候选区域进行特征提取，然后使用支持向量机(SVM)、决策树等分类器进行分类。而在深度学习方法中，特征提取和分类通常由深度神经网络统一完成，通过网络的前向传播，直接输出候选区域属于各类别的概率，进而确定目标类别。

定位优化(Localization Refinement)：由于候选区域生成算法得到的边界框未必完全准确，不能完美地包围目标物体，因此需要对边界框进行优化调整。这一过程通常通过边框回归(Bounding Box Regression)来实现，即根据目标的实际特征，对初始边界框的坐标进行微调，使得调整后的边界框能更精确地贴合目标物体的轮廓，提高定位的准确性。

经过上述流程的处理，最终输出图像中各个目标物体的类别及其精确的边界框位置，完成目标检测与识别的整个过程。

7.4.2   目标检测的发展脉络

目标检测技术的发展经历了一个从传统方法到深度学习方法的演进过程，其发展脉络清晰地展现了技术的不断进步和创新。20 世纪 90 年代到 21 世纪初，传统目标检测方法占据主导地位。这一时期的算法主要基于手工设计的特征和传统机器学习分类器。图 7-1 显示了目标检测算法的发展脉络。

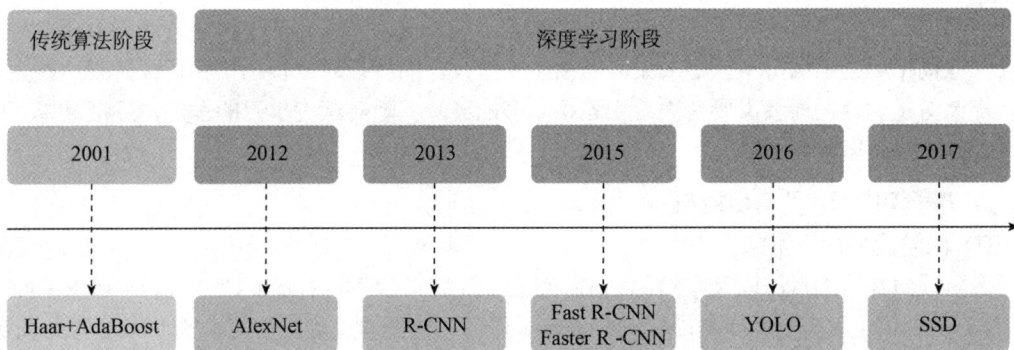

图 7-1 目标检测算法的发展脉络

2001 年提出的 Viola-Jones 算法通过 Haar 特征和 AdaBoost 分类器,实现了人脸的实时检测,在当时取得了不错的效果,为后续目标检测技术的发展提供了一定的思路。随着深度学习的兴起,2012 年 AlexNet 在 ImageNet 竞赛中大放异彩,深度学习开始逐渐应用于目标检测领域。2013 年,R-CNN(Region-based Convolutional Neural Networks)横空出世,首次将卷积神经网络(CNN)用于目标检测,通过选择性搜索生成候选区域,然后对每个候选区域进行特征提取和分类,开启了基于深度学习的目标检测新时代。2015 年,Fast R-CNN 被提出,它解决了 R-CNN 中重复计算特征的问题,通过共享卷积层特征,大大提高了检测速度。同年,Faster R-CNN 进一步改进,引入区域提议网(RPN),实现了端到端的训练,使得目标检测的速度和精度都有了显著提升。2016 年,YOLO(You Only Look Once)算法的出现带来了一阶段目标检测的突破;它将目标检测视为一个回归问题,直接在图像上预测目标的边界框和类别,检测速度极快,能满足实时检测的需求。2017 年,SSD(Single Shot MultiBox Detector)结合了 YOLO 和 Faster R-CNN 的优点,在不同尺度的特征图上进行检测,提高了对小目标的检测精度。

此后,目标检测技术持续发展,不断有新的算法涌现,如 YOLOv2、YOLOv3、RetinaNet 等,这些算法在精度和速度上不断优化,推动着目标检测技术向更高水平迈进。

7.4.3 目标检测与识别经典算法

1. 基于传统方法的目标检测

在深度学习兴起之前,基于传统方法的目标检测主要依赖于手工设计的特征和分类器。这些方法通常包括特征提取、特征选择和分类识别三个主要步骤。常见的手工特征有 Haar、HOG(Histogram of Oriented Gradients,方向梯度直方图)和 SIFT(Scale-Invariant Feature Transform,尺度不变特征变换)等。Haar 是一种简单而有效的矩形特征,通过计算图像中不同区域的灰度差异来表示图像特征,常用于基于 Adaboost 算法的目标检测,如 Viola-Jones 检测器在人脸检测中取得了良好效果。HOG 特征通过计算图像局部区域内梯度方向的直方图来描述图像特征,对物体的形状和轮廓具有较好的表达能力,在行人检测等领域得到广泛应用。SIFT 特征具有尺度不变性和旋转不变性,能在不同尺度和角度下准确提取图像特征,但计算复杂度较高。

在分类器方面,常用的有支持向量机(SVM)、Adaboost 等。SVM 是一种基于统计学习理论的分类方法,通过寻找最优超平面将不同类别的样本分开,在目标检测中能够有效利用提取的特征进行分类。Adaboost 是一种集成学习算法,通过迭代训练多个弱分类器,将它们组合成一个强分类器，在提高检测精度的同时，也能保证一定的检测速度。基于传统方法的目标检测虽然在一些简单场景下取得了一定成果，但由于手工设计的特征对复杂场景和目标的表达能力有限，需要大量调参，而且需要使用者积累相当多的经验，随着深度学习的发展，逐渐被基于深度学习的方法所取代。

2. 基于深度学习的目标检测

(1) 两阶段目标检测算法

两阶段目标检测算法以 R-CNN 系列为代表，包括 R-CNN、Fast R-CNN 和 Faster R-CNN。R-CNN 是深度学习在目标检测领域的开创性工作，它首先通过选择性搜索(Selective Search)算法在图像中生成约 2000 个候选区域，然后对每个候选区域进行特征提取(使用 CNN 网络)，接着将提取的特征输入 SVM 分类器中进行类别判断，最后通过回归器对边界框进行调整，以提高定位精度。然而，R-CNN 存在计算效率低、训练过程复杂等问题，因为每个候选区域都需要单独进行特征提取，导致大量的重复计算。

Fast R-CNN 对 R-CNN 进行了改进，它引入了感兴趣区域池化层(RoI Pooling)，能将整张图像输入 CNN 网络中进行特征提取，然后根据候选区域在特征图上提取对应的特征，避免了重复计算，大大提高了检测速度。同时，Fast R-CNN 将分类和回归任务合并到一个网络中进行训练，使用多任务损失函数进行优化，简化了训练过程。

Faster R-CNN 在 Fast R-CNN 的基础上，引入了 RPN 来替代选择性搜索算法生成候选区域。RPN 与检测网络共享卷积层特征，能在检测的同时生成高质量的候选区域，进一步提高了检测效率和精度。Faster R-CNN 在各种目标检测任务中都取得了优异成绩，成为两阶段目标检测算法的经典代表。

(2) Faster R-CNN 算法

Faster R-CNN 是由 Ross Girshick 等人于 2015 年提出的两阶段目标检测算法，作为 R-CNN 系列算法的重要演进版本，其核心突破在于引入 RPN，实现了候选区域生成与目标检测的端到端联合训练，显著提升了算法的效率与精度，成为计算机视觉领域目标检测任务的经典框架。下一节将对 Faster R-CNN 算法进行详细介绍。

7.4.4 Faster R-CNN 算法的详细介绍

1. 算法整体架构

Faster R-CNN 遵循两阶段检测范式，整体流程可分为四个关键环节，各环节紧密衔接，形成一个完整的检测过程。图 7-2 显示了 Faster R-CNN 模型结构。

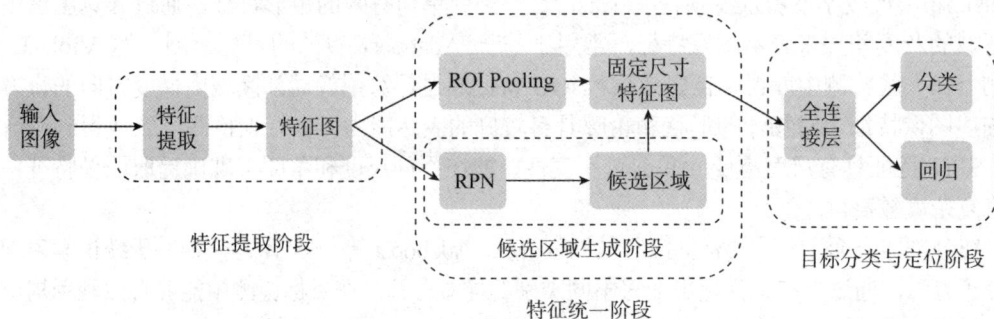

图 7-2　Faster R-CNN 模型结构

下面逐一介绍这四个关键环节。

(1) 特征提取阶段：输入图像经卷积神经网络(如 VGG、ResNet 等)提取高层语义特征，生成固定维度的特征图。该特征图将作为后续 RPN 与检测网络的共享输入，实现特征复用。

(2) 候选区域生成阶段：通过 RPN 从共享特征图中生成目标候选区域(Region Proposal)。此阶段替代了传统 R-CNN 中基于启发式的 Selective Search 方法，通过深度学习模型自主学习候选区域的生成规则。

(3) 特征统一阶段：采用 RoI Pooling 技术将不同尺寸的候选区域转换为固定尺寸的特征向量，解决了候选区域尺度不一致导致的网络输入维度不匹配问题。

(4) 目标分类与定位阶段：对固定尺寸的特征向量进行分类(判断目标类别)和边界框回归(修正候选区域坐标)，最终输出精确的目标检测结果。

2. 核心模块技术细节

1) 特征提取网络

特征提取网络的核心功能是将原始图像转换为富含语义信息的特征图。以 VGG-16 为例，网络通过 5 组卷积层与池化层的堆叠，将输入图像(如 800×600)逐步下采样为低分辨率、高维度的特征图(如 50×38×512)。特征图的每个像素点对应原始图像中的一个感受野，能够捕捉不同尺度的目标特征。随着深度学习的发展，ResNet、ResNeXt 等更深的网络逐渐替代 VGG-16，通过残差连接缓解梯度消失问题，提升特征表达能力。

2) RPN

RPN(Region Proposal Network，区域提议网)是 Faster R-CNN 的标志性创新，其设计目标是高效生成高质量的候选区域，具体工作机制如下。

(1) 锚点(Anchor)机制：在特征图的每个位置预设 9 种锚点框(3 种尺度：128×128、256×256、512×512；3 种长宽比：1:1、1:2、2:1)，覆盖不同大小和形状的目标。锚点框通过映射关系与原始图像中的区域对应，为后续候选区域生成提供初始模板。

(2) 双分支结构：双分支指分类分支和回归分支。分类分支通过 1×1 卷积输出每个锚点框为"前景"(含目标)或"背景"(不含目标)的概率，采用交叉熵损失函数训练。回归分支输出锚点框与真实目标框的偏移量(dx, dy, dw, dh)，用于修正锚点坐标，采用平滑 L1 损失函数训练。

(3) 候选区域筛选：首先根据分类分支的前景概率筛选出置信度较高的锚点框，然后通过非极大值抑制(NMS)去除重叠度(IoU)超过阈值(如 0.7)的候选区域，最终保留约 2000 个候选区域用于后续检测。

RoI Pooling 的核心作用是将任意尺寸的候选区域转换为固定尺寸(如 7×7)的特征图，具体步骤如下。

(1) 坐标映射：将原始图像中的候选区域通过下采样比例映射到特征图上，得到对应的特征子区域。

(2) 网格划分：将特征子区域划分为与输出尺寸相同的网格(如 7×7)。

(3) 池化操作：对每个网格执行最大池化，提取该区域的最强特征，最终输出固定尺寸的特征图。

该操作确保了不同尺寸的候选区域能够被统一处理，为后续全连接层提供标准化输入。

3) 分类与边界框回归

经过 RoI Pooling 处理后，固定尺寸的特征图被输入全连接层，分别通过两个分支输出结果。

(1) 分类分支：通过 softmax 函数输出候选区域属于 k 个目标类别(含背景)的概率分布，实现目标类别的判定。

(2) 边界框回归分支：输出针对每个类别的边界框偏移量，进一步精细修正候选区域的坐标，使预测框更接近真实目标框。

3. 训练策略

Faster R-CNN 采用交替训练策略，实现 RPN 与检测网络的联合优化。

(1) 初始化特征提取网络，独立训练 RPN，生成候选区域。

(2) 利用 RPN 生成的候选区域训练检测网络(分类与回归分支)。

(3) 固定检测网络参数，微调 RPN，使其适应检测网络的特征提取方式。

(4) 重复步骤(2)和步骤(3)，直至网络收敛。

通过共享特征图与交替训练，RPN 与检测网络能够协同优化，提升整体检测性能。

4. 一阶段目标检测算法

一阶段目标检测算法以 YOLO(You Only Look Once)和 SSD(Single Shot MultiBox Detector)为代表，它们的特点是直接在网络中预测目标的位置和类别，不需要生成候选区域这一中间步骤，因此检测速度更快，适合实时应用场景。

YOLO 将输入图像划分为 $S \times S$ 的网格，每个网格单元负责预测 B 个边界框及其置信度，同时预测 C 个类别概率。通过一次前向传播，YOLO 就能得到图像中所有目标的检测结果，然后通过非极大值抑制(NMS)算法去除重复的检测框，得到最终的检测结果。

YOLO 具有检测速度快、能够利用图像全局信息等优点，但也存在定位精度较低、对小物体检测效果不佳等问题。

SSD 在 YOLO 的基础上进行了改进，它在不同尺度的特征图上进行目标检测，通过设置不同尺度和 aspect ratio 的默认框，能更好地检测不同大小的目标。SSD 在保证一定检测速度的同时，提高了检测精度，尤其在小物体检测方面表现优于 YOLO。

5. YOLO 算法详细介绍

YOLO(You Only Look Once)是一阶段目标检测算法的典型代表，由 Redmon 等人于 2016 年首次提出。与两阶段算法(如 Faster R-CNN)的"候选区域生成-精细检测"流程不同，YOLO 的核心创新在于将目标检测任务转化为端到端的回归问题：通过单次神经网络前向传播，直接输出图像中所有目标的边界框坐标与类别概率。这种设计大幅简化了检测流程，显著提升了推理速度，为实时目标检测(如帧率要求≥30FPS 的场景)提供了可行方案。

1) 基本原理与工作流程

YOLO 的工作逻辑可简化为"图像网格划分-目标预测-结果筛选"三个步骤，具体如下。

(1) 图像网格划分：将输入图像(预处理为固定尺寸，如 448×448)均匀划分为 $S \times S$ 的网格(以 YOLOv1 为例，$S=7$)。若某目标的真实边界框中心点落在某网格内，则该网格负责预测该目标。

(2) 目标预测规则：每个网格需要输出两类信息。

- 边界框与置信度：预测 B 个边界框(在 YOLOv1 中 $B=2$)，每个边界框包含 5 个参数：$(x,y,w,h,\text{confidence})$。其中，$(x,y)$ 为中心点相对于网格的偏移量(归一化至[0,1])，(w,h) 为宽高相对于整幅图像的比例(归一化至[0,1])，confidence 反映框内存在目标的概率与定位精度($\text{confidence}=P_{obj} \times \text{IoU}$)。

- 类别概率：预测 C 个类别概率(如 VOC 数据集 $C=20$)，表示网格内目标属于各类别的条件概率 $P(class_i|obj)$。

(3) 结果筛选：对所有预测框计算"类别置信度"(类别概率×边界框置信度)，通过非极大值抑制(NMS)去除重叠度高的低置信度框，最终保留置信度高于阈值(如0.5)的结果。

2) 发展历程与典型版本创新

YOLO 系列历经多代改进，核心目标是在"精度-速度"权衡中持续突破，以下为关键版本的核心创新，具体如表 7-1 所示。

表 7-1 YOLO 系列发展历程

版本	发布时间	核心改进	性能提升
YOLOv1	2016	首次提出"单阶段检测"思想，采用 GoogLeNet 简化版作为骨干网络，直接预测边界框和类别	速度达 45FPS，精度略低于两阶段算法，但远超同期单阶段算法(如 SSD 早期版本)
YOLOv2 /YOLO9000	2016	引入批量归一化(BN)、高分辨率预训练、锚框(Anchor Box)机制，支持多尺度训练，可检测 9000+ 类目标	速度提升至 67FPS，mAP 较 v1 提升 10%
YOLOv3	2018	采用 Darknet-53 骨干网络(残差连接)，引入多尺度检测(3 个输出层)，类别预测改用多标签分类(sigmoid 函数)	精度大幅提升，在 COCO 数据集上 mAP 达 57.9%，速度保持 32 FPS
YOLOv4	2020	引入 Mosaic 数据增强、CIoU 损失、PANet 颈部结构、CSPDarknet53 骨干，优化锚框匹配策略	兼顾精度与速度，COCO mAP 达 65.7%，GPU 速度达 65FPS
YOLOv5	2020	提出 CSP 结构改进、自适应锚框计算、Focus 层，支持多尺度模型(N/S/M/L/X)，工程化部署友好	灵活性强，小模型(YOLOv5s)速度达 140FPS，大模型(YOLOv5x)的 mAP 达 72.9%
YOLOv7	2022	引入 ELAN 网络结构、模型缩放策略、复合损失函数，优化训练过程(如 E-ELAN)	COCO mAP 达 56.8%(快速版)至 78.1%(高精度版)，速度与精度均领先同期模型
YOLOv11	2024	采用 C3k2 骨干、改进 PAN 颈部，引入动态任务分配机制，支持更高效的多尺度特征融合	小模型 (v11-nano)COCO mAP 达 52.2%，速度超 300 FPS
YOLOv13	2025	核心创新包括超图自适应计算引擎(HyperACE)、全路径特征聚合分发器(FullPAD)、轻量化 DS-C3k2 模块,支持 N/S/L/X 多规模模型	较 v11 提升 3.0% mAP，保持实时性，是最新的算法

3) YOLOv13 典型架构(以最新版本为例)

YOLOv13 在继承 YOLO 系列经典的"骨干网络-颈部网络-检测头"框架基础上，引入多项突破性创新，整体架构可分为四个核心部分，具体如图 7-3 所示，各部分协同工作，实现高效、高精度的目标检测。

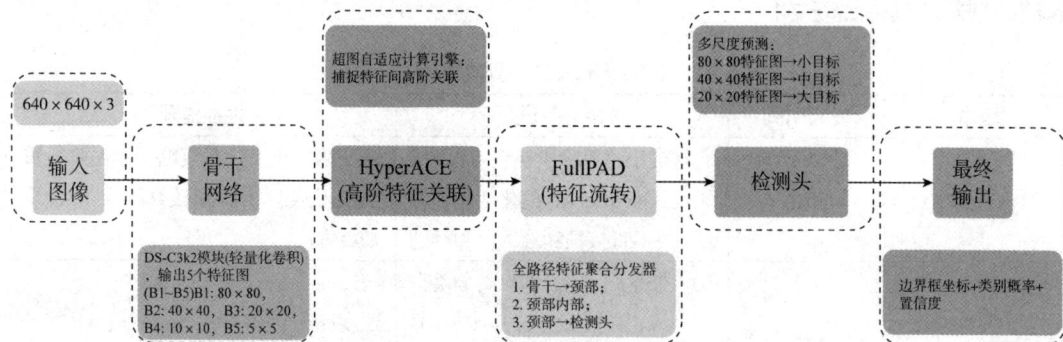

图 7-3　YOLOv13 模型结构图

(1) 骨干网络(Backbone)。

骨干网络是特征提取的核心模块，负责将输入图像转化为富含语义信息的多尺度特征图。

核心模块设计：采用轻量化的 DS-C3k2 模块替代传统大核卷积。该模块基于深度可分离卷积构建，先通过逐通道卷积提取空间特征，再通过 1×1 卷积融合通道信息。这种设计在基本不损失特征表达能力的前提下，显著降低了模型的参数量和计算复杂度，为实时检测提供了基础。

多尺度特征输出：通过多次下采样操作，骨干网络最终输出 5 个不同分辨率的特征图，记为(B1~B5)。其中，B1 为高分辨率特征图(如 80×80)，保留丰富的细节信息，适合小目标检测；B5 为低分辨率特征图(如 5×5)，蕴含更强的语义信息，适合大目标检测。这些多尺度特征图为后续的多尺度检测任务提供了关键输入。

(2) 超图自适应计算引擎(HyperACE)。

HyperACE 是 YOLOv13 的核心创新模块，旨在突破传统卷积操作的局部性限制，捕捉特征间的高阶关联，增强特征表达能力。

核心作用：替代传统特征融合中简单的卷积或注意力机制，通过超图理论建模特征间的复杂关系(如"行人-自行车-道路"的场景关联)，实现更有效的特征聚合与增强。

工作原理如下。

超边生成——通过可学习的神经网络模块，根据输入的多尺度特征自适应构建超边。每个超边可连接多个特征点(对应图像中的不同区域或语义单元)，从而建模多特征点间的关联关系。

超图卷积——基于生成的超边结构执行超图卷积操作，将每个超边所连接的特征点信息进行聚合，得到高阶关联特征；随后将这些高阶特征反向传播至各个特征点，更新特征表示，使每个特征点都融入其关联区域的上下文信息。

(3) 全路径特征聚合分发器(FullPAD)。

FullPAD 模块负责实现全网络范围内特征的高效流转与协同，打破了传统 YOLO 架构中"骨干网络→颈部网络→检测头"的单向信息流限制。

核心功能：通过多路径特征分发，确保 HyperACE 增强后的特征能够在网络各层级间充分交互，提升信息利用率和梯度传播效率。

工作流程:

特征聚合——首先汇集骨干网络输出的 B1-B5 多尺度特征,送入 HyperACE 模块进行高阶关联增强。

多路径分发——增强后的特征通过三条独立隧道分发至网络关键位置。

- 骨干→颈部"连接层将增强特征传递至颈部网络的初始层,优化颈部网络的输入质量;
- 颈部内部各层在颈部网络的不同层级间建立特征交互通道,实现层级间的信息互补;
- "颈部→检测头"衔接层将特征精准传递至检测头的对应尺度,确保检测头能利用最相关的特征进行预测。

(4) 检测头(Head)。

检测头是目标预测的最终执行模块,基于前序模块处理后的特征图,输出目标的类别和位置信息。

多尺度预测机制:在 3 个不同分辨率的特征图上分别进行预测,对应不同尺寸的目标:高分辨率特征图(如 80×80)负责小目标检测,中分辨率特征图(如 40×40)负责中目标检测,低分辨率特征图(如 20×20)负责大目标检测。这种设计通过匹配特征图分辨率与目标尺寸,提升了对多尺度目标的检测精度。

输出格式:每个预测框包含两组关键信息。

- 位置与置信度——边界框坐标为(x, y, w, h),其中(x, y)为框中心点坐标,(w, h)为框的宽高(均相对于输入图像归一化);置信度(confidence)表示框内存在目标的概率,同时反映预测框与真实框的匹配程度。
- 类别概率——通过 sigmoid 函数输出每个目标类别的概率(支持多标签分类),表示预测框属于该类别的可能性。

损失函数优化:采用多任务损失函数联合优化预测结果。

- 边界框回归损失——使用 CIoU(Complete Intersection over Union)损失,综合考虑预测框与真实框的重叠度、中心点距离和宽高比,提升定位精度;
- 分类损失——采用交叉熵损失,优化类别概率的预测准确性;
- 置信度损失——通过加权交叉熵损失区分前景(含目标)与背景(不含目标),缓解类别不平衡问题。

7.4.5 目标检测与识别前沿技术

1. 基于 Transformer 的目标检测

近年来,Transformer 架构在自然语言处理领域取得了巨大成功,并逐渐被引入计算机视觉领域,为目标检测与识别带来了新的思路和方法。DETR(Detection Transformer)就属于基于 Transformer 的目标检测算法,它摒弃了传统目标检测算法中的锚框(anchor)机制和 NMS 后处理步骤,通过将目标检测视为集合预测问题,直接输出目标的检测结果。DETR 使用编码器-解码器结构,编码器对输入图像的特征进行编码,解码器通过多头注意力(Multi-Head Attention)机制捕捉不同位置特征之间的关系,从而实现对目标的准确检测。

后续的一些改进算法,如 Deformable DETR,引入了可变形卷积(Deformable Convolution)

和多尺度特征融合，进一步提高了模型对复杂场景和不同大小目标的检测能力。基于
Transformer 的目标检测算法为目标检测任务提供了全新视角，虽然目前在检测速度上还存在一
定劣势，但随着技术的不断发展和优化，有望在未来成为目标检测领域的主流方法之一。

2. 样本目标检测

传统的目标检测算法通常需要大量的标注数据进行训练，但在实际应用中，很多场景下难
以获取足够的标注样本，如罕见疾病的医学图像检测、新型物体的检测等。小样本目标检测旨
在解决在少量标注样本情况下的目标检测问题。常用的方法包括基于元学习(Meta-Learning)的
方法和基于迁移学习的方法。

基于元学习的方法通过学习多个不同的小样本任务，提取通用的元知识，使模型能在新的
小样本任务中快速适应。例如，MAML(Model-Agnostic Meta-Learning)算法通过在多个小样本
任务上进行元训练，更新模型的初始参数，使得模型在新的小样本任务上只需要少量训练就能
取得较好的性能。基于迁移学习的方法则利用在大规模数据集上预训练的模型，将其知识迁移
到小样本数据集上进行微调，以提高模型在小样本场景下的检测能力。

3. 实例分割

实例分割是目标检测与识别的一个重要扩展任务，它不仅需要检测出图像中的目标，还要
对每个目标进行像素级别的分割，区分不同的实例。Mask R-CNN 是实例分割领域的经典算法，
它在 Faster R-CNN 的基础上，增加了一个用于预测目标掩码(mask)的分支。通过 RoI Align 层
对 RoI Pooling 层进行改进，能更准确地提取目标特征，从而更精确地分割实例。除了 Mask
R-CNN，还有一些基于全景分割(Panoptic Segmentation)的方法，将实例分割和语义分割相结合，
能对图像中的所有物体和背景进行统一的分割和理解。

7.5 图像生成技术

图像生成技术是计算机视觉领域中的一个重要研究方向，旨在通过算法和模型自动生成具
有一定语义和视觉质量的图像。生成对抗网络(GAN)和扩散模型(Diffusion Model)是当前图像生
成领域中两种非常有代表性且影响力较大的技术，下面对它们进行详细介绍。

7.5.1 图像生成技术基本介绍

图像生成技术是一种借助计算机算法和模型，从各类输入信息中创作出全新图像的前沿技
术。其核心机制在于通过对海量图像数据的学习，挖掘其中潜藏的模式、特征与分布规律，进
而依据给定条件，如文本指令、已有图像特征、随机噪声向量等，生成符合特定要求的图像。
该技术融合了计算机视觉、机器学习、深度学习等多学科知识，是人工智能领域中极具活力与
发展前景的研究方向。

从应用范围看，图像生成技术已深度融入诸多领域。在艺术创作领域，该技术为艺术家提
供了全新的创作工具与灵感来源，能将抽象的艺术构想快速转化为具象的视觉图像；在设计行
业，无论是产品外观设计、室内装修设计，还是平面广告设计，该技术都能加快设计流程，助
力设计师快速迭代设计方案，呈现出多样化的设计效果；在娱乐产业，电影、游戏中的奇幻场
景构建、角色形象塑造，以及虚拟现实(VR)、增强现实(AR)环境的搭建，均离不开图像生成技

术的支持；在医学领域，通过生成合成医学影像数据，可用于医学模型训练，缓解真实数据稀缺的问题，同时能对医学影像进行增强与修复，提升诊断的准确性。

7.5.2 图像生成技术发展脉络

图像生成技术的发展脉络如下。

1) 早期探索阶段(20世纪末)

此阶段受限于技术条件，图像生成主要依赖传统的计算机图形学方法，通过手工编写规则和数学模型生成简单图像。例如，利用分形几何算法生成自然景观中的山脉、海岸线等，通过过程式方法生成纹理图案。生成的图像复杂度低，不够逼真、灵活和智能。

2) 机器学习初步应用阶段(21世纪第一个10年)

随着机器学习算法的发展，一些基于统计学习和优化的方法开始用于图像生成。如基于示例的纹理合成，通过学习样本纹理的统计特性来生成新的纹理；基于马尔可夫随机场的图像生成，利用概率模型描述图像像素间的依赖关系。但这些方法仍难以生成复杂的自然图像，且对数据的依赖性较强。

3) 深度学习崛起阶段(2010年—2020年)

深度学习技术的出现为图像生成带来了革命性突破。2014年生成对抗网络(GAN)的提出，开创了基于对抗学习的图像生成新范式，能够生成高质量、逼真的图像。此后，变分自编码器(VAE)、自回归模型(如PixelCNN)等相继出现，丰富了图像生成的方法体系。此阶段生成的图像质量大幅提升，应用场景不断拓展。

4) 快速发展与普及阶段(2020年至今)

扩散模型的兴起推动图像生成技术进入新的发展阶段。2020年DDPM模型的提出奠定了扩散模型的基础，随后Stable Diffusion等模型通过优化计算效率和引入文本引导，使图像生成技术更加易用和普及。同时，多模态图像生成能力显著增强，模型的可控性和生成质量持续提升，在艺术创作、设计、娱乐等领域得到广泛应用。经过不同阶段的发展演变，图像生成技术积累了丰富的理论与实践成果，形成一系列经典算法。这些算法各具特色，从不同角度推动着图像生成技术的发展与应用，成为理解和掌握图像生成技术的核心内容。

7.5.3 图像生成经典算法

1. 传统图像生成算法

下面列出一些传统的图像生成算法。

(1) 分形算法：分形算法的核心原理是利用自相似性，通过递归方式生成复杂图形。自然界中的诸多事物，如海岸线、山脉、云层等自然景观，均具备自相似特性；分形算法正是对这一特性的模拟。在实际应用中，游戏与影视制作行业借助分形算法快速生成自然场景背景，为虚拟世界增添真实感；地理信息系统领域运用该算法实现地形可视化，助力人们更好地认识地理环境。

(2) 过程式纹理合成：此算法基于数学函数或过程来描述纹理生成规则，通过调整参数生成多样化的纹理，不必依赖大量样本图像，具有较高的灵活性。在建筑设计中，可用于生成墙面、地面等的纹理；在3D模型制作中，能为模型创建丰富的材质纹理，显著提升模型的真实感。

(3) 图像修补：图像修补技术依据周围像素的信息，通过优化目标函数(如最小化修补区域与周围区域的差异)来填充图像的缺失部分。其核心目标是使修补后的区域与周围环境自然融合，维持图像的完整性和连贯性。该技术常用于老照片修复，去除图像中的水印、瑕疵等，恢复图像的原貌。

(4) 早期风格迁移(非深度学习)： 早期的风格迁移方法通过手工设计图像内容与风格的特征提取方式，利用优化算法将一幅图像的风格迁移至另一幅图像上。不过，这种方法需要人工对特征进行设计和选择，存在一定的局限性。在艺术创作领域，可用于模仿特定的艺术风格，为图像增添独特的艺术气息；在图像创意编辑方面，能够实现不同风格的转换，丰富图像的表现形式。

2. 深度学习驱动的图像生成算法

在人工智能的发展浪潮中，深度学习驱动的图像生成技术凭借强大的学习与创造能力，不断突破视觉表达的边界，堪称技艺精湛的"数字画师"。从栩栩如生的虚拟人物到奇幻瑰丽的想象场景，该技术正以惊人的实力重塑艺术创作、设计研发、娱乐体验等诸多领域。其中，生成对抗网络(GAN)与扩散模型作为该领域的核心技术，引领着图像生成技术的发展潮流。

1) 生成对抗网络

(1) 基本原理。

生成对抗网络(GAN)由生成器(Generator)和判别器(Discriminator)两个主要部分组成，它们通过对抗博弈的方式进行训练。生成器的目标是生成能够以假乱真的图像；判别器的目标则是准确判断输入图像是真实的还是由生成器生成的虚假图像。在训练过程中，生成器和判别器不断进行对抗，各自优化参数，直至达到平衡状态，此时生成器生成的图像能够欺骗判别器，使其难以分辨真假。

(2) 网络结构。

生成器通常是一个从随机噪声向量到图像空间的映射函数，由多个卷积层、反卷积层(或转置卷积层)、批归一化层和激活函数等组成。其结构设计旨在将随机噪声逐步变换为具有特定语义和视觉特征的图像。例如，常见的生成器结构会先将输入的低维噪声向量通过全连接层映射到一个较高维的特征空间，然后通过一系列反卷积层逐步上采样，增加图像的分辨率，同时在每一层中学习不同尺度的图像特征。

判别器一般是一个类似于卷积神经网络(CNN)的结构，用于对输入图像进行分类，判断是真实图像还是生成图像。它由多个卷积层、池化层、全连接层等组成，通过提取图像的特征并进行分类决策。判别器的结构设计重点在于能有效提取图像的判别性特征，以便准确区分真实图像和生成图像之间的差异。

(3) 训练过程。

首先，从真实图像数据集中随机采样一批真实图像，同时从噪声分布中随机生成一批噪声向量，将这些噪声向量输入生成器中，生成一批虚假图像。然后，将真实图像和生成的虚假图像分别输入判别器中，判别器对它们进行分类，计算出真实图像被正确分类为"真实"的概率和虚假图像被正确分类为"虚假"的概率，并根据这些概率计算出判别器的损失函数。对于生成器，其损失函数通常基于判别器对生成图像的分类结果来定义，目的是最小化判别器正确识别生成图像为虚假的概率，即最大化生成图像被判别器误判为真实的概率。通过反向传播算法，分别更新判别器和生成器的参数，使得判别器能更好地辨别真假图像，生成器能生成更逼真的图像。这个过程不断迭代，直到达到预设的训练停止条件，如达到一定的迭代次数或生成图像的质量达到一定的评估指标。

(4) 应用领域。

图像生成与合成：可生成各类图像，如人脸、风景、动物等，也可用于图像合成任务，将不同的图像元素组合成新的具有合理语义的图像。

图像编辑与修复：通过学习图像的潜在空间，可对图像进行各种编辑操作，如改变图像的风格、颜色、姿态等，还能用于修复图像中的缺失部分或噪声。

数据增强：在机器学习和计算机视觉任务中，用于生成额外的训练数据，扩充数据集，提高模型的泛化能力和鲁棒性。

2) 扩散模型

(1) 基本原理。

扩散模型(Diffusion Model)基于一个正向扩散过程和一个反向去噪过程。正向扩散过程是通过逐渐向真实图像中添加高斯噪声，将图像逐步转化为纯噪声的过程，这个过程是一个马尔可夫链，每个时间步的图像只依赖于前一个时间步的图像和添加的噪声。反向去噪过程则从纯噪声开始，通过学习一个去噪模型，逐步去除噪声，恢复出原始的真实图像。模型的训练目标是学习如何在反向过程中准确地估计每个时间步的噪声，以便能从噪声中重建出清晰的图像。

(2) 网络结构。

扩散模型的核心是去噪模型，通常采用 U-Net 等神经网络结构。U-Net 具有编码器-解码器结构，编码器部分通过多个卷积层和池化层逐步降低图像的分辨率，提取图像的特征；解码器部分则通过反卷积层和上采样操作逐步恢复图像的分辨率，同时在不同尺度上融合编码器提取的特征，以实现对图像的精确重建。在 U-Net 的基础上，还可能引入注意力机制等模块，以更好地处理图像中的长程依赖关系和重要特征。

(3) 训练过程。

在训练时，从真实图像数据集中采样图像，然后按照正向扩散过程的规则，在不同的时间步向图像中添加噪声，得到一系列带有不同程度噪声的图像。将这些噪声图像输入去噪模型中，模型的目标是预测每个时间步添加的噪声，通过计算预测噪声与真实添加噪声之间的损失(如均方误差损失)，使用反向传播算法来更新去噪模型的参数。通过大量的图像数据和多次迭代训练，使去噪模型学习到从噪声图像到真实图像的映射关系，从而具备从噪声中恢复图像的能力。

(4) 应用领域。

高质量图像生成：能够生成具有高分辨率、丰富细节和真实感强的图像，在生成自然图像、艺术作品等方面表现出色。

图像翻译与转换：可以实现不同风格、不同模态之间的图像转换，如将素描图像转换为彩色图像、将白天的图像转换为夜晚的图像等。

医学图像分析与处理：在医学图像领域有广泛应用，如医学图像的重建、增强、去噪等，有助于提高医学图像的质量和诊断准确性。

7.5.4　GAN 和扩散模型的比较

1. 生成图像质量

GAN 在生成一些具有明显结构和模式的图像时，能快速生成具有较高视觉冲击力的图像，但可能出现模式崩溃问题，即生成器只能生成有限种类的图像，缺乏多样性。扩散模型通常能生成更具多样性和细节更丰富的图像，在生成高质量、逼真的图像方面表现出色，对于复杂的自然图像尤其如此。

2. 训练稳定性

GAN 的训练相对不稳定，容易出现梯度消失、模式崩溃等问题，训练过程需要精心调整超参数和优化策略。扩散模型的训练较为稳定，其基于马尔可夫链的正向和反向过程使得训练过程更具可解释性和可控性。

3. 计算资源和时间成本

GAN 在生成图像时通常具有较高的速度，能快速生成图像样本，但在训练大型模型时可能需要大量的计算资源。扩散模型由于其复杂的反向去噪过程，生成图像的速度较慢，训练和推理过程通常需要较长的时间和大量的计算资源，在生成高分辨率图像时尤其如此。

4. 对数据的要求

GAN 对数据的分布较为敏感，需要大量的训练数据来学习真实数据的分布，否则容易出现过拟合或生成效果不佳的情况。扩散模型能更好地处理数据中的噪声和不确定性，对数据的质量和数量要求较低，但在处理大规模、复杂数据集时，仍然需要足够的数据来学习丰富的图像特征。

5. 发展趋势与挑战

1) 发展趋势

模型融合与改进：将 GAN、扩散模型与其他机器学习和计算机视觉技术相结合，开发出更强大的图像生成模型。例如，将注意力机制、变分自编码器等融入模型结构中，以提高模型提取和生成图像特征的能力。

多模态图像生成：不仅局限于生成单一模态的图像，而是朝着能够生成多模态数据(如同时生成图像和对应的文本描述)或实现不同模态之间的相互转换和融合的方向发展。

高效模型与硬件优化：研究如何提高模型的效率，减少计算资源的消耗和训练时间，同时开发适用于特定硬件平台(如 GPU、TPU 等)的优化算法和架构，以促进图像生成技术的更广泛应用。

2) 挑战

语义理解与可控性：虽然图像生成技术在生成逼真图像方面取得了很大进展，但对于图像的语义理解和精确控制仍然存在挑战。例如，如何准确地根据用户的语义描述生成特定内容和风格的图像，以及如何在生成过程中实现对图像各个元素的精细控制。

伦理和安全问题：随着图像生成技术的不断发展，可能出现一些伦理和安全方面的问题，如生成虚假的新闻图片、用于恶意欺骗和伪造等。因此，需要研究相应的技术手段和法律法规来规范和管理图像生成技术的应用。

评估指标的完善：目前用于评估图像生成质量的指标(如峰值信噪比、结构相似性等)并不能完全准确地反映人类对图像质量的感知和语义理解。因此，需要开发更符合人类视觉感知和语义理解的评估指标，以更好地指导模型的训练和优化。

7.6　实战案例：人脸识别与视频分析

1. 案例背景

某大型商场为了提升安全管理水平和顾客服务体验，决定引入人脸识别与视频分析技术。通过在商场的各个入口、主要通道和关键区域安装摄像头，利用人脸识别技术实现人员身份的快速识别和追踪，同时通过视频分析技术对商场内的人流、顾客行为等进行分析，为商场的运营管理提供数据支持。

2. 系统架构

数据采集层：在商场内安装多个高清摄像头，分布在各个关键位置，以确保能够采集到清晰的人脸图像和视频数据。这些摄像头具备不同的视角和分辨率，能够覆盖商场的各个区域。

数据预处理层：对采集到的视频数据进行预处理，包括图像裁剪、灰度化、降噪等操作，以提高图像质量，减少后续处理的计算量。同时，对人脸图像进行特征提取，将其转化为计算机能够处理的特征向量。

人脸识别与分析层：使用深度学习算法，如卷积神经网络(CNN)，对预处理后的人脸图像进行识别和分类。通过与预先建立的人脸数据库进行对比，识别出顾客和工作人员的身份。同时，利用视频分析技术对商场内的人流密度、顾客行走轨迹、停留时间等信息进行分析。

应用层：将人脸识别和视频分析的结果应用于实际场景中。例如，在商场入口处，通过人脸识别技术实现快速考勤和会员识别，为会员提供个性化服务。在商场内，通过视频分析技术实时监测人流情况，合理调整店铺布局和人员安排，提高商场的运营效率。同时，将异常行为检测结果及时反馈给安保人员，提高商场的安全性。

3. 人脸识别技术实现

数据收集与标注：首先收集大量的人脸图像数据作为训练集。这些数据来源广泛，包括商场内部工作人员的照片、以往活动中顾客的照片及公开数据集等。然后对这些图像进行标注，标记出每个人脸的位置、姿态、表情等信息，以便模型学习。

模型选择与训练：选择适合人脸识别的深度学习模型，如 ResNet、FaceNet 等。这些模型具有强大的特征提取能力，能准确提取人脸的特征。使用标注好的数据集对模型进行训练，通过调整模型的参数，使其能准确识别不同的人脸。在训练过程中，采用了一些优化算法，如随机梯度下降(SGD)、Adagrad 等，以加快模型的收敛速度。

模型评估与优化：使用测试集对训练好的模型进行评估，计算模型的准确率、召回率等指标。如果模型的性能不满足要求，则对模型进行优化，例如调整模型的结构、增加训练数据、调整训练参数等。经过多次评估和优化，最终得到一个性能良好的人脸识别模型。

4. 视频分析技术实现

目标检测：使用目标检测算法，如 YOLO、Faster R-CNN 等，对视频中的人体进行检测和定位。这些算法能在复杂的场景中快速、准确地检测出人体的位置和姿态，为后续的行为分析提供基础。

行为识别：基于检测到的人体目标，使用行为识别算法对顾客的行为进行分析。例如，通过分析人体的动作、姿态、轨迹等信息，判断顾客是在行走、停留、购物还是在执行其他活动。行为识别算法通常采用深度学习模型，如循环神经网络(RNN)、长短时记忆(LSTM)网络等，能有效地处理时间序列数据，从而准确识别出不同的行为模式。

人流分析：通过对视频中人体目标的检测和跟踪，统计商场内的人流密度、人流方向等信息。利用这些信息，可绘制出商场内的人流热力图，直观展示人流的分布情况。同时，根据人流量的变化趋势，预测不同时间段的人流高峰和低谷，为商场的运营管理提供决策依据。

5. 实验结果与分析

人脸识别准确率：在实际测试中，人脸识别系统的准确率达到 99%以上。对于商场内部工作人员和经常光顾的会员，能快速准确地识别出身份，识别时间通常在 1 秒以内。即使有些会员佩戴眼镜、戴着帽子，产生了遮挡，系统也能通过多角度的摄像头和先进的算法准确识别人脸。

视频分析效果：视频分析系统能准确检测出商场内的人体目标，并对其行为进行有效的识别和分析。人流分析结果与实际情况基本相符，能为商场的运营管理提供有价值的数据支持。例如，通过人流热力图，商场管理人员可直观了解到哪些区域人流密集，哪些区域人流稀少，从而合理调整店铺布局和促销活动的位置。

系统性能与稳定性：整个系统在长时间运行过程中表现出了良好的性能和稳定性。系统能实时处理多个摄像头采集到的视频数据，不会出现卡顿或延迟现象。同时，系统具备较强的抗干扰能力，能在不同的光照条件、天气条件和复杂背景下正常工作。

6. 总结与展望

通过在大型商场应用人脸识别与视频分析技术，实现了对商场内人员的有效管理和对商场运营情况的实时监控。不仅提高了商场的安全性和服务质量，还为商场的运营管理提供了有力的数据支持，帮助商场管理人员做出更加科学、合理的决策。未来，可进一步优化系统的性能和功能，提高人脸识别和视频分析的准确率和效率。例如，引入更先进的深度学习算法和模型，结合多模态数据(如音频、红外图像等)进行分析，以提高系统在复杂环境下的鲁棒性。同时，可将系统与商场的其他信息系统进行深度融合，实现更加智能化的管理和服务。

课后习题

一、选择题

1. 以下属于计算机视觉核心任务的是(　　)。
   A. 语音识别　　　　B. 图像分割　　　　C. 自然语言生成　　D. 数据可视化
2. HOG 特征主要用于描述图像的(　　)信息。
   A. 颜色分布　　　　B. 梯度方向直方图　　C. 尺度不变特征　　D. 噪声分布
3. (　　)算法属于一阶段目标检测。
   A. Faster R-CNN　　B. YOLO　　　　　　C. R-CNN　　　　　D. DETR

二、填空题

1. 图像预处理中的灰度化公式为Gray=0.299R+0.587G+_____。
2. 生成对抗网络(GAN)由_____和_____组成，通过对抗训练生成图像。
3. 目标检测算法 YOLO 将图像划分为 $S×S$ 的网格，每个网格负责预测边界框及其_____。

三、简答题

1. 简述图像预处理中滤波与降噪的常用方法及其特点。
2. 对比传统手工特征与深度学习特征的优缺点。
3. 简述扩散模型的基本原理及其与 GAN 的生成差异。

第 8 章

人工智能行业应用案例

◗ **课程目标**

知识目标：了解人工智能在医疗、金融、自动驾驶等领域的主要应用场景。

能力目标：了解智能超声、大模型赋能问诊过程、数字职员、自动驾驶等人工智能典型应用场景的技术原理。

素养目标：建立人工智能伦理意识，辩证地看待人工智能在各行业中的应用。

◗ **重 难 点**

将案例与先前所学的人工智能技术相结合。

8.1 精确诊断——人工智能与医疗健康

在科技浪潮的席卷下，数智化医学创新已成为推动医疗行业发展的关键力量，而人工智能作为数智化医学的核心驱动力，为医疗领域带来革新。我们将通过以下几个案例，共同探究医疗人工智能如何在不同的领域中发挥出关键作用。

8.1.1 智能超声孕检系统

超声医学是评估胎儿发育、监测母婴健康的核心手段，但检查准确性受医生操作和设备差异影响。深圳市罗湖区人民医院借助 AI 技术，研发智能超声解决方案(见图 8-1)，使检查时间缩短 2/3，显著提升孕检效率与孕产妇就医体验。

执行院长熊奕在健康界直播中，分享了智能超声在妇产检查中的五大创新应用。在智能测量方面，AI 系统能自动识别目标结构，完成大小、面积和体积测量，无论是静态还是动态图像，都能精准处理。比如在测量卵巢及卵泡方面，系统可自动标注并排序，还能对胎儿相关部位参数一键生成数据并给出诊断提示，极大地简化了测量流程。

智能扫查包括二维和三维自动扫查，可降低操作者技术差异的影响，节省人力成本。远程超声机器人已应用于多地，完成超 2.4 万例检查，帮助缓解民营机构医生短缺问题，但目前与 AI 融合不足，需要继续进行探索。

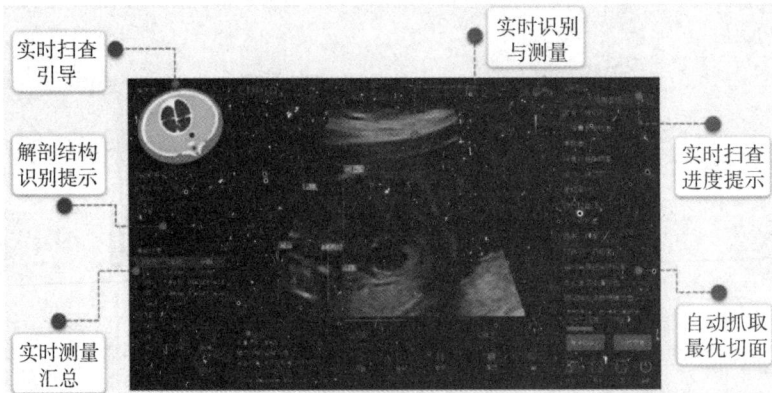

图 8-1 智能超声孕检系统

智能质控借助 AI 实现事后与事前质控。系统自动识别超声结构与切面并评分，只有达到设定标准的图像才能被截取，检查才能继续，这不仅提升了质控效率，还能帮助年轻医生快速掌握检查标准，同时让孕妇参与检查过程，提升就医满意度。

智能成像可降低操作难度，丰富诊断信息。像智能颅脑、胎儿面部成像等功能，实现一键化操作，提高诊断准确率。医院还可利用 AI 预测胎儿出生后的长相(见图 8-2)，为孕妇带来情感价值，但目前缺乏通用模型，需要定制化训练。

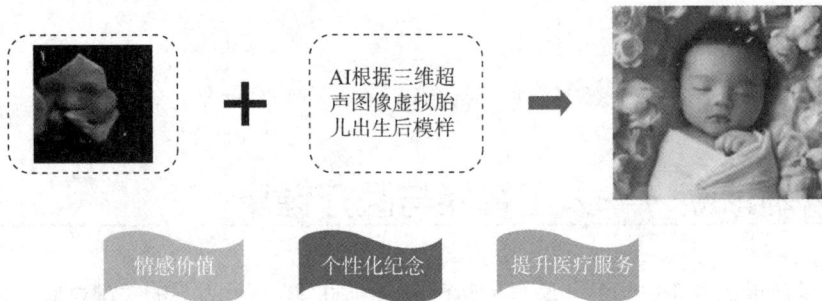

图 8-2 预测胎儿出生后的长相

8.1.2 DeepSeek 赋能诊疗全流程

2025 年 1 月 DeepSeek 问世后，北京大学首钢医院(下称北大首钢医院)信息中心主任余浩便开始投入研究。作为医院信息化升级的探索者，他带领团队打造北京首个信用就医试点，并研发"AI 医生助手"，推动医疗服务智能化转型。

在技术架构上，考虑到医疗数据敏感性，北大首钢医院采用本地化部署方案，配备双 4090 显卡的 GPU 服务器，同时测试 Llama、Qwen 等十多款大模型，探索 LLM 技术在医疗场景的应用边界。

"AI 医生助手"已在 6 大院内场景落地见效。科研数据结构化方面，利用 DeepSeek 14B 模型提取病历关键数据(如肿瘤病理分期)，大幅提升科研效率。医疗文书纠错中，凭借大模型推理能力，精准识别放射科报告中的部位错误。门诊病历生成功能可依照规范整理患者的病情信息，分为主诉、现病史等内容。疾病诊断编码虽然有待完善，但已能为编码员提供参考。人工生成住院病历小结大约需要 10 分钟，而"AI 医生助手"仅需十几秒就能小结；效率显著提升。驱动 LLM 主动询问功能则适用于预问诊、流行病调查等场景。图 8-3 是一个示例界面。

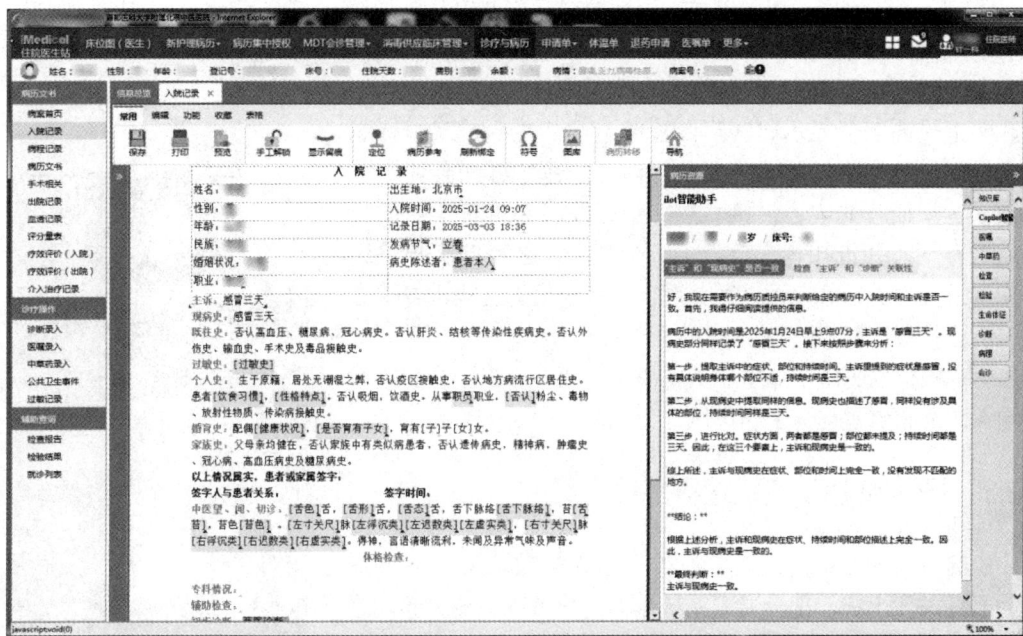

图 8-3　DeepSeek 赋能医疗诊断

　　然而，在享受 AI 技术带来的便利时，也需要清醒地认识到其背后潜藏的风险。北京中医药大学卫生健康法治研究与创新转化中心主任、博士生导师邓勇教授表示，AI 医疗存在如下风险。

　　(1) 医疗事故风险：影像 AI 误诊漏诊、临床决策支持系统给出错误建议、医疗机器人操作失误等。

　　(2) 处方权合规风险：互联网诊疗中存在违规使用 AI 开处方等乱象。

　　(3) 数据隐私风险：医疗数据在各环节均有泄露可能。

　　(4) 侵权风险：手术机器人和医疗诊断系统侵权责任界定困难。

　　因此，我们也应理性看待人工智能与诊疗的融合，绝不能过度依赖，要明确人工智能的辅助定位，建立起人机协同的诊疗模式，从而创造更和谐的医疗行业生态。

8.2　智慧银行——人工智能与金融

　　近年来，以人工智能为代表的金融科技在整个金融业得到广泛应用，正在驱动整个银行业进入新一轮的竞争与合作，重塑数字化发展的新格局。自 2022 年以来，以 ChatGPT 为代表的人工智能大模型在全球掀起新一轮人工智能发展浪潮。随着市场竞争的加剧，很多银行采用人工智能和机器学习技术开展了多种创新。

8.2.1　人性化的数字银行职员

　　Soul Machines 公司(纽约办事处)开发的数字银行职员精通 12 种语言，能用摄像头识别客户表情，能做出反应，并能用数字大脑支配自己的面部表情和行为。在各种场景中与客户采用真人化的方式互动。

例如,当客户登入网银界面,查询按揭贷款相关信息时,数字银行职员会用自然语音告诉客户:"我会为你规划按揭贷款重组计划,你的按揭贷款金额是多少?"当客户用语音回答后,网银界面上会显示出客户回答的金额,之后数字银行职员会询问贷款期限、已偿还期数等内容,系统界面会使用图表显示客户回答的内容,接着数字银行职员会推荐合适的贷款重组方案,并告知客户节省了多少利息,之后向客户发送贷款重组文件。当客户逾期时,数字银行职员为客户推荐更合理的偿还分期计划。

南京银行也引入了数字职员解决客户业务需求,客户可通过输入文字和语音与数字职员进行交互,如图8-4所示。

图8-4　南京银行数字职员

8.2.2　首个 AI 原生手机银行上线

2025 年 4 月 23 日,上海银行推出的业内首家 AI 原生手机银行已经灰度上线,部分鸿蒙系统端的用户可以下载体验。这款 App 与传统手机银行 App 截然不同,它大胆打破固有功能界面,以全新的对话交互模式惊艳亮相。用户只需要发出语音或文字指令,便可轻松完成账户查询、转账汇款、理财咨询等操作,全面革新了底层架构和交互方式。

登录上海银行 AI 原生手机银行,一个有冲击力的界面扑面而来(见图 8-5),没有密密麻麻的功能图标,取而代之的是与智能伙伴"海小慧"的专属对话框。用户需要什么服务,只需要通过语音或文字与"海小慧"进行对话即可。

▲ 受邀客户打开上海银行手机银行App,将会收到邀请弹窗,点击"立即体验"即可使用　　▲ 在AI手机银行中,通过对话完成转账

图8-5　上海银行智慧手机银行 App

比如，在对话框内输入"我要给xxx转账"，"海小慧"会自动调出转入账户的信息，确认金额后自动给对方转账；如果要查询交易明细，"海小慧"会调出近期账户交易明细信息，并显示"查看更多明细""查询更多账户""查询更多币种"等多个关联菜单；如果用户有购买理财的需求，"海小慧"根据用户选择风险等级，为用户提供理财好物榜单等。

此外，该App对老年人也更"友好"。例如，通过对话框要求"放大字体"，"海小慧"会立即调整字体大小，这对老年用户来说，操作起来更加简便。

8.3 未来世界——人工智能与智能制造和自动驾驶

8.3.1 24小时无人化作业智慧钢厂

江苏沙钢集团是全国最大的民营钢铁企业之一，年产钢能力超过4000万吨，宽厚板作为其主要产品，年运输量超600万吨。近年来，沙钢不断将先进的钢铁制造技术与互联网、大数据、人工智能等新一代数字技术深度融合，持续推进从产品设计到生产调度等各个环节的智能化驱动。

上海友道智途科技有限公司自2023年起，开始在江苏沙钢进行自动驾驶运营测试(见图8-6)。目前，已正式进入主驾无人阶段，并完成了多次舱内无人单班测试，将逐步开展进一步的运营。

图8-6 无人钢铁运输车

沙钢的多样化的运输需求和运输场景为自动驾驶技术提供了宝贵的商业化验证场景。目前，上汽友道智途依托上汽集团技术，吸收全球多地的自动驾驶运营经验，已基本形成覆盖港口、矿山、工业园等多场景的自动驾驶解决方案，未来将结合沙钢的实际需求，推动更多定制化技术落地。友道智途的技术不仅为传统钢铁物流提供了高效解决方案，更在钢铁行业绿色低碳转型中发挥了重要作用。

8.3.2 高寒地区5G无人驾驶系统

建龙西钢推出的"高寒地区大型特种移动设备5G无人驾驶系统"入选工信部2024年未来产业创新典型案例。该系统聚焦高寒地区复杂工况下的特种移动设备无人驾驶，不仅解决了高寒环境工业无人化发展的技术难题，更在多个维度展现出深度创新的优势。图 8-7 显示了建龙西钢厂区。

图 8-7   建龙西钢厂区

项目深度融合 5G+工业互联网、MEC 边缘计算、机器视觉与 AI 算法，构建了"感知-决策-控制"全链路技术体系。首创"工况分析+多模组控制+视觉核准"定位系统，实现了-40℃环境下设备毫米级动态纠偏。研发了基于激光雷达的蒸汽穿透识别算法，解决冬季视觉遮挡难题，实现了天车/机车安全自主可控、障碍物快速检测与敏捷控制。

面对高寒地区-40℃的极端低温、蒸汽遮挡、冰雪覆盖等恶劣工况，以及冶金行业天车/机车等特种移动设备人工操作效率低、安全风险高等痛点，建龙西钢与同创信通联合中国联通、中国移动、哈工大等通信运营商及高校，历时三年攻克了高寒复杂工况下精准定位(±5mm)、设备低温稳定性、数据安全传输等核心技术，成功解除了高寒环境对工业无人化发展的桎梏，为行业提供了可复制的高寒地区无人化解决方案。

课后习题

一、简答题

1. 结合所学内容，谈一谈智能超声孕检系统所采用的人工智能技术有哪些？它是如何自动识别目标结构的？

2. 结合先前章节所学内容，谈一谈数字银行职员所采用的人工智能技术有哪些？自行查阅资料，谈一谈如何构建一个智能数字人。

3. 结合最近流行的无人车出行服务平台"萝卜快跑"，谈一谈它采用的人工智能技术，并结合实际落地情况谈谈"萝卜快跑"的优缺点。

第 9 章

前沿技术探索

课程目标

知识目标：理解生成式AI的核心技术，包括GAN和Transformer的原理，掌握多模态模型的融合机制及其在创意、医疗、教育等多领域的应用场景；掌握边缘计算与AIoT的技术架构和协同机制，熟悉其在智能交通、工业制造中的实践应用；了解量子机器学习与脑机接口的基础原理，明晰二者融合在信号处理与模型训练方面的技术优势。

能力目标：能够分析生成式AI在不同领域的运用案例，对比多模态与单模态模型的差异；可以清晰解释边缘计算优化物联网数据处理流程的方式，剖析AIoT设备实现智能化的路径；能结合医疗康复实际案例，详细阐述量子机器学习提升脑机接口信号处理效率的机制。

素养目标：激发学生对前沿技术的探索热情，引导其认识生成式AI面临的伦理挑战，培养跨学科融合思维；促使学生关注技术落地产生的社会影响，思考边缘计算与脑机接口引发的伦理问题；着力培养学生的创新意识，鼓励其探索前沿技术推动传统领域实现颠覆性变革的可能性。

重难点

重点：课程重点涵盖三大前沿技术领域。在生成式AI与多模态模型方面，重点讲解GAN的对抗训练机制、Transformer 的注意力机制在内容生成中的应用，以及多模态模型的模态融合技术和典型应用场景；对于边缘计算与AIoT，着重剖析边缘计算的数据预处理流程与云端协同逻辑，以及AIoT的硬件与软件技术栈及其实际应用；在量子机器学习与脑机接口领域，重点阐述量子比特特性对机器学习的加速作用，以及脑机接口信号采集类型和量子算法在信号处理中的应用。

难点：课程难点体现在多个维度。在技术原理层面，需要跨越学科界限理解量子机器学习中量子态与经典计算的差异及其对算法效率的提升机制，以及脑机接口信号处理的噪声抑制技术；在多技术融合应用上，面临生成式AI在医疗场景的数据隐私与模型训练平衡，以及边缘计算与5G网络协同优化的难题；此外，存在伦理与安全挑战，包括生成式AI的内容溯源防伪，以及脑机接口侵入式技术引发的神经伦理问题。

9.1 生成式 AI

在人工智能的发展历程中，生成式 AI(Artificial Intelligence Generated Content， AIGC)犹如一颗璀璨新星，照亮了内容创作的全新领域。从诞生之初，就以颠覆传统内容生产方式的态势，迅速席卷全球，在各行各业引发了强烈震动。AIGC 技术能让计算机自主生成文本、图像、音频、视频等多种形式的内容，多模态模型则是处理与生成跨模态内容的核心技术，二者相辅相成，共同推动着人工智能从感知智能迈向认知智能。

1. 生成式 AI(AIGC)：概念与技术原理

AIGC 是一种利用人工智能技术自动生成内容的方法，打破了人类作为内容创作唯一主体的传统模式，赋予了机器"创作"能力。第 3 章已对生成式人工智能的定义、特点及应用做了简要论述。这里进一步介绍该前沿技术。该 AIGC 的核心技术原理基于深度学习中的神经网络，其中，生成对抗网络(GAN)和 Transformer 架构是最关键的技术。

生成对抗网络(GAN)由生成器和判别器两部分组成。生成器负责生成数据，如图片、文本等，而判别器则对生成的数据和真实数据进行区分。二者通过不断对抗和博弈，促使生成器生成的数据越来越逼真。以图像生成为例，生成器尝试生成图像，判别器判断其真假，在多次迭代后，生成器能生成几乎以假乱真的图像。

Transformer 架构则以其强大的处理序列数据能力，在自然语言处理和多种内容生成领域发挥着重要作用。它采用注意力机制，能让模型在处理数据时聚焦于关键信息，从而更好地理解和生成内容。基于 Transformer 的语言模型，如 GPT 系列，能根据给定的文本生成连贯、有逻辑的新文本，在对话、写作等场景中表现出色。

2. 多模态模型：融合与创新

多模态模型是 AIGC 生成多样化内容的重要支撑，能处理和整合多种模态的数据，如文本、图像、音频、视频等。传统的人工智能模型往往只能处理单一模态的数据，而多模态模型打破了这种限制，使人工智能具备更接近人类认知的能力。

多模态模型的关键在于模态融合技术，即将不同模态的数据转换为统一的特征表示，然后进行联合处理。例如，在图文生成任务中，模型需要理解文本描述的语义信息，并将其与图像的视觉特征相结合，从而生成符合文本描述的图像。目前，多模态模型在跨模态检索、多模态对话、视觉问答等领域取得了显著成果。以视觉问答为例，用户向模型展示一张图片并提出问题，模型能够结合图像内容和问题语义，准确回答问题；这一过程涉及图像理解和自然语言处理两种模态的融合。

3. 应用场景：赋能千行百业

1) 创意与内容创作领域

在广告设计中，AIGC 可根据产品特点和营销需求，快速生成多种风格的广告文案和图像素材，大大缩短了设计周期。例如，输入产品关键词和目标受众信息，AIGC 就能生成契合品牌调性的广告海报和宣传语。在影视制作方面，多模态模型可用于制作特效和生成虚拟角色。通过理解剧本和生成视觉元素，能创造出逼真的虚拟场景和角色，降低制作成本，提升视觉效果。此外，在文学创作领域，AIGC 能辅助作家进行灵感激发和内容创作，通过分析大量文学作品，生成故事框架和情节段落，为创作者提供参考。

2) 教育与培训领域

在教育领域，AIGC 可根据学生的学习情况和知识水平，生成个性化的学习资料和练习题。例如，针对不同学生的薄弱知识点，生成定制化的讲解视频和习题集，实现精准教学。多模态模型还可用于虚拟教学助手的构建，这些助手能以语音、图像等多种方式与学生进行互动，解答问题，辅助学习，提升学习的趣味性和效率。

3) 医疗与科研领域

在医疗领域，AIGC 可辅助医生进行医学影像诊断。通过对大量医学影像数据的学习，模型能识别影像中的病变特征，为医生提供诊断建议，提高诊断的准确性和效率。多模态模型还可整合患者的病历文本、影像数据和基因信息等，为疾病的个性化治疗提供决策支持。在科研领域，AIGC 能加快数据处理和模型构建过程，帮助科研人员分析海量文献和实验数据，发现潜在的研究方向和规律。

4. 发展趋势与挑战

未来，AIGC 和多模态模型将朝着更加智能化、个性化和场景化的方向发展。一方面，随着技术的不断进步，模型的生成能力和理解能力将进一步提升，能生成质量更高、更富有创意的内容。例如，在艺术创作领域，AIGC 生成的作品可能达到专业艺术家的水平。另一方面，多模态模型将实现更深度的模态融合，能处理更复杂的多模态任务，如跨模态情感理解和交互。此外，AIGC 和多模态模型将与物联网、区块链等技术深度融合，拓展至更多的应用场景。

然而，AIGC 和多模态模型的发展也面临诸多挑战。首先是数据质量问题，高质量的数据是模型训练的基础，但目前数据集中存在数据偏差、噪声等问题，可能导致模型生成内容的偏见和错误。其次是伦理和安全问题，AIGC 生成的内容可能被用于传播虚假信息、伪造身份等不良用途；如何确保内容的真实性和可靠性，防止技术被滥用，是亟待解决的问题。此外，模型的可解释性也是一大难题，复杂的神经网络模型往往像一个"黑盒子"，难以解释其决策过程和生成逻辑，这在医疗、金融等对模型可解释性要求较高的领域，限制了技术的应用。

9.2 边缘计算与 AIoT

在数字化与智能化深度融合的时代背景下，边缘计算与 AIoT(物联网中的 AI 部署)成为推动技术革新与产业升级的关键力量。边缘计算改变了数据处理的传统模式，AIoT 则赋予物联网设备智能决策能力，二者相辅相成，共同为智能生活、工业生产等领域带来新的变革。

1. 边缘计算：概念与技术原理

边缘计算是一种将计算任务从云端下沉到网络边缘设备的分布式计算模式。这里的"边缘"涵盖了从数据源到云计算中心路径之间的各种设备，如智能手机、智能网关、工业传感器等。与传统的云计算模式相比，边缘计算最大的特点在于数据不必全部上传至云端处理，而是在靠近数据源的位置进行分析和计算。

其核心技术原理基于对数据处理流程的优化。当物联网设备产生数据后，边缘计算节点首先对数据进行过滤、预处理和初步分析，仅将关键信息传输至云端。例如，在智能安防场景中，摄像头采集的大量视频数据在边缘端进行人物识别和行为分析，只有检测到异常行为时，才将相关视频片段上传至云端，这样极大地减少了数据传输量和延迟。同时，边缘计算依赖于边缘设备的计算资源、存储能力及与云端的协同机制，通过智能调度实现高效的数据处理。

2. AIoT(物联网中的 AI 部署)：融合与创新

AIoT 是人工智能技术与物联网深度融合的产物，旨在让物联网设备具备自主学习和智能决策的能力。物联网通过传感器和网络连接了海量设备，产生了庞大的数据，但传统物联网设备仅能实现数据的采集和传输，缺乏对数据的深度分析和应用能力。AIoT 将人工智能算法部署到物联网设备中，使设备能实时分析采集到的数据，从而实现智能化操作。

AIoT 的实现依赖于多种技术的协同。在硬件层面，需要开发具有更强计算能力的边缘芯片，以支持人工智能算法的运行；在软件层面，要优化算法模型，使其能够适应资源有限的物联网设备。例如，在智能家居场景中，智能音箱通过内置的语音识别和自然语言处理算法，能理解用户指令并控制家中的其他智能设备；智能电表利用 AI 算法分析用电数据，预测用电趋势，实现节能优化。

3. 应用场景：重塑行业生态

1) 智能交通领域

在智能交通中，边缘计算和 AIoT 发挥着重要作用。智能交通摄像头利用边缘计算实时分析路况，识别交通违规行为，同时将数据反馈给交通信号灯系统，实现信号灯的动态调整。AIoT 技术则应用于自动驾驶领域，车辆上的各类传感器采集数据后，通过车载边缘计算设备进行实时处理，结合 AI 算法判断路况，做出驾驶决策，提高行车安全性和效率。此外，在智能物流中，通过实时监控和分析运输车辆、货物的数据，来优化运输路线，降低物流成本。

2) 工业制造领域

在工业 4.0 的推动下，边缘计算和 AIoT 助力工业制造向智能化转型。在生产线上，部署大量传感器实时采集设备运行数据；边缘计算节点实时分析数据，预测设备故障，提前进行维护，减少停机时间。AIoT 技术能对生产过程进行智能优化，例如通过 AI 算法分析生产参数，自动调整设备运行状态，提高产品质量和生产效率。实现工厂的远程监控和管理，管理人员可通过手机或电脑实时查看工厂生产情况，做出决策。

3) 智慧城市建设

智慧城市是边缘计算和 AIoT 应用的重要场景。在城市管理中，通过智能垃圾桶、智能路灯等物联网设备采集数据，利用边缘计算进行本地处理，合理调配资源，如根据垃圾量自动安排垃圾清运时间，根据人流量调节路灯亮度。AIoT 技术还可应用于城市安防，通过视频监控和 AI 算法来预测犯罪行为和预警；在环境监测方面，实时分析空气质量、水质等数据，及时发现环境污染问题并采取措施。

4. 发展趋势与挑战

未来，边缘计算和 AIoT 将朝着更加深度融合、智能化和普及化的方向发展。随着 5G 网络的进一步普及，边缘计算与 5G 的结合将为智能应用提供更强大的支持，实现更低的延迟和更高的带宽。AIoT 技术将不断优化算法模型，提高设备的智能化水平，使其能处理更复杂的任务。同时，边缘计算和 AIoT 将在更多领域(如医疗、农业、教育等)得到应用，推动各行业的数字化转型。

然而，边缘计算和 AIoT 的发展也面临诸多挑战。首先是数据安全和隐私保护问题，由于数据在边缘设备和网络中传输，增加了数据泄露和被攻击的风险，如何保障数据的安全性和隐私性是亟待解决的问题。其次是设备兼容性和互操作性问题，物联网设备种类繁多，不同厂商的设备在通信协议和数据格式上存在差异，导致设备之间难以实现互联互通。此外，边缘计算和 AIoT 技术的应用需要大量专业人才，目前人才短缺问题也制约着行业的发展。

9.3 量子机器学习与脑机接口

在科技迅猛发展的当下，量子机器学习与脑机接口作为前沿领域，正吸引着全球科研人员与科技爱好者的目光。二者的结合，有望开启人机交互与智能计算的新纪元，从根本上改变人类与机器的互动模式，为诸多领域带来革命性突破。

1. 量子机器学习：概念与技术原理

量子机器学习，融合了量子力学与传统机器学习算法，旨在利用量子计算的独特优势提升机器学习的效率与能力。传统机器学习基于经典计算机运行，受限于二进制的确定性计算模式。而量子计算依托量子比特(qubit)，具备量子叠加与纠缠特性，能够实现并行计算，极大地提升计算速度与处理复杂问题的能力。

在量子机器学习中，量子算法发挥着核心作用。以量子支持向量机(QSVM)为例，它利用量子态的叠加性，在处理高维数据分类问题时，相比经典支持向量机，能显著减少计算资源与时间。量子神经网络(QNN)同样是重要的研究方向，通过引入量子神经元，使网络具备更强的特征提取与模式识别能力，能处理更复杂和抽象的数据，如在图像识别、自然语言处理等领域展现出巨大潜力。此外，量子随机数生成技术为机器学习模型的训练提供了更优质的随机初始化参数，提升模型的泛化能力与稳定性。

2. 脑机接口：沟通大脑与机器的桥梁

脑机接口(Brain-Computer Interface，BCI)，又称脑机交互，致力于在生物大脑与外部设备或环境间搭建实时通信与控制系统，实现大脑与外部设备的直接交互，堪称革命性的人机交互技术。其工作原理基于从大脑皮质采集脑电信号，通过信号采集设备获取大脑活动产生的微弱电信号，随后历经放大、滤波、转化等精细处理流程，将这些信号转变为计算机可识别的形式。接着，对信号进行预处理，提取蕴含大脑意图的特征信号，再借助模式识别技术，将特征信号精准转化为控制外部设备的具体指令，从而实现对外部设备的有效控制。

脑机接口技术依据侵入程度可划分为非侵入式、半侵入式和侵入式。非侵入式通过佩戴在头皮外的电极帽采集脑电信号，操作简便、无创，但信号较弱且易受干扰；半侵入式需要将电极植入头皮下，信号质量有所提升，但仍存在一定创伤风险；侵入式则直接将电极植入大脑皮质，能获取高质量信号，然而手术风险与伦理争议也较大。按输入信号差异，又可分为基于运动想象的脑机接口、基于 P300 的脑机接口和基于稳态视觉诱发电位的脑机接口等，每种类型都在不同应用场景中展现出独特优势。

3. 量子机器学习赋能脑机接口

1) 提升信号处理能力

脑机接口面临的一大挑战是处理海量且复杂的脑电信号。量子机器学习凭借强大的计算能力，能更高效地对脑电信号进行去噪、特征提取与分类。例如，利用量子算法可快速筛选出与特定大脑活动相关的关键特征，提高信号识别准确率，减少误判率。在康复工程中，这有助于更精准地解读患者大脑意图，为瘫痪患者提供更可靠的外部设备控制指令，助力他们恢复行动能力。

2) 优化模型训练

传统脑机接口模型训练往往需要大量数据与较长时间。量子机器学习能加速模型训练过程，通过量子并行计算，可同时探索多种模型参数组合，快速找到最优解。以预测大脑运动意图的模型为例，量子机器学习可大幅缩短训练周期，使模型更快适应不同个体的大脑信号特征，实现个性化的脑机接口定制，提升用户体验。

3) 增强交互实时性

在实际应用中，脑机接口的实时性至关重要。量子机器学习的低延迟特性，可使脑机接口系统更快地响应大脑信号，实现更流畅的人机交互。如在虚拟现实(VR)与增强现实(AR)场景中，用户的大脑信号能被量子机器学习赋能的脑机接口迅速捕捉并转化为相应动作指令，让虚拟环境中的交互更加自然、真实，拓展脑机接口在娱乐、教育、军事模拟等领域的应用边界。

4. 应用案例与前景展望

1) 医疗康复领域

在医疗康复方面，量子机器学习与脑机接口的结合已初显成效。例如，针对渐冻症患者，通过脑机接口采集大脑信号，利用量子机器学习算法进行分析处理，可精准识别患者的沟通意图，将思维转化为文字或语音输出，帮助患者恢复基本的交流能力。同时，在肢体康复训练中，借助该技术，患者的大脑运动意图能实时驱动外骨骼设备，辅助肢体进行康复锻炼，提高康复效果与效率。未来，随着技术的不断成熟，有望为更多神经系统疾病患者带来新的治疗方案，使其生活得到改善。

2) 智能生活与娱乐

在智能生活领域，脑机接口与量子机器学习的融合将使智能家居系统更加智能便捷。用户只需要通过大脑发出简单指令，就能控制家中的灯光、电器、窗帘等设备，真正实现"心想事成"。在娱乐方面，沉浸式游戏体验将迎来重大变革，玩家凭借大脑信号即可操控游戏角色，与虚拟环境进行深度互动，带来前所未有的游戏感受。此外，音乐创作、艺术设计等领域也可能因为这项技术而激发新的创作灵感与方式，创作者可通过脑机接口将脑海中的创意直接转化为作品。

3) 面临的挑战与未来方向

尽管量子机器学习与脑机接口结合前景广阔，但目前仍面临诸多挑战。①量子计算硬件设备尚不成熟，存在稳定性差、易受环境干扰等问题，限制了量子机器学习在实际场景中的大规模应用。②脑机接口在信号解读的准确性与通用性方面有待提升，不同个体的脑电信号特征存在差异，如何开发出适用于更广泛人群的普适性脑机接口系统是亟待解决的问题。③技术的快速发展也带来了伦理与安全方面的担忧，如脑机接口可能涉及的隐私侵犯、对人类大脑自主性的潜在影响等。

未来，科研人员将致力于攻克量子计算硬件难题，提高设备稳定性与计算能力；深入研究大脑神经信号机制，优化脑机接口算法，提升信号解读的准确性与通用性；同时，建立健全相关伦理与安全准则，确保在合理、安全的框架内发展技术。随着这些问题的逐步解决，量子机器学习与脑机接口的结合有望彻底改变人类生活与社会发展模式，开启智能科技的全新篇章。

课后习题

一、选择题

1. 生成式 AI 的核心技术不包括( )。
   A. 生成对抗网络(GAN)
   B. 卷积神经网络(CNN)
   C. Transformer 架构
   D. 扩散模型
2. 边缘计算的主要优势是( )。
   A. 集中式数据存储
   B. 减少云端传输延迟
   C. 提升数据加密强度
   D. 降低边缘设备成本
3. 脑机接口按侵入方式分类，信号质量最高的是( )。
   A. 非侵入式
   B. 半侵入式
   C. 侵入式
   D. 无线式

二、填空题

1. 多模态模型的关键技术是_____，即整合不同模态数据为统一特征表示。
2. 量子机器学习利用量子比特的_____与_____特性实现并行计算。
3. AIoT 是_____与_____的融合，旨在赋予物联网设备智能决策能力。

三、简答题

1. 简述生成式 AI 在教育领域的应用场景及潜在挑战。
2. 对比边缘计算与云计算的差异，并说明二者如何协同。
3. 量子机器学习如何提升脑机接口的信号处理效率？

第 10 章

人工智能项目实践

10.1 人工智能实践准备

工欲善其事，必先利其器。要进行人工智能实践，趁手的工具是必不可少的，这里推荐使用 Jupyter NoteBook。

10.1.1 Jupyter NoteBook 的安装

Jupyter Notebook 是一款基于 Web 的交互式编程工具，支持代码的实时编辑与结果展示，并能将代码、可视化图表、文本等整合到同一文档中。尤其适用于数据清洗与可视化。然而，Jupyter Notebook 的运行需要依赖诸多科学计算库，手动通过 pip 安装可能面临版本冲突或缺失问题，Anaconda 是一个 Python/R 的集成开发环境，专为数据科学和科学计算设计。由于 Anaconda 预置了所有必要的库，因此我们可跳过烦琐的配置步骤，直接专注于代码编写与数据分析。Anaconda 在安装后自带 Jupyter Notebook，用户不必单独下载，直接通过 Anaconda Navigator 或命令行启动即可。

1. 下载 Anaconda

访问网址 https://www.anaconda.com/download 进入 Anaconda 的下载页面，可根据自己所用的操作系统类型选择对应的下载链接。以 Windows 为例，选择 Windows 即可，如图 10-1 所示。

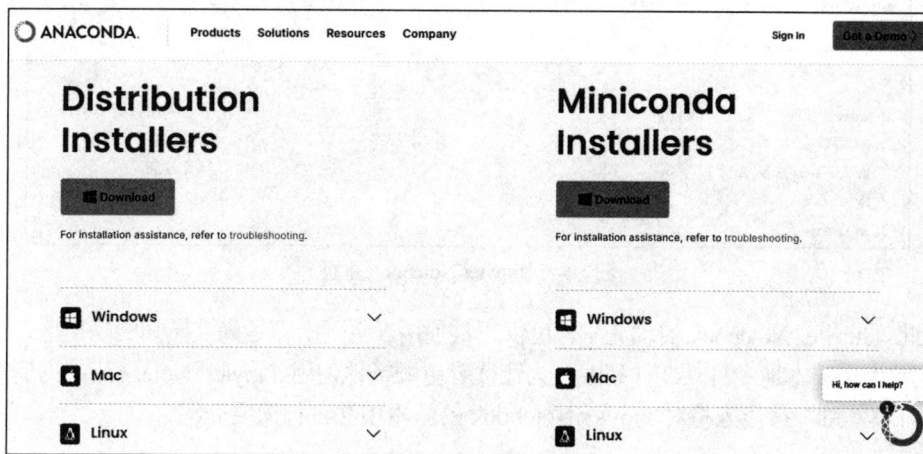

图 10-1　Anaconda 下载页面

2. 启动 Jupyter Notebook

根据提示安装 Anaconda 后，在 Windows 的开始菜单中包含如图 10-2 所示的快捷菜单。

要启动 Jupyter Notebook，可采用如下两种方法。

(1) 运行 Anaconda 快捷菜单中的 Anaconda Navigator，此后找到 Jupyter Notebook，单击 Launch 按钮即可；如图 10-3 所示。

(2) 直接运行 Anaconda 快捷菜单中的 Jupyter Notebook。

成功运行 Jupyter Notebook 后，会自动打开默认浏览器，进入 Jupyter Notebook 主页，网址为 http://localhost:8888/tree。如图 10-4 所示。

图 10-2　Anaconda 快捷菜单

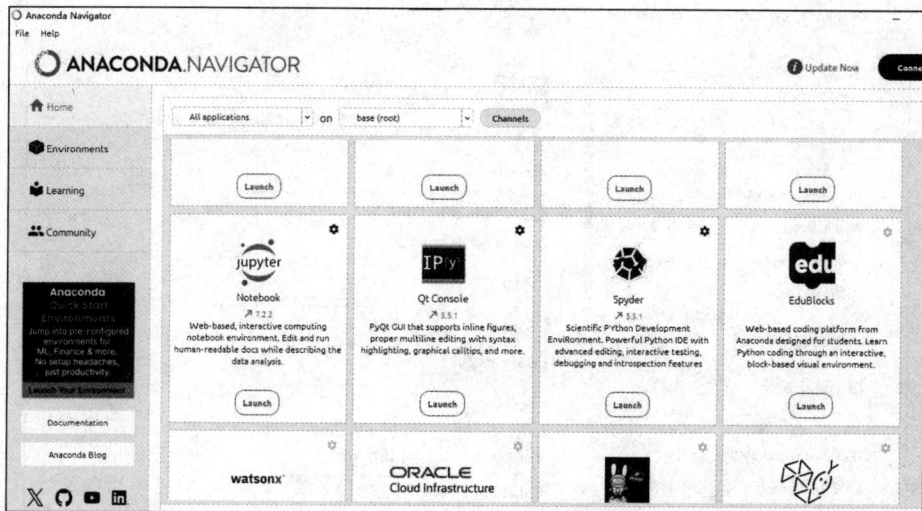

图 10-3　Anaconda Navigator 主界面

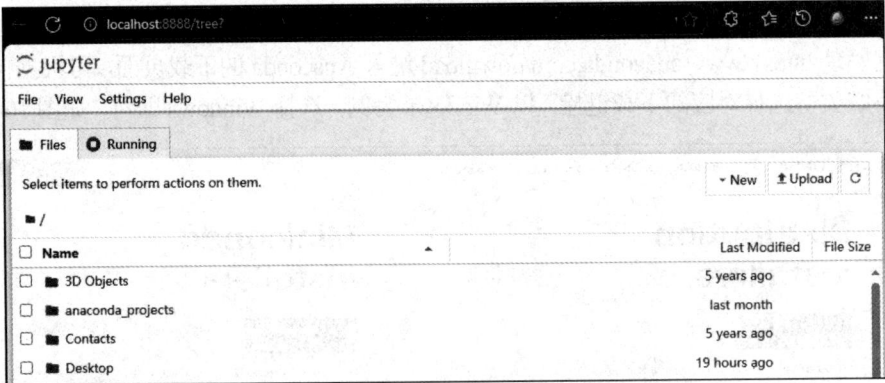

图 10-4 Jupyter Notebook 主页

至此，Jupyter Notebook 启动完毕，可供正常使用。主页上方是为人熟知的功能区，下方的 Files 区域为用户本地主目录文件列表。为让读者更顺畅地使用 Jupyter Notebook，为后续的项目实践打下基础，接下来将对 Jupyter Notebook 的基本用法进行简要介绍。

10.1.2 Jupyter NoteBook 的基本用法

1. 基本配置

在使用 Jupyter Notebook 之前，需要进行一些必要的配置，从而提高代码编写效率。

1) 切换主题

依次单击 Settings|Theme，可切换为深色、明亮等主题。

2) 调节代码字体及字号

依次单击 Settings|Settings，再单击左侧边栏的 Notebook。通过 Font Family、Font Size 调节编辑器的字体及字号。如图 10-5 所示。

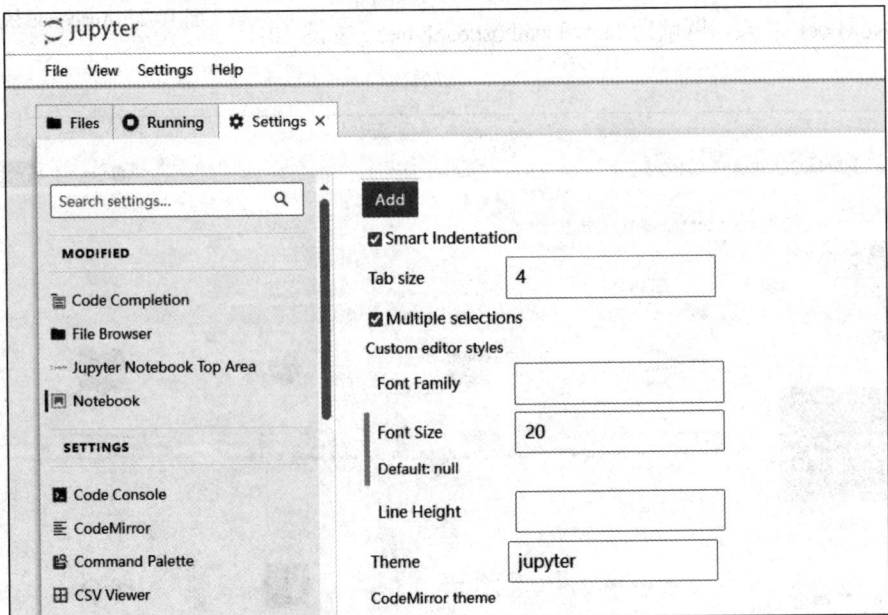

图 10-5 调节编辑器字体与字号

3) 代码提示

开启 Jupyter Notebook 的代码提示功能，可显著提高开发效率。

依次单击 Settings|Settings，再单击左侧边栏的 Code Completion，在下方勾选 Show the documentation panel 开启帮助文档，勾选 Enable autocompletion 开启代码提示，如图10-6所示。

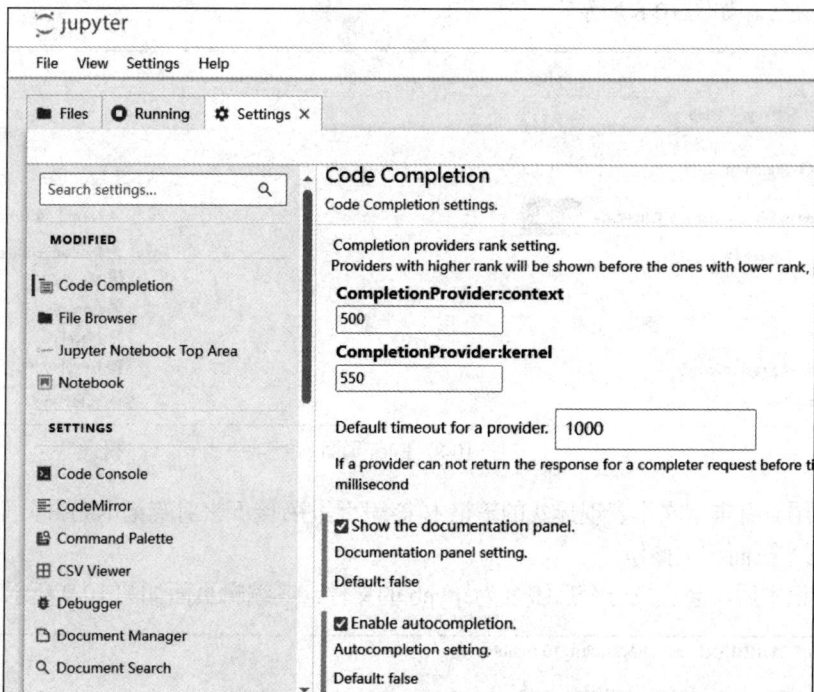

图10-6 开启帮助文档与代码提示

编写代码时，Jupyter Notebook 会自动给出提示与帮助文档，如图10-7所示。

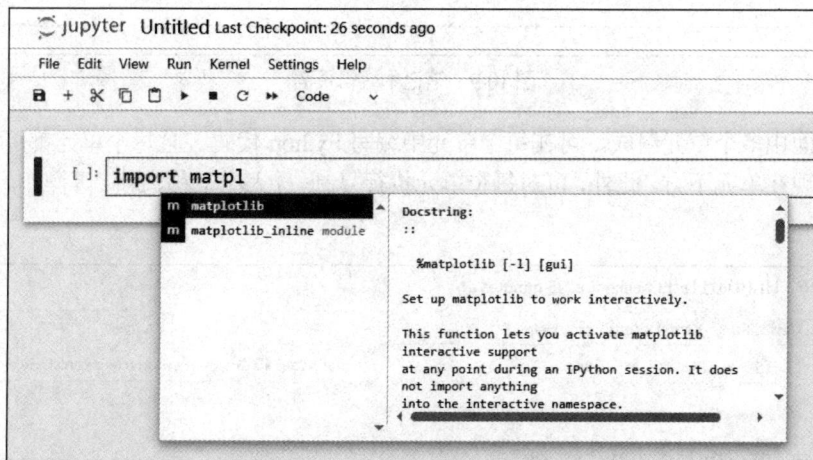

图10-7 呈现帮助文档与代码提示

2. Jupyter Notebook 基本操作

接下来对 Jupyter Notebook 的基本操作进行说明，包括如何创建文件，如何运行单元中的代码等。

1) Files 页面相关操作

Files 页面用于管理和创建文件，默认呈现用户主目录结构。对于现有文件，可通过勾选文件的方式，对选中文件执行复制、重命名、移动、下载、查看、编辑和删除等操作。也可根据需要，在 New 下拉列表中选择想要创建文件的环境，包括 ipynb 格式的笔记本、txt 格式的文档、终端或文件夹等。如图 10-8 所示。

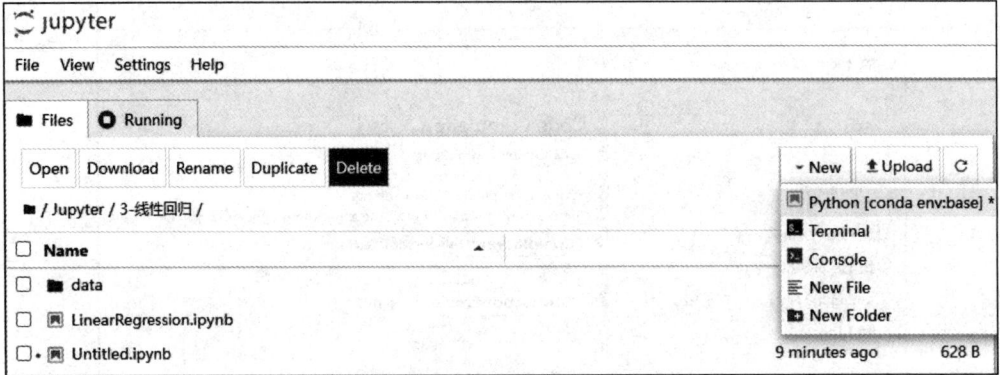

图 10-8　Files 页面

建议使用具有丰富文本表现形式的笔记本来编写程序。接下来对笔记本编辑页面进行介绍。

2) 笔记本页面相关操作

新建笔记本后，会生成一个后缀名为 ipynb 的文件，其编辑页面如图 10-9 所示。

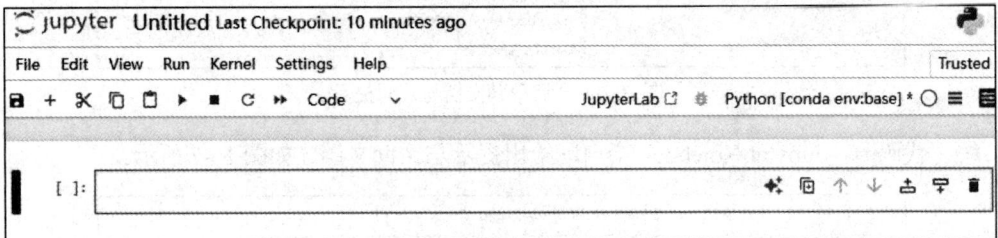

图 10-9　笔记本编辑页面

编辑页面由多个单元组成，可在每个单元中编写 Python 代码，且每个单元都可独立运行，运行结果呈现在单元下方。此外，可对每个单元执行复制、上移、下移、删除等操作。如图 10-10 所示。

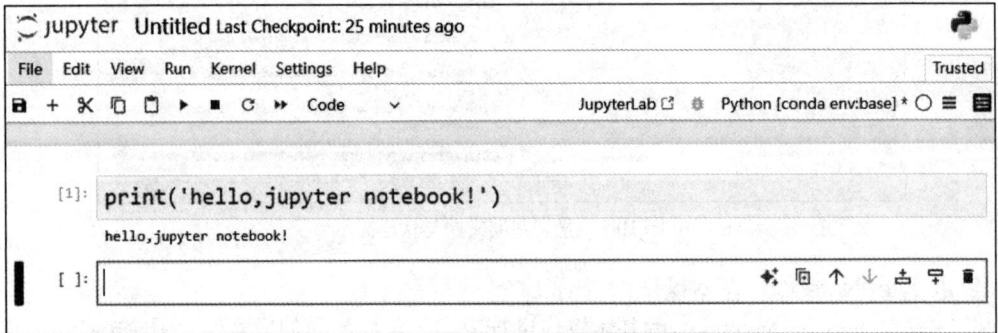

图 10-10　笔记本编辑页面

至此，你已对 Jupyter Notebook 的使用有了基本的认知。下面，让我们借助 Jupyter Notebook 这个数据科学利器，在一个个案例中尽情遨游吧！

10.2 人工智能实践流程

在进行真正的代码实战之前，有必要讨论一下人工智能项目的开发流程。按照这种固定流程进行项目实践，在代码编写时我们会更加"心中有数"，不会造成逻辑混乱。该流程如图 10-11 所示。

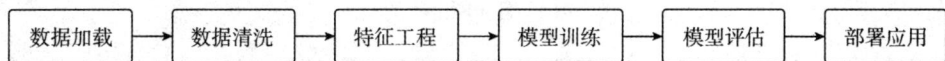

图 10-11　人工智能项目的开发流程

接下来简要介绍上图中的关键步骤。

1. 数据清洗

数据清洗是人工智能项目的初始阶段，其核心任务是通过系统化方法识别并修正数据集中的缺陷，如处理缺失值、纠正错误记录、消除重复数据等。这一过程就像给建筑物夯实地基一样，确保后续构建的模型具有稳定性。

总之，数据清洗使数据变得更精简，提高数据的质量，从而加快后续训练过程，减少冗余计算。

2. 特征工程

特征工程指通过一些技术手段，对原始数据进行人工处理与转换，从而生成能更好描述问题本质的特征的过程。如：从"出生日期"中提取"年龄"、将"收入""支出"组合为"净收入"等。

特征工程直接影响机器学习项目的成败，其本质是提升数据的信息密度与模型适配性，减少冗余特征，简化模型结构，从而加快训练过程，提升模型在未知数据上的稳定性。

3. 模型训练

模型训练是机器学习流程的核心，是指通过算法从数据中学习规律，并优化模型参数的过程。主要步骤如下。

- 数据准备：划分训练集与测试集，进行特征的标准化或编码。
- 模型选择：根据任务类型(分类、回归等)选用对应的算法。
- 参数优化：通过损失函数调整权重。
- 验证调优：使用交叉验证防止过拟合；调整超参数，如学习率、树深度等。

总之，模型训练就是从数据中发现规律的过程，即：将数据中的隐含规律转化为可复用的数学表示的过程。

4. 部署应用

部署是将训练完成的模型集成到生产环境的过程，包括配置运行环境、通过 API 提供预测接口等。最为关键的是，部署后可收集用户反馈数据，从而驱动模型再训练，促进模型的迭代升级。

综合上述步骤，可得到如图 10-12 所示的关系图。

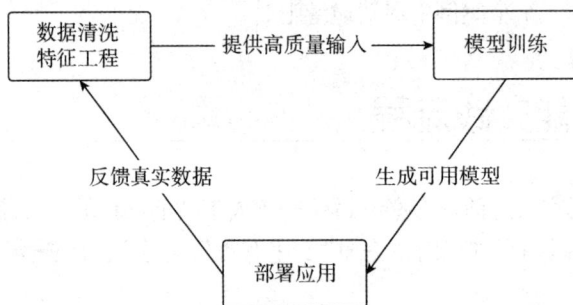

图 10-12　各步骤之间的关系

数据清洗与特征工程为模型训练提供高质量的输入，加快训练速度。模型训练后的部署应用，又为模型的新一轮迭代优化提供更多真实数据。

10.3　机器学习案例实战

10.3.1　鸢尾花分类

↗ 案例目标

根据某鸢尾花的 4 个形态特征，将其分类至山鸢尾(setosa)、变色鸢尾(versicolor)、维吉尼亚鸢尾(virginica)三个品种。

↗ 数据集

scikit-learn 内置鸢尾花数据集，每类 50 个样本，共 150 个样本，特征均为连续数值型变量。每个样本包含了花萼长度(sepal length)、花萼宽度(sepal width)、花瓣长度(petal length)、花瓣宽度(petal width)四个特征。

↗ 实践步骤

1) 数据加载

首先加载鸢尾花数据集，其数据包含在 target 和 data 字段中。data 中为花萼长度、花萼宽度、花瓣长度、花瓣宽度的测量数据，格式为 NumPy 数组。target 中为测量过的每朵花的品种，也是一个 NumPy 数组，其品种被转换成 0~2 的整数。

核心代码如下：

```
from sklearn.datasets import load_iris

# 加载数据集
iris = load_iris()                      # 调用 scikit-learn 内置数据集加载函数
X = iris.data                           # 特征矩阵 (150×4)，包含 4 个特征
y = iris.target                         # 标签向量 (150×1)，0/1/2 对应三种鸢尾花
feature_names = iris.feature_names      # 特征名称列表
target_names = iris.target_names        # 品种名称列表
```

2) 数据预处理

将数据以 6:4 的比例划分训练集与测试集，然后使用标准化处理器 StandardScaler()执行如下转换：

$$z = \frac{x - \mu}{\sigma}$$

其中 μ 为特征均值，σ 为特征标准差，作用为消除特征量纲差异，避免数值大的特征主导模型训练。最后，基于训练集计算均值和标准差，同时复用训练集的参数计算测试集的参数，避免数据泄露。random_state=42 确保每次运行划分结果一致，便于调试。

核心代码如下：

```
from sklearn.model_selection import train_test_split
from sklearn.preprocessing import StandardScaler

# 以 6:4 的比例划分训练集与测试集
X_train, X_test, y_train, y_test = train_test_split(
    X, y,
    test_size=0.4,                          # 测试集占比 40%
    random_state=42                         # 随机种子确保结果可复现
)

# 特征标准化
scaler = StandardScaler()
X_train_scaled = scaler.fit_transform(X_train)    # 基于训练集计算均值和标准差
X_test_scaled = scaler.transform(X_test)          # 使用训练集的参数转换测试集
```

3) 模型训练

基于 kNN(k-Nearest Neighbor，k 近邻)算法训练模型。核心代码如下：

```
from sklearn.neighbors import KNeighborsClassifier
from sklearn.metrics import accuracy_score, classification_report

# 初始化 kNN 模型(k=3)
knn = KNeighborsClassifier(n_neighbors=3)         # 基于 3 个最近邻样本投票分类
knn.fit(X_train_scaled, y_train)                  # 在标准化后的训练集上拟合模型
```

4) 模型测试与评估

使用 classification_report 输出多维度评估指标。其中精确率(precision)是预测为正例中实际为正的比例，召回率(recall)是实际为正例中被正确预测的比例，F1 分数是精确率和召回率的调和平均数，综合了衡量模型性能。

核心代码如下：

```
y_pred_knn = knn.predict(X_test_scaled)           # 预测测试集
acc_knn = accuracy_score(y_test, y_pred_knn)      # 计算准确率
print(f"kNN 准确率: {acc_knn:.2f}")
print(classification_report(y_test, y_pred_knn, target_names=
target_names))
```

```
kNN准确率: 0.98
              precision    recall    f1-score    support

     setosa       1.00      1.00        1.00         23
 versicolor       0.95      1.00        0.97         19
  virginica       1.00      0.94        0.97         18

   accuracy                             0.98         60
  macro avg       0.98      0.98        0.98         60
weighted avg      0.98      0.98        0.98         60
```

结果表明，模型准确率较高，可用于鸢尾花品种分类。

10.3.2 糖尿病进展预测

↗ 案例目标

基于患者医学指标，预测一年后糖尿病病情进展值。利用均方根误差(RMSE)和决定系数(R^2)两个指标评估线性回归和随机森林的优劣，同时识别出对病情影响最大的医学指标。

↗ 数据集

scikit-learn 内置糖尿病进展数据集，共 442 个样本，每个样本具有 10 个特征(已进行标准化处理)，如 age(年龄)、sex(性别)、bmi(身体质量指数)、bp(平均血压)、s1~s6(6 种血清检测指标)等。标签为定量测量糖尿病一年后的病情进展，值越大表示病情越严重，为连续值。

↗ 实践步骤

1) 数据加载与可视化

相关代码如下。

```python
import numpy as np
import pandas as pd
import matplotlib.pyplot as plt
from sklearn.datasets import load_diabetes

# 加载数据集
diabetes = load_diabetes()
X = pd.DataFrame(diabetes.data, columns=diabetes.feature_names)
y = pd.Series(diabetes.target, name='Disease_Progress')

print("\n特征示例:\n", X[['age', 'bmi', 'bp']].head())

plt.rcParams["font.sans-serif"]=["SimHei"]      # 设置字体
plt.rcParams["axes.unicode_minus"]=False

# 目标变量分布可视化
plt.figure(figsize=(10, 6))
plt.hist(y, bins=30, color='lightcoral', edgecolor='black')
plt.title('糖尿病进展分布')
plt.xlabel('病情进展指数')
plt.ylabel('样本数量')
plt.show()
```

代码运行结果如下所示：

```
特征示例：
        age       bmi        bp
0   0.038076   0.061696   0.021872
1  -0.001882  -0.051474  -0.026328
2   0.085299   0.044451  -0.005670
3  -0.089063  -0.011595  -0.036656
4   0.005383  -0.036385   0.021872
```

绘制直方图，如图 10-13 所示。

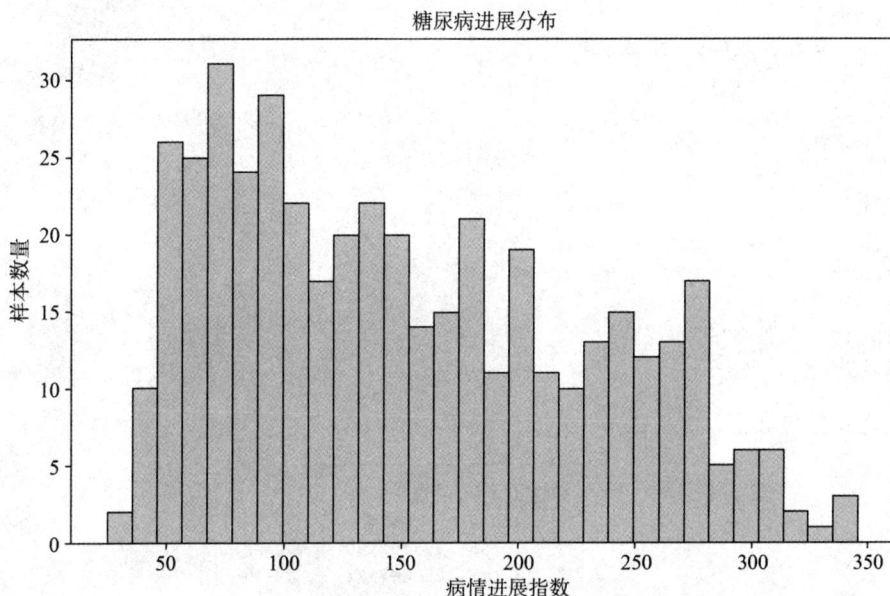

图 10-13 病情进展指数分布直方图

可以看出，目标变量直方图显示病情进展呈右偏分布，多数患者指数为 50~150。

2) 数据预处理

将数据以 8:2 的比例划分训练集与测试集。即使原始数据已部分标准化，仍要使用标准化处理器 StandardScaler() 重新标准化，以消除不同特征量纲差异。此外，测试集必须使用训练集的缩放参数，避免数据泄露问题。

核心代码如下：

```python
from sklearn.model_selection import train_test_split
from sklearn.preprocessing import StandardScaler
# 按8:2比例划分训练集/测试集
X_train, X_test, y_train, y_test = train_test_split(
    X, y,
    test_size=0.2,         # 20%数据作为测试集
    random_state=42        # 固定随机种子确保结果可复现
)

# 特征标准化
```

```
scaler = StandardScaler()
X_train_scaled = scaler.fit_transform(X_train)   # 拟合训练集
X_test_scaled = scaler.transform(X_test)     # 用相同参数转换测试集
```

3) 模型训练

首先，创建并训练线性回归模型，并查看特征权重，即各个医学指标对病情进展指数的影响情况。

核心代码如下：

```
from sklearn.linear_model import LinearRegression

# 创建并训练模型
lr_model = LinearRegression()
lr_model.fit(X_train_scaled, y_train)

# 查看特征权重
coef_df = pd.DataFrame({
    'Feature': diabetes.feature_names,
    'Weight': lr_model.coef_
}).sort_values('Weight', ascending=False)

print("\n 线性回归特征权重:")
print(coef_df)
```

代码运行结果如下：

```
线性回归特征权重:
   Feature     Weight
8       s5   35.161195
2      bmi   25.607121
5       s2   24.640954
3       bp   16.828872
7       s4   13.138784
6       s3    7.676978
9       s6    2.351364
0      age    1.753758
1      sex  -11.511809
4       s1  -44.448856
```

可见，s5(血清检测指标)和 bmi(身体质量指数)显著加重病情，而 sex(性别)和 s1 与病情呈负相关。

再创建并训练随机森林模型，并查看特征权重。核心代码如下：

```
from sklearn.ensemble import RandomForestRegressor

# 创建并训练模型
rf_model = RandomForestRegressor(
    n_estimators=100,     # 100 棵决策树
    random_state=42       # 固定随机种子
)
rf_model.fit(X_train_scaled, y_train)
```

```
# 查看特征权重
rf_importance = pd.Series(
    rf_model.feature_importances_,
    index=diabetes.feature_names
).sort_values(ascending=False)

print("\n 随机森林特征权重:")
print(rf_importance)
```

代码运行结果如下:

```
随机森林特征权重:
bmi     0.355469
s5      0.230957
bp      0.088408
s6      0.071329
age     0.058642
s2      0.057227
s1      0.052784
s3      0.051339
s4      0.024213
sex     0.009633
dtype: float64
```

4) 模型测试与评估

定义一个函数用于模型评估,分别利用均方根误差(RMSE)和决定系数(R^2)两个指标评估线性回归和随机森林的优劣。同时,绘制散点图对两个模型进行可视化对比。

核心代码如下:

```
def evaluate_model(model, X_test, y_test, model_name):
    y_pred = model.predict(X_test)
    rmse = np.sqrt(mean_squared_error(y_test, y_pred))
    r2 = r2_score(y_test, y_pred)

    # 输出性能相关指标
    print(f"\n{model_name}评估结果:")
    print(f"- RMSE: {rmse:.1f} (预测误差平均±{rmse:.0f}个单位)")
    print(f"- R²: {r2:.3f} (解释{r2 * 100:.1f}%的变异)")

    # 可视化预测效果
    plt.figure(figsize=(8, 6))
    plt.scatter(y_test, y_pred, alpha=0.6, color='#2ecc71')
    plt.plot([y.min(), y.max()], [y.min(), y.max()], 'r--', lw=2)
    plt.title(f'{model_name}预测效果', fontsize=14)
    plt.xlabel('真实病情进展', fontsize=12)
    plt.ylabel('预测病情进展', fontsize=12)
    plt.grid(alpha=0.2)
    plt.show()

    return rmse, r2
```

```
# 导入评估指标
from sklearn.metrics import mean_squared_error, r2_score

# 评估线性回归
lr_rmse, lr_r2 = evaluate_model(lr_model, X_test_scaled, y_test, "线性回归")

# 评估随机森林
rf_rmse, rf_r2 = evaluate_model(rf_model, X_test_scaled, y_test, "随机森林")
```

代码运行结果如下：

```
线性回归评估结果：
 - RMSE: 53.9 (预测误差平均±54个单位)
 - R²: 0.453 (解释45.3%的变异)
```

```
随机森林评估结果：
 - RMSE: 54.4 (预测误差平均±54个单位)
 - R²: 0.441 (解释44.1%的变异)
```

可见，线性回归 R^2 比随机森林高出约 1%，说明性能较好，且线性回归的 RMSE 值＞随机森林 RMSE 值，说明线性回归预测效果更好。

绘制散点图如图 10-14、图 10-15 所示。可见，线性回归预测效果更好。

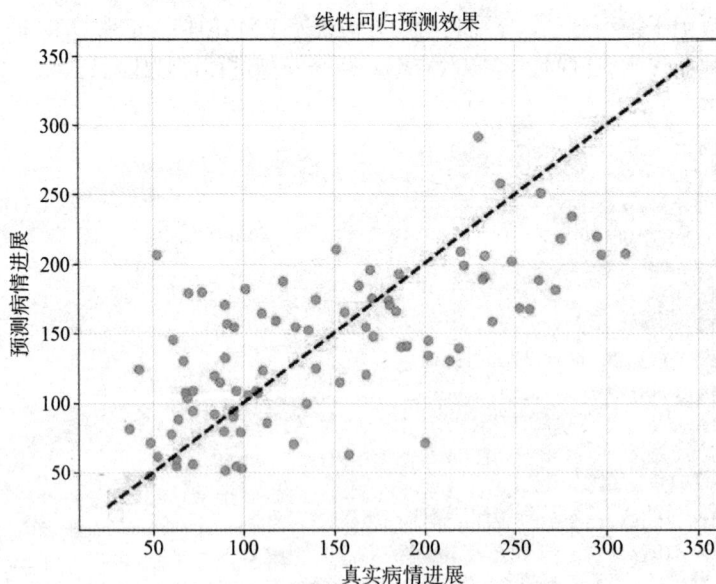

图 10-14　线性回归预测效果

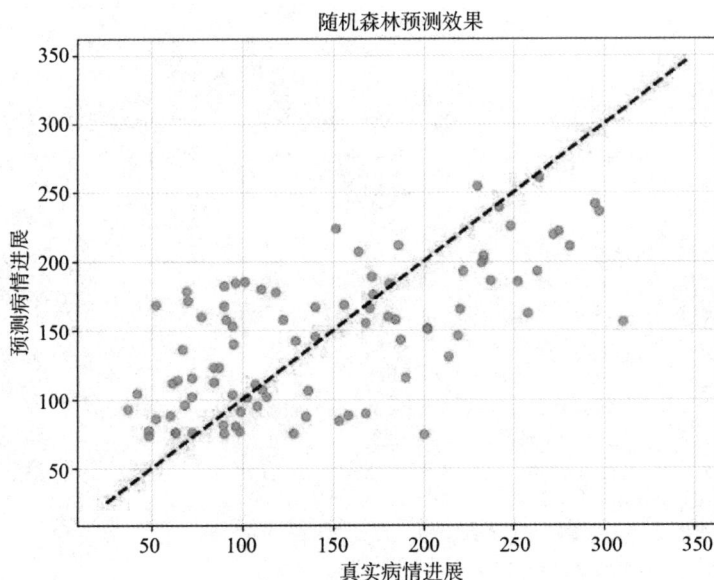

图 10-15 随机森林预测效果

10.4 深度学习案例实战

10.4.1 预测波士顿房价

↗ 案例目标

构建单特征模型，根据房间数预测房价。

↗ 数据集

OpenML 波士顿房价数据集包含 506 个样本，每个样本对应波士顿的一个社区。无缺失值，数据完整不必清洗。特征为 13 个连续或离散的变量，表示影响房价的各个关键因素，如 RM(平均房间数)、AGE(1940 年前建房比例)、NOX(一氧化氮浓度)、DIS(就业中心距离)、CRIM(犯罪率)等。目标变量为 MEDV(房价中位数)，单位为千美元。

该数据集替代已下架的 sklearn.datasets.load_boston 数据集。

↗ 实践步骤

1) 数据加载与可视化

首先，使用 fetch_openml 获取官方维护的波士顿房价数据集，选择房间数(RM)作为特征，房价(PRICE)作为目标变量。

核心代码如下：

```
import numpy as np
import pandas as pd
import matplotlib.pyplot as plt
```

```
from sklearn.datasets import fetch_openml

# 加载波士顿房价数据集
boston = fetch_openml(name='boston', version=1, as_frame=True)
df = pd.DataFrame(boston.data, columns=boston.feature_names)
df['PRICE'] = boston.target

# 选择特征：房间数(RM)作为自变量
X = df['RM'].values.reshape(-1, 1).astype(np.float32)
y = df['PRICE'].values.reshape(-1, 1).astype(np.float32)

# 数据可视化
plt.rcParams["font.sans-serif"]=["SimHei"]    # 设置字体
plt.rcParams["axes.unicode_minus"]=False
plt.scatter(X, y, alpha=0.6)
plt.xlabel('房间数(RM)')
plt.ylabel('房价 单位：千美元')
plt.title('房间数(RM)vs 房价(PRICE)')
plt.show()
```

数据可视化后可以发现，房间数与房价呈现正相关关系。如图 10-16 所示。

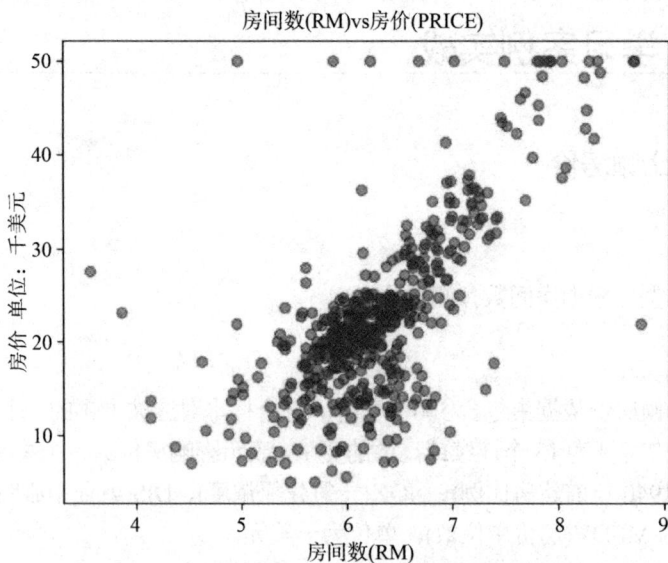

图 10-16　房间数(RM)与房价(PRICE)之间的关系

2) 数据预处理

将数据以 8:2 的比例划分训练集与测试集，使用标准化处理器 StandardScaler()进行标准化，消除特征量纲差异，加速梯度下降收敛。注意，测试集要使用训练集的缩放参数，即：使用 transform 而非 fit_transform。

由于房价数值较大，需要缩放，进行标签归一化操作，避免损失函数值过大导致训练不稳定。

核心代码如下：

```
from sklearn.model_selection import train_test_split
from sklearn.preprocessing import StandardScaler

# 数据集划分(80%训练, 20%测试)
X_train, X_test, y_train, y_test = train_test_split(
    X, y, test_size=0.2, random_state=42
)

# 特征标准化(Z-score 标准化)
scaler = StandardScaler()
X_train_scaled = scaler.fit_transform(X_train)
X_test_scaled = scaler.transform(X_test)

# 标签归一化
y_scaler = StandardScaler()
y_train_scaled = y_scaler.fit_transform(y_train)
y_test_scaled = y_scaler.transform(y_test)
```

3) 模型构建

使用 Keras Sequential API 构建模型。核心代码如下:

```
import tensorflow as tf

# 使用 Keras Sequential API 构建模型
model = tf.keras.Sequential([
  tf.keras.layers.Dense(units=1,input_shape=[1]) #单神经元线性层
])

# 编译模型, 指定优化器和损失函数
model.compile(
    optimizer=tf.keras.optimizers.SGD(learning_rate=0.01),
    loss='mean_squared_error'  # 均方误差(MSE)
)

# 模型结构概览
model.summary()
```

代码运行结果如下所示:

Model: "sequential"

Layer (type)	Output Shape	Param #
dense (Dense)	(None, 1)	2

Total params: 2 (8.00 B)
Trainable params: 2 (8.00 B)
Non-trainable params: 0 (0.00 B)

4) 模型训练

用 100 个 epoch 进行模型训练,然后绘制损失曲线。损失曲线应平稳下降,说明损失与训练损失趋势一致。若出现震荡,需要降低学习率;若验证损失上升,可能过拟合,需要减少 epoch 次数。

核心代码如下：

```
# 训练模型(100 个 epoch)
history = model.fit(
    X_train_scaled, y_train_scaled,
    epochs=100,
    validation_data=(X_test_scaled, y_test_scaled),
    verbose=0  # 简化输出
)

# 绘制损失下降曲线
plt.plot(history.history['loss'], label='Train Loss')
plt.plot(history.history['val_loss'], label='Validation Loss')
plt.xlabel('Epochs')
plt.ylabel('MSE')
plt.legend()
plt.show()
```

损失曲线如图 10-17 所示，说明损失与训练损失趋势基本一致。

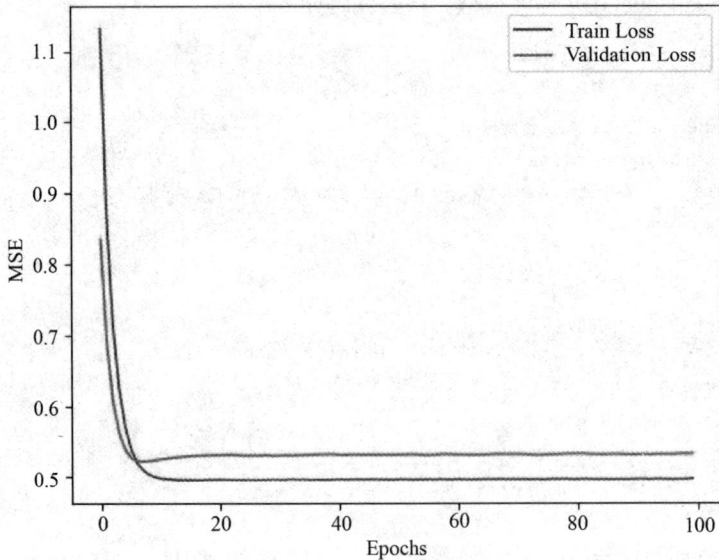

图 10-17　损失曲线

5) 模型测试与评估

利用 MSE(均方误差)、R^2、MAE(平均绝对误差)等指标对该模型进行评估，并预测房间数为 6.5 的房屋价格。最后，对拟合效果进行可视化。

核心代码如下：

```
from sklearn.metrics import r2_score, mean_absolute_error

# 测试集评估
test_loss = model.evaluate(X_test_scaled, y_test_scaled, verbose=0)
print(f"测试集标准化 MSE: {test_loss:.4f}")
y_pred_scaled = model.predict(X_test_scaled)
```

```
y_pred = y_scaler.inverse_transform(y_pred_scaled)      # 反归一化
r2 = r2_score(y_test, y_pred)
mae = mean_absolute_error(y_test, y_pred)
print(f"R²: {r2:.3f} , MAE: {mae:.2f}千美元")

# 预测新样本(房间数=6.5)
new_rm = scaler.transform(np.array([[6.5]]))             # 需要标准化
pred_scaled = model.predict(new_rm)
pred_price = y_scaler.inverse_transform(pred_scaled)  # 反归一化
print(f"房间数 6.5 的房屋预测价格: {pred_price[0][0]:.2f}千美元")

# 可视化拟合效果
plt.scatter(X, y, alpha=0.6, label='Actual Price')
plt.plot(X, y_scaler.inverse_transform(model.predict(scaler.transform(X))),
         'r-', lw=2, label='Predicted')
plt.xlabel('房间数(RM)')
plt.ylabel('房价 单位: 千美元')
plt.legend()
plt.show()
```

代码运行结果如下:

```
测试集标准化MSE: 0.5325
4/4 ━━━━━━━━━━━━━━━━ 0s 3ms/step
R²: 0.369 , MAE: 4.48千美元
1/1 ━━━━━━━━━━━━━━━━ 0s 36ms/step
房间数6.5的房屋预测价格: 24.49千美元
16/16 ━━━━━━━━━━━━━━━━ 0s 3ms/step
```

可见,MSE=0.5325,R^2=0.369,拟合效果较好,MAE=4.48,误差较小。预测房间数为 6.5 的房屋价格为 24.49 千美元。

拟合效果较好,如图 10-18 所示。

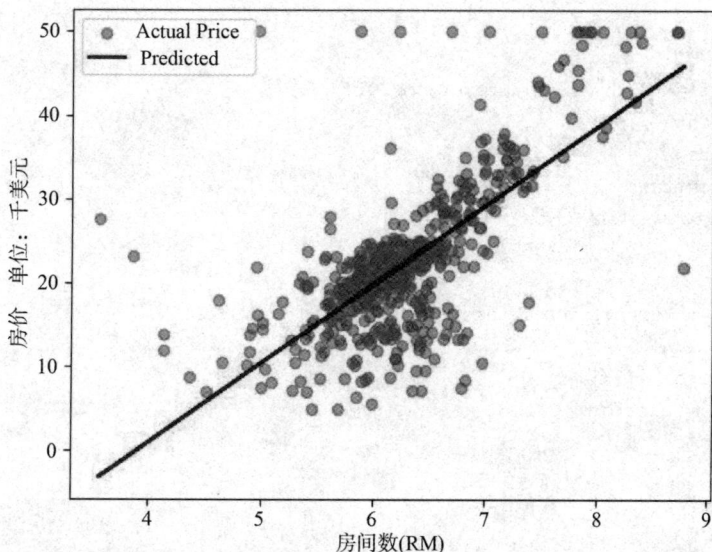

图 10-18 拟合效果

10.4.2　手写数字分类

↗ 案例目标

构建卷积神经网络识别手写数字。

↗ 数据集

MNIST 包含 60000 张训练图、10000 张测试图，为 28×28 的像素灰度图像。

↗ 实践步骤

1）数据加载与预处理

用 ToTensor()将原始的 PIL 图像转换为神经网络可处理的标准化 PyTorch 张量([C, H, W]格式)，并将像素值归一化为[0,1]。调用 Normalize()，使用 MNIST 的全局均值(0.5)和标准差(0.5)进行标准化，使数据分布接近正态分布，从而加快模型收敛。最后创建数据加载器 DataLoader实现数据的批量加载和并行数据读取。

核心代码如下：

```python
import torch
import torchvision
import torchvision.transforms as transforms

# 设置设备(自动选择 GPU/CPU)
device = torch.device('cuda' if torch.cuda.is_available() else 'cpu')

# 定义数据转换(预处理管道)
transform = transforms.Compose([
    transforms.ToTensor(),       # PIL 图像 → 张量 (0-255 → 0-1)
    transforms.Normalize((0.5,), (0.5,))     # 归一化到 [-1, 1]
])

# 加载数据集
train_dataset = torchvision.datasets.MNIST(
    root='./data',
    train=True,
    transform=transform,    # 应用预处理
    download=True  # 自动下载
)

test_dataset = torchvision.datasets.MNIST(
    root='./data',
    train=False,
    transform=transform
)

# 创建数据加载器
batch_size = 64
train_loader = torch.utils.data.DataLoader(
    dataset=train_dataset,
```

```
    batch_size=batch_size,
    shuffle=True  # 训练集乱序
)

test_loader = torch.utils.data.DataLoader(
    dataset=test_dataset,
    batch_size=batch_size,
    shuffle=False  # 测试集无需乱序
)
```

2) 数据可视化

显示一个批次的 16 张图片。核心代码如下：

```
import matplotlib.pyplot as plt
import numpy as np

# 获取一个批次数据
images, labels = next(iter(train_loader))

# 显示16张图片
fig, axes = plt.subplots(4, 4, figsize=(10,10))
for i, ax in enumerate(axes.flat):
    npimg = images[i].numpy().squeeze()  # 移除通道维度
    ax.imshow(npimg, cmap='gray')
    ax.set_title(f'Label: {labels[i].item()}')
    ax.axis('off')
plt.show()
```

代码运行结果如图 10-19 所示。

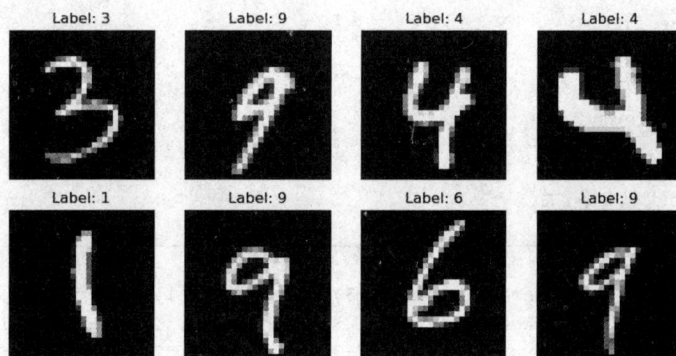

图 10-19　部分手写数字图片

3) CNN 模型构建

设计卷积神经网络自动提取图像空间特征，实现端到端分类。

卷积层中，nn.Conv2d(1, 32, kernel_size=3, padding=1)表示通过 3×3 卷积核提取局部特征，padding=1 保持特征图尺寸不变。输出通道数递增(32→64)，增强特征表达能力。

池化层中，nn.MaxPool2d(2, 2)表示 2×2 最大池化，将特征图尺寸压缩至 1/4，增强平移不变性。

全连接层中，nn.Linear(64 * 7 * 7, 128)表示降维至 128 维隐藏层，最后映射到 10 维输出，对应 10 个数字类别。view(-1, 64 * 7 * 7)表示将 3D 特征图展平为 1D 向量。

核心代码如下：

```python
import torch.nn as nn
import torch.nn.functional as F

class CNN(nn.Module):
    def __init__(self):
        super(CNN, self).__init__()
        # 卷积层 1: 1 输入通道 → 32 输出通道 (3x3 卷积核)
        self.conv1 = nn.Conv2d(1, 32, kernel_size=3, padding=1)
        # 卷积层 2: 32 通道 → 64 通道
        self.conv2 = nn.Conv2d(32, 64, kernel_size=3, padding=1)
        # 最大池化层  2x2 窗口，步长 2
        self.pool = nn.MaxPool2d(2, 2)
        # 全连接层 1: 输入维度 64 * 7 * 7 (两次池化后尺寸)
        self.fc1 = nn.Linear(64 * 7 * 7, 128)
        # 输出层: 10 个类别(0-9)
        self.fc2 = nn.Linear(128, 10)

    def forward(self, x):
        # 卷积 → ReLU → 池化
        x = self.pool(F.relu(self.conv1(x)))  # 输出: [batch, 32, 14, 14]
        x = self.pool(F.relu(self.conv2(x)))  # 输出: [batch, 64, 7, 7]
        # 展平多维特征图
        x = x.view(-1, 64 * 7 * 7)
        # 全连接层 + ReLU 激活
        x = F.relu(self.fc1(x))
        x = self.fc2(x)       # 输出 logits 未归一化概率
        return x
# 实例化模型并移至设备
model = CNN().to(device)
print(model)  # 打印网络结构
```

代码输出的网络结构如下：

```
CNN(
  (conv1): Conv2d(1, 32, kernel_size=(3, 3), stride=(1, 1), padding=(1, 1))
  (conv2): Conv2d(32, 64, kernel_size=(3, 3), stride=(1, 1), padding=(1, 1))
  (pool): MaxPool2d(kernel_size=2, stride=2, padding=0, dilation=1, ceil_mode=False)
  (fc1): Linear(in_features=3136, out_features=128, bias=True)
  (fc2): Linear(in_features=128, out_features=10, bias=True)
)
```

4) 模型训练

通过反向传播优化网络权重，最小化预测误差。

损失函数采用 nn.CrossEntropyLoss()计算交叉熵损失，优化器采用适合 CNN 训练的 torch.optim.Adam 作为自适应学习率优化器。随后开始训练 5 个 epoch，注意需要调用 zero_grad() 清空梯度缓存，避免批次间梯度累积。

核心代码如下：

```python
criterion = nn.CrossEntropyLoss()      # 交叉熵损失
optimizer = torch.optim.Adam(model.parameters(), lr=0.001)    #Adam 优化器


# 训练循环
num_epochs = 5     # 训练 5 个 epoch
for epoch in range(num_epochs):
    running_loss = 0.0
    for i, (images, labels) in enumerate(train_loader):
        # 数据移至设备
        images = images.to(device)
        labels = labels.to(device)

        # 前向传播
        outputs = model(images)
        loss = criterion(outputs, labels)     # 计算损失

        # 反向传播
        optimizer.zero_grad()    # 清零梯度，防止梯度累积
        loss.backward()            # 基于动态计算图自动微分计算梯度
        optimizer.step()           # 根据梯度更新权重

        # 统计损失
        running_loss += loss.item()

    # 输出每个 epoch 的平均损失
    epoch_loss = running_loss / len(train_loader)
    print(f'Epoch [{epoch+1}/{num_epochs}], Average Loss: {epoch_loss:.4f}')
```

代码运行结果如下：

```
Epoch [1/5], Average Loss: 0.0178
Epoch [2/5], Average Loss: 0.0118
Epoch [3/5], Average Loss: 0.0106
Epoch [4/5], Average Loss: 0.0090
Epoch [5/5], Average Loss: 0.0070
```

5) 模型评估

通过模型评估，量化模型在未见数据上的泛化能力。

首先将模型切换到评估模式，以关闭 Dropout 和 BatchNorm 的随机性，确保评估结果稳定。调用 torch.no_grad()在上下文管理器内禁用梯度计算，减少内存消耗并加速推理过程。调用 torch.max(outputs.data, 1)沿维度 1(类别)取最大值索引，即预测类别。最后，计算预测准确度。

核心代码如下：

```python
model.eval()    # 切换到评估模式
correct = 0
total = 0


with torch.no_grad():   # 禁用梯度计算，从而节省内存
    for images, labels in test_loader:
```

```
        images = images.to(device)
        labels = labels.to(device)

        outputs = model(images)
        _, predicted = torch.max(outputs.data, 1)    # 获取预测类#别, dim=1

        total += labels.size(0)
        correct += (predicted == labels).sum().item()

accuracy = 100 * correct / total
print(f'Test Accuracy: {accuracy:.2f}%')
```

代码运行结果如下：

```
Test Accuracy: 99.34%
```

由此说明该模型预测准确度较高。

10.5　综合案例——构建简单的聊天机器人

想象一下，构建一个全能的聊天机器人，它能陪你聊天、解答难题，甚至帮你订外卖——听起来令人兴奋。但事实上，这个过程非常复杂。

首先要进行需求分析。一个企业级聊天机器人所需的基础功能有基本的问答系统、上下文记忆、多轮对话管理、情感分析等，还需要支持多种语言，根据需求集成各类 API 与大模型。此外，对聊天机器人的性能也有很高的要求，大多数要求响应时间<2 秒，且准确率>85%。其次，进行数据的收集与清洗，需要整理包括几万条对话记录在内的海量数据。模型的开发与训练则更复杂，通常使用 LangChain+千帆大模型处理复杂语义，还需要使用 Java 语言进行后端开发等。

因此，考虑到实际情况，可利用 ChatterBot 库构建一个简易的聊天机器人。ChatterBot 库是一款开源的对话机器人库，为开发者提供了构建智能对话系统的强大工具。它提供了简洁而丰富的 API，方便开发者快速构建对话系统。ChatterBot 还支持多种语言(包括中文)，能处理不同语言环境下的对话。

执行如下命令安装 ChatterBot 库：

```
pip install chatterbot chatterbot_corpus
```

具体的构建代码如下：

```
from chatterbot import ChatBot
from chatterbot.trainers import ChatterBotCorpusTrainer

# 创建机器人实例
bot = ChatBot(
    "FreshmanBot",  # 机器人名称
    storage_adapter="chatterbot.storage.SQLStorageAdapter",  # 数据库存储
    database_uri="sqlite:///database.sqlite3"  # 数据库文件
```

```
)

# 使用英文语料库进行训练
trainer = ChatterBotCorpusTrainer(bot)
trainer.train("chatterbot.corpus.english")    # 内置数据集
# 使用中文语料库进行训练
trainer.train("chatterbot.corpus.chinese")

# 对话循环
print("【智能聊天机器人】输入'exit'退出")
while True:
    user_input = input("你: ")
    if user_input.lower() == "exit":
        print("机器人: 期待下次聊天! ")
        break
    response = bot.get_response(user_input)
    print("机器人: ", response)
```

代码运行效果如图10-20和图10-21所示。

```
ChatterBot Corpus Trainer: 19it [00:05,  3.43it/s]
ChatterBot Corpus Trainer: 17it [00:03,  5.52it/s]
【智能聊天机器人】输入'exit'退出
你:  hello
机器人:  Hi
你:  ↑↓ for history. Search history with c-↑/c-↓
```

图 10-20　聊天机器人界面

```
【智能聊天机器人】输入'exit'退出
你:  hello
机器人:  Hi
你:  how are you?
机器人:  I am doing well.
你:  你好吗
机器人:  我还不错.
你:  exit
机器人: 期待下次聊天!
```

图 10-21　支持中英文聊天

课后习题

一、选择题

1. 数据清洗的核心任务是(　　)。

　　A. 训练机器学习模型

　　B. 将模型部署到生产环境中

　　C. 识别并修正数据中的缺失值、错误记录和重复数据

　　D. 从原始数据中提取新特征(如从出生日期提取年龄)

2. 特征工程的主要目的是( )。
    A. 划分训练集和测试集
    B. 通过人工处理数据生成更能描述问题本质的特征
    C. 优化模型超参数(如学习率)
    D. 部署模型并收集用户反馈

3. 在模型训练过程中，( )是防止过拟合的关键步骤。
    A. 处理缺失值和重复数据
    B. 使用交叉验证和调整超参数
    C. 将模型部署到 API 接口
    D. 从用户反馈中收集新数据

4. 模型部署后，持续优化的关键措施是( )。
    A. 仅定期备份模型参数
    B. 收集用户反馈数据并驱动模型再训练
    C. 增加训练数据集的样本量
    D. 更换新的机器学习算法

二、实践操作题

完成以下案例：葡萄酒质量预测。

↗ 案例目标

根据葡萄酒的化学成分预测其质量评分。

↗ 数据集

scikit-learn 内置葡萄酒数据集，包含红葡萄酒和白葡萄酒的理化指标(酸度、糖分、pH 值等)及人工评分(0~10 分)，可直接通过 from sklearn.datasets import load_wine 导入，使用 load_wine() 加载。

↗ 案例要求

(1) 数据可视化：要求绘出特征分布。
(2) 使用线性回归、随机森林回归模型。
(3) 使用均方误差 MSE、R^2 分数进行模型评估。

第 11 章

伦理与责任

课程目标

知识目标：明确数据隐私保护全流程风险，剖析算法偏见产生机制；掌握AI可解释性技术分类及应用场景；理解军事AI伦理争议焦点与国际监管趋势。

能力目标：能够识别数据隐私侵犯行为，评估算法公平性；分析不同AI模型的可解释性程度；从伦理视角辩论军事AI技术应用的合理性。

素养目标：强化数据伦理与技术责任意识，培养批判性思维与社会责任感，树立AI技术造福人类的价值观。

重难点

重点：GDPR数据保护核心条款，算法偏见的检测与纠正方法，决策树可解释性原理，自主武器系统责任归属争议。

难点：平衡数据利用与隐私保护的实践策略，复杂神经网络模型的可解释性技术应用，国际军事AI伦理准则的协调困境。

11.1 数据隐私与算法偏见

11.1.1 数据隐私保护

在数字技术深度渗透社会生活的当下，人工智能的发展使数据成为驱动社会运转的新型"石油"。从智能穿戴设备实时监测的健康数据，到智能家居系统记录的生活习惯数据，再到社交平台留存的人际交互数据，各类数据的收集、存储与分析无处不在。然而，数据隐私风险也如影随形，构成对个人权利与社会秩序的潜在威胁。

在数据收集环节，用户常处于信息不对称的弱势地位。许多移动应用在安装时，会以"完善服务"为由索要大量超出功能需求的权限。例如，某拍照类型 App 要求获取用户通信录权限，某天气类应用索要麦克风访问权限，此类过度收集行为已成为行业顽疾。根据国际数据隐私监测机构的调查，全球超过 70%的移动应用存在不同程度的权限滥用问题。此外，部分企业通过隐蔽的第三方 SDK(软件开发工具包)收集用户数据，这些 SDK 如同隐藏在应用中的"数据间谍"，未经用户明确同意，便将数据传输至第三方机构，进一步加剧了隐私泄露风险。

数据存储面临物理安全与技术漏洞的双重挑战。随着数据中心规模不断扩大，自然灾害、电力故障等物理因素可能导致数据丢失。例如，2019 年美国某大型云服务提供商的数据中心因遭遇飓风侵袭，导致大量客户数据永久损毁。而在技术层面，黑客攻击手段愈发先进，数据加密技术的破解与绕过事件频发。2020 年，某知名酒店集团的预订系统遭黑客攻击，超 5 亿用户的姓名、身份证号、信用卡信息等敏感数据被窃取，该事件暴露出许多企业在数据存储加密算法选择与密钥管理方面存在严重缺陷。为应对这些风险，现代数据存储采用分层加密策略，对静态数据实施全磁盘加密、数据库字段加密，同时引入区块链技术，利用其去中心化、不可篡改的特性，构建更安全的数据存储架构。

数据使用与共享环节的隐私问题则更复杂。部分互联网企业通过数据融合技术，将来自不同渠道的用户数据整合分析，以实现精准营销。例如，某电商平台将用户购物数据与社交媒体数据关联，构建出用户的完整画像，进而推送高度个性化的广告。但在此过程中，企业往往忽视用户的知情权与控制权，未清晰告知数据融合的具体方式与用途。在跨国数据流动场景下，隐私保护面临更大挑战。不同国家的数据保护法律存在差异，数据从高保护水平地区流向低保护水平地区时，极易引发隐私泄露风险。欧盟 GDPR 设立的"数据出口条款"，要求企业在将欧盟境内数据传输至其他国家时，必须确保接收国具备"充分的数据保护水平"，正是对此类风险的回应。

11.1.2　算法偏见剖析

算法偏见本质上是人类社会偏见在技术层面的映射，其产生机制涉及数据、算法与社会文化等多个层面。在数据层面，训练数据的选择偏差、标注偏差和代表性偏差是导致算法偏见的主要原因。例如，在招聘算法的训练数据中，若历史录用人员多为某一性别或种族，算法可能将这些非相关因素纳入筛选标准，导致后续招聘出现性别或种族歧视。2018 年，亚马逊公司开发的简历筛选算法被发现系统性地歧视女性求职者，原因在于其训练数据主要来源于过去十年录用的男性主导的简历，算法错误地将"男性"特征与"优秀求职者"关联。

算法设计缺陷同样不容忽视。部分机器学习模型采用的优化目标函数，可能无意中放大数据中的偏见。以基于决策树的信用评分模型为例，若在特征选择过程中过度依赖邮政编码等与地域相关的特征，可能会因为不同地区的经济发展差异，导致算法对贫困地区居民产生歧视性评分。此外，深度学习模型的复杂性使得偏见难以被察觉，其"黑盒"特性导致开发者无法直观理解模型决策依据，增加了偏见检测与纠正的难度。

算法偏见在社会各领域的危害已逐步显现。在司法领域，美国使用的 COMPAS(校正罪犯管理预测替代方案)风险评估算法，被证实对黑人罪犯存在系统性偏见，该算法预测黑人再犯罪率的错误率比白人高出 45%，导致黑人罪犯在量刑时面临更严厉的判决。在教育领域，智能考勤与成绩预测系统可能因为算法偏见，对少数族裔学生产生不公平的评价，影响其学业发展机会。近年来，学界与业界积极探索算法偏见的治理路径，包括开发公平性度量指标(如统计平等、机会平等)、设计偏见检测工具(如 IBM 的 AI Fairness 360 库)及推行算法审计制度，要求企业定期对算法进行公正性审查。

11.2 AI 的可解释性与透明性

11.2.1 可解释性的意义

AI 可解释性已成为技术信任构建的核心要素，尤其在关乎生命健康与重大经济利益的领域，其重要性愈发凸显。在医疗诊断领域，AI 辅助诊断系统的决策结果直接影响患者的治疗方案。例如，在肺癌影像诊断中，若 AI 系统仅提示"发现疑似肿瘤"，却无法说明影像中的哪些特征支持该判断，医生将难以据此制定手术方案或选择治疗药物。研究表明，当医生无法理解 AI 诊断依据时，其对诊断结果的采纳率不足 30%，而在可解释的情况下，采纳率可提升至 75% 以上。

金融领域对 AI 可解释性的需求更为迫切。在智能投顾服务中，客户需要了解算法为何推荐特定的投资组合，其风险评估的依据是什么。若算法无法提供清晰解释，不仅会引发客户对投资决策的不信任，还可能违反金融监管要求。例如，欧盟《金融工具市场指令 II》(MiFID II)明确规定，金融机构必须向客户解释自动化投资决策系统的运行逻辑。此外，在自动驾驶领域，当车辆发生事故时，可解释性技术能帮助厘清事故责任，分析算法决策是否存在失误。

11.2.2 可解释性技术

当前，AI 可解释性技术可分为事前解释、事中解释与事后解释三类。事前解释技术旨在设计本身具有可解释性的模型，除决策树外，基于规则的专家系统也是典型代表。此类系统通过"IF-THEN"规则集合进行推理，例如在医疗诊断专家系统中，规则可能表述为"IF 患者体温超过 38℃且伴有咳嗽，THEN 疑似呼吸道感染"，规则的直观性使其决策过程易于理解。

事中解释技术主要应用于深度学习模型，通过可视化中间层特征或注意力机制来揭示模型决策过程。Grad-CAM(梯度加权类激活映射)是该领域的代表性技术，它通过计算神经网络输出对输入图像的梯度，生成可视化热力图，展示模型在识别图像时的关注区域。例如，在识别交通标志的任务中，Grad-CAM 能够清晰显示模型是基于标志的形状、颜色还是文字进行判断。

事后解释技术则针对已训练完成的"黑盒"模型，通过近似或抽象的方式提供解释。LIME(局部可解释模型无关解释)是其中的经典方法，它通过在目标样本附近生成虚拟数据，训练一个可解释的代理模型(如线性模型或决策树)，用代理模型的决策逻辑近似解释原模型行为。此外，SHAP(SHapley Additive exPlanations)基于博弈论中的 Shapley 值，为每个输入特征分配一个贡献值，量化其对模型输出的影响，广泛应用于金融风险评估、医疗预测等领域。

11.3 军事 AI 与伦理红线

11.3.1 自主武器系统的争议

自主武器系统的军事化应用引发了国际社会对战争伦理的深度反思。从技术层面看，现有自主武器系统的感知与决策能力存在显著局限性。其依赖的计算机视觉与自然语言处理技术，在复杂战场环境下容易出现误判。例如，在烟雾弥漫的城市巷战中，配备图像识别系统的无人机可能将平民携带的背包误认为爆炸物，进而发动攻击。据国际红十字会统计，在近年的局部冲突中，因自主武器系统误判导致的平民伤亡占比已达战争伤亡总数的 15% 以上。

责任归属问题构成自主武器系统发展的伦理瓶颈。当自主武器系统在未经人类干预的情况下造成伤害时，难以确定责任主体。若将责任归咎于开发者，可能抑制军事技术创新；若由使用者承担责任，又违背"人在回路"的战争伦理原则。联合国《特定常规武器公约》(CCW)自2014 年起就自主武器系统展开谈判，但由于各国军事战略差异，至今未能达成具有约束力的国际协议。当前，部分国家采取折中方案，要求自主武器系统保留"人在回路"或"人在环上"的干预机制，即在关键决策环节必须有人的参与或监督。

11.3.2　军事数据安全与隐私

军事 AI 的发展使数据成为新型战略资源，也加剧了军事数据安全风险。在数据收集阶段，智能传感器、无人机等设备持续采集海量战场数据，这些数据包含地形地貌、部队调动等敏感信息，一旦泄露将直接威胁国家安全。例如，某国通过分析社交媒体上士兵发布的照片，利用地理信息识别技术，成功定位敌方军事基地的具体位置。

数据传输过程中的安全威胁同样严峻。军事通信网络面临网络攻击、信号截获等多重风险。2022 年，某军事演习期间，参演部队的通信数据遭黑客中间人攻击，演习计划与兵力部署信息被窃取。为应对此类威胁，量子通信技术逐渐应用于军事领域，其基于量子纠缠原理实现的绝对安全通信，从理论上杜绝了数据被窃听的可能。

在数据存储与处理环节，军事 AI 模型的训练数据存在隐私泄露风险。若训练数据包含军事人员的生物特征信息(如指纹、虹膜数据)或作战经验数据，一旦泄露可能被敌方利用。当前，联邦学习技术为军事数据安全提供了新思路，该技术允许数据在不离开本地的情况下协同训练模型，通过加密参数交换实现知识共享，有效保护军事数据隐私。

课后习题

一、选择题

1. 以下行为中，最可能侵犯用户数据隐私的是(　　)。
   A. 电商平台根据用户购买记录推荐商品
   B. 手机 App 在用户不知情的情况下，通过第三方 SDK 收集通信录信息
   C. 搜索引擎记录用户搜索历史用于优化服务
   D. 健身软件记录用户运动数据

2. 亚马逊简历筛选算法歧视女性求职者，主要是由于(　　)导致算法偏见？
   A. 算法设计存在逻辑错误
   B. 训练数据存在性别选择偏差
   C. 模型优化目标函数缺陷
   D. 数据标注错误

3. 在医疗诊断中，AI可解释性的主要作用是(　　)。
　A. 提高诊断速度
　B. 降低开发成本
　C. 帮助医生理解诊断依据，增强对结果的信任
　D. 减少数据存储量
4. 关于自主武器系统，下列说法正确的是(　　)。
　A. 完全不需要人类干预　　　　　B. 不会对平民造成伤害
　C. 责任归属明确，由开发者承担　　D. 存在误判风险，可能引发伦理争议
5. 为保护军事数据隐私，下列技术中效果最佳的是(　　)。
　A. 数据加密技术　　　　　　　　B. 区块链技术
　C. 联邦学习技术　　　　　　　　D. 云计算技术

二、填空题

1. 数据隐私保护涵盖数据的_____、存储、使用和_____等环节。
2. 算法偏见的产生源于数据偏差和_____缺陷。
3. 可解释性技术分为事前解释、_____解释与_____解释三类。
4. 联合国《特定常规武器公约》针对_____展开谈判，旨在解决其伦理争议
5. 军事数据在_____过程中，可能因黑客中间人攻击导致信息泄露。

三、简答题

1. 简述数据收集环节中常见的侵犯用户隐私的行为。
2. 分析算法偏见对司法领域和教育领域可能产生的危害。
3. 列举三种AI可解释性技术，并简要说明其原理。
4. 说明自主武器系统引发伦理争议的主要原因。
5. 阐述联邦学习技术在军事数据隐私保护中的作用机制。

四、论述题

1. 结合实际案例，论述在人工智能发展过程中，应如何平衡数据利用与数据隐私保护。
2. 从技术、法律和社会等多层面探讨如何有效治理算法偏见问题。

五、案例分析题

1. 某智能投顾平台为用户提供投资建议，但无法向用户解释推荐投资组合的具体依据，导致用户对投资决策不信任，部分用户选择撤资。
(1) 分析该案例中反映出的AI伦理问题。
(2) 提出解决该问题的具体措施，可结合相关技术和法律法规进行说明。

第 12 章

社会影响与职业发展

12.1 AI 对就业市场的冲击与机遇

12.1.1 传统岗位面临的挑战

在人工智能技术高速发展的浪潮下，就业市场正经历着前所未有的深刻变革。首当其冲的是重复性、规律性强的传统岗位。在制造业，智能化生产线的普及彻底改变了生产模式。以汽车制造为例，特斯拉的超级工厂中，机器人承担了车身焊接、喷涂等绝大部分工作，原本需要大量工人协作完成的工序，如今仅需要少数技术人员监控设备运行。据统计，特斯拉上海超级工厂每生产一辆汽车所需的人工工时，相较于传统汽车工厂降低了60%以上。这种生产模式的转变，使得流水线工人、装配工人等岗位数量大幅减少。

在财务领域，智能财务软件的应用同样带来巨大冲击。德勤开发的财务机器人，能够自动处理发票识别、账务核算、报表生成等基础财务工作。以往需要一个财务团队花费数天时间完成的月度财务结算工作，财务机器人仅需要数小时就能高效地完成，且错误率极低。某大型企业引入财务机器人后，基础会计岗位数量减少了30%，大量从事简单账务处理的会计人员面临职业转型压力。

不仅如此，客服行业也因智能客服系统的广泛应用而发生改变。银行、电商等企业的客服热线，大量咨询问题可由智能客服通过自然语言处理技术快速解答。相关数据显示，目前智能客服已能处理约70%的常见咨询问题，导致传统客服岗位需求明显下降。

12.1.2 AI 催生的新兴职业

AI 技术的发展，如同打开了一扇新的机遇之门，催生了大量极具发展潜力的新兴职业。

算法工程师作为 AI 领域的核心技术人才，肩负着开发和优化 AI 算法的重任。他们需要深入研究机器学习、深度学习算法，将理论转化为实际可用的模型，应用于图像识别、语音识别、推荐系统等多个领域。例如，在短视频平台的推荐算法开发中，算法工程师通过分析用户的观看历史、点赞评论等行为数据，构建复杂的推荐模型，实现个性化内容推荐，极大地提升用户体验。随着 AI 应用场景的不断拓展，算法工程师的需求持续攀升，薪资水平也在众多职业中位居前列。

数据标注师是 AI 模型训练不可或缺的一环。虽然 AI 模型能自动学习数据特征，但在训练初期，需要大量人工标注的数据作为基础。数据标注师需要对图像、文本、语音等数据进行分类、标注、注释等处理，为模型训练提供高质量的标注数据。以自动驾驶领域为例，数据标注师要对海量的道路图像进行标注，识别出车辆、行人、交通标志等元素，这些标注数据是自动驾驶模型学习和识别道路环境的关键。随着 AI 产业的发展，数据标注师的岗位数量快速增长，成为 AI 产业链中重要的基础岗位。

AI 伦理专家的出现，则是为了应对 AI 发展带来的伦理和社会问题。他们需要从伦理学、法学等多学科视角出发，研究 AI 技术应用中可能出现的算法偏见、数据隐私泄露、自主武器系统的伦理争议等问题。例如，在人脸识别技术应用于公共安全领域时，AI 伦理专家要评估该技术是否存在对特定群体的偏见，是否侵犯公民的隐私权，从而提出相应的伦理准则和监管建议，确保 AI 技术的发展符合人类价值观和社会伦理规范。

智能医疗领域的 AI 影像分析师能够利用 AI 技术对医学影像进行分析，辅助医生更准确地诊断疾病。他们需要熟悉医学影像知识和 AI 图像处理技术，通过对 X 光、CT、MRI 等影像的分析，识别病变特征，为医生提供诊断参考。

金融科技行业的智能风控专家，则运用 AI 技术构建风险评估模型，对信贷、投资等业务中的风险进行实时监测和预警，保障金融机构的资金安全。这些新兴职业不仅为求职者提供了新的发展方向，也推动了 AI 技术在各行业的深入应用。

12.1.3 应对就业格局变化的策略

面对 AI 带来的就业格局变化，个人、企业和政府都需要积极采取应对策略。个人层面，主动提升数字素养与专业技能是关键。除了掌握编程、数据分析、机器学习等 AI 核心技术，还应注重培养跨学科能力和创新思维。例如，具备医学知识背景又掌握 AI 技术的人才，在智能医疗领域具有独特优势；熟悉金融业务又懂 AI 算法的人员，更适合从事金融科技相关工作。

此外，保持终身学习的态度，关注 AI 技术的最新发展动态，通过在线课程、培训讲座等方式不断学习新知识、新技能，才能在快速变化的就业市场中保持竞争力。

企业方面，应将员工培训作为重要战略。一方面，针对现有员工开展技能转型培训，帮助他们掌握与 AI 相关的新技能，实现从传统岗位到新兴岗位的转型。例如，某制造企业与职业培训机构合作，为流水线工人提供自动化设备操作、机器人维护等方面的培训，使部分工人成功转型为智能制造技术人员。另一方面，企业要积极吸引 AI 领域的专业人才，优化人才结构，提升企业在 AI 时代的创新能力和竞争力。

政府在促进就业结构平稳过渡中发挥着重要作用。通过出台相关政策，鼓励企业开展职业技能培训，对参与培训的企业给予财政补贴或税收优惠。加大对新兴产业的扶持力度，设立专项基金支持 AI 相关企业发展，创造更多的就业岗位。同时，加强职业教育和高等教育改革，调整专业设置，培养符合市场需求的 AI 专业人才。例如，我国部分高校新增人工智能、数据科学与大数据技术等专业，并与企业合作开展产学研项目，提高人才培养质量和实用性。

12.2　全球政策与行业监管

12.2.1　欧盟 AI 法案的引领作用

随着 AI 技术影响力的不断扩大，全球各国和地区纷纷加强政策制定与行业监管，以规范技术发展，防范潜在风险。欧盟在 AI 监管领域走在世界前列，其推出的《人工智能法案》是全球首部全面规范 AI 应用的立法草案，对全球 AI 监管政策的制定具有重要的引领和示范作用。

该法案创新性地将 AI 系统分为不同风险等级，依据风险程度实施差异化监管。对于被判定为高风险的 AI 系统，如用于招聘、信贷评估、司法判决辅助的 AI 工具，法案制定了严格且细致的要求。在透明度方面，要求此类系统必须向用户清晰地说明决策过程和依据，确保用户能够理解 AI 系统为何做出特定决策。例如，在招聘场景中，使用 AI 招聘系统的企业需要向求职者解释系统筛选简历的标准和算法逻辑，避免因不透明导致的不公平现象。在可追溯性上，要求系统记录关键操作和决策数据，以便在出现问题时能够追溯和审查。对于司法判决辅助 AI 系统，需要保存决策过程中的数据和算法参数，确保司法决策的公正性和可审查性。同时，法案强调人类监督的重要性，规定高风险 AI 系统在运行过程中，必须有人类进行适当的监督和干预，防止 AI 系统出现错误决策或滥用情况。

此外，法案明确禁止使用具有不可接受风险的 AI 技术。例如，严格禁止使用社会评分系统，该系统通过收集和分析个人的各种行为数据，对个人进行评分和分类，这种技术可能导致严重的社会歧视和不公平现象。同时，基于生物特征的实时远程识别系统也受到严格限制，仅在特定的公共安全等紧急情况下允许使用，且需要遵循严格的程序和条件。欧盟《人工智能法案》的出台，为全球 AI 监管提供了重要参考，推动各国加快 AI 立法进程，加强对 AI 技术的规范和管理。

12.2.2 美国的分散式监管模式

与欧盟的统一立法监管不同，美国在 AI 政策上采取"分散式"监管模式。美国未出台统一的 AI 法案，而是由各部门根据自身职责范围，分别出台相关规定和政策。美国食品药品监督管理局(FDA)负责监管医疗 AI 产品，确保 AI 在医疗诊断、治疗等领域的应用安全有效。例如，对于 AI 辅助诊断软件，FDA 会对其准确性、可靠性进行严格审查，只有通过审查的产品才能进入市场。联邦贸易委员会(FTC)则主要关注 AI 引发的消费者权益问题，打击利用 AI 技术进行虚假宣传、侵犯消费者隐私等不正当行为。当 AI 企业的广告推荐算法存在误导消费者的情况时，FTC 有权对其进行调查和处罚。

在推动 AI 技术研发方面，美国政府通过设立科研基金、税收优惠等政策，鼓励企业和科研机构加大对 AI 技术的研发投入。同时，积极开展国际合作，与其他国家和地区共同推动 AI 技术的发展。美国在 AI 领域的领先地位，得益于其灵活的监管模式和强大的创新生态系统。然而，分散式监管模式也存在一定弊端，各部门之间的政策协调难度较大，可能导致监管漏洞和重复监管等问题。

12.2.3 中国的 AI 发展与监管体系

中国高度重视 AI 发展与监管，将人工智能上升为国家战略。2017 年发布的《新一代人工智能发展规划》，明确了我国 AI 技术研发、产业应用、人才培养等方面的发展方向和目标。规划提出，到 2030 年，我国人工智能理论、技术与应用总体达到世界领先水平，成为全球主要的人工智能创新中心。

在监管层面，我国陆续出台了一系列法律法规，构建起较为完善的 AI 监管体系。《中华人民共和国数据安全法》《中华人民共和国个人信息保护法》的实施，为 AI 应用中的数据使用和隐私保护提供了法律依据。企业在收集、使用个人数据时，必须遵循合法、正当、必要原则，明确告知用户数据使用目的和范围，并获得用户同意。在 AI 产业发展政策方面，政府通过设立专项基金、建设 AI 产业园区、提供税收优惠等措施，支持 AI 企业发展，促进产业集聚和创新。例如，北京、上海、深圳等地纷纷建立人工智能创新基地，吸引了大量 AI 企业和人才入驻，形成了良好的产业发展生态。

同时，我国积极参与国际 AI 治理合作，与其他国家共同探讨 AI 发展中的全球性问题，推动制定公平合理的国际 AI 规则。中国在 AI 发展与监管方面的实践，既注重技术创新，又强调风险防范，为全球 AI 治理贡献了中国智慧和方案。

12.3 职业规划与技能树

12.3.1 算法工程师

算法工程师作为 AI 领域的核心技术人才，其成长需要构建全面而深入的技能树。在基础理论方面，高等数学、线性代数、概率论与数理统计是不可或缺的基石。高等数学中的微积分知识，对于理解算法的优化过程至关重要，如梯度下降算法就是基于微积分原理优化模型参数；

线性代数中的矩阵运算，是处理图像、文本等数据的数学基础，在深度学习的神经网络计算中广泛应用；概率论与数理统计则帮助算法工程师理解数据的分布特征，进行模型的概率推断和不确定性分析。

熟练掌握至少一种编程语言是算法工程师的必备技能，Python 凭借其简洁的语法、丰富的 AI 库，成为算法开发的首选语言。TensorFlow、PyTorch 等深度学习框架，提供了高效便捷的模型构建和训练工具。算法工程师需要深入学习这些框架的原理和使用方法，能够根据不同的任务需求选择合适的框架和模型结构。

在专业技能上，对机器学习、深度学习算法原理的深入理解是核心竞争力。从经典的决策树、随机森林等传统机器学习算法，到前沿的 Transformer 架构，算法工程师要掌握算法的推导过程、适用场景和优缺点。以 Transformer 架构为例，其自注意力机制打破了传统循环神经网络的序列依赖限制，在自然语言处理和计算机视觉领域取得了巨大成功。算法工程师需要研究其原理，并根据实际需求对架构进行改进和优化。

数据处理与分析能力同样关键。算法工程师要能够使用 NumPy、Pandas 等库进行数据清洗，处理数据中的缺失值、异常值；通过特征工程提取有价值的特征，提升模型的性能。在模型训练、调优与评估环节，要熟练运用交叉验证、混淆矩阵、ROC 曲线等工具，对模型进行全面评估，并根据评估结果调整模型参数，优化模型性能。

此外，良好的代码编写规范有助于团队协作和代码维护；较强的团队协作能力使算法工程师能够与其他成员有效沟通，共同推进项目进展；持续学习能力则是跟上 AI 技术快速发展步伐的保障，通过阅读学术论文、参加技术会议等方式，不断学习新算法、新技术。

12.3.2 AI 产品经理

AI 产品经理是连接技术与市场的桥梁，需要兼具敏锐的产品思维和扎实的 AI 技术认知。在产品规划阶段，要能够深入市场调研，洞察用户需求和行业趋势。通过用户访谈、问卷调查、竞品分析等方法，收集和分析用户反馈，挖掘潜在需求。结合 AI 技术的特点和优势，设计出具有创新性和竞争力的产品。例如，在教育领域，发现学生在语言学习中口语练习不足的问题，AI 产品经理可以结合语音识别和自然语言处理技术，设计一款智能口语练习产品，为用户提供实时语音评测和个性化学习建议。

熟练运用需求分析工具与方法是 AI 产品经理的重要技能。使用思维导图梳理产品功能结构，利用原型设计工具制作产品原型，与用户和开发团队进行沟通和验证。在技术理解方面，要熟悉 AI 技术的基本原理和应用场景，了解机器学习、自然语言处理、计算机视觉等技术能为产品带来的价值。当规划一款智能客服产品时，AI 产品经理要清楚自然语言处理技术在语义理解、对话生成等方面的能力边界，合理规划产品功能。

掌握 AI 项目开发流程，从数据准备、模型训练到产品部署，是确保项目顺利推进的关键。在数据准备阶段，要与数据团队协作，获取高质量的数据，并明确数据标注的要求；在模型训练过程中，与算法工程师沟通，了解模型的训练进度和效果；在产品部署环节，协调开发、测试团队，确保产品稳定上线。

出色的沟通协调能力使 AI 产品经理能够与技术团队、设计团队、市场团队等有效沟通，推动项目各环节顺利进行。具备较强的项目管理能力，能够制订项目计划、把控项目进度、识别和解决项目风险。同时，商业敏感度也是 AI 产品经理不可或缺的素质，要能够分析产品的商业模式、市场规模和盈利潜力，确保产品在市场中取得商业成功。

12.3.3　AI 伦理专家

AI 伦理专家肩负着确保 AI 技术发展、符合人类伦理道德的重要使命。他们需要具备扎实的伦理学、法学理论基础，熟悉功利主义、义务论、德性论等伦理学理论，以及国内外相关法律法规与政策文件。通过伦理学理论分析 AI 技术应用中的道德问题，依据法律法规评估技术应用的合法性。

对 AI 技术原理和应用的深入了解是 AI 伦理专家开展工作的前提。只有熟悉机器学习、深度学习等技术的运行机制，才能识别技术应用中潜在的伦理风险。在人脸识别技术应用中，AI 伦理专家要能够分析算法是否存在对不同种族、性别群体的偏见，数据收集和使用是否侵犯个人隐私，自主决策过程是否缺乏人类监督等问题。

在实践中，AI 伦理专家需深度参与 AI 项目的全生命周期。在需求分析阶段，从伦理角度评估项目的可行性，判断项目可能带来的伦理影响，提出改进建议。例如，对于一款基于 AI 的招聘系统，AI 伦理专家要评估其是否会导致性别、种族等方面的歧视，建议在算法设计中避免使用可能产生歧视的特征。在技术开发阶段，与技术团队合作，提出风险防范建议，确保技术设计符合伦理规范。如要求在数据标注过程中遵循公平、公正原则，避免因标注偏差导致算法偏见。在产品应用阶段，进行伦理审查与监督，建立伦理评估指标体系，对产品的伦理风险进行定期评估和监测。

此外，AI 伦理专家有责任推动制定行业伦理规范。通过研究和总结 AI 技术发展中的伦理问题，参与行业标准和规范的制定，为行业发展提供伦理指引。同时，开展公众伦理教育也是重要职责之一。通过举办讲座、撰写文章等方式，向公众普及 AI 伦理知识，提高公众对 AI 技术的伦理认知，促进全社会对 AI 技术的正确理解和应用。

12.4　求职指南

在人工智能领域竞争日益激烈的就业市场中，掌握有效的求职技巧、打造亮眼的个人展示平台，是成功获得心仪岗位的关键。简历是求职的"敲门砖"，面试是展现个人能力的"主战场"，而技术博客与 GitHub 则是持续展示个人技术实力与学习热情的窗口。以下将从这三个方面详细阐述人工智能岗位求职的实用指南。

12.4.1　简历撰写

简历是求职者向招聘方传递个人信息、专业技能和项目经验的首要媒介，一份优秀的 AI 领域简历需要精准匹配岗位需求，突出个人核心竞争力。

在简历结构设计上，应遵循简洁清晰、重点突出的原则。基本信息部分，除了常规的姓名、联系方式外，可附上个人技术博客或 GitHub 主页链接，方便招聘方进一步了解你的技术积累。教育背景部分，对于本科一年级学生，若有相关课程(高等数学、计算机基础等课程)成绩优异，可标注具体成绩；若参与过与 AI 相关的课程项目，也可简要提及。

技能清单是 AI 简历的核心模块之一。需要按照掌握程度由高到低罗列技能，优先展示与目标岗位紧密相关的技术。例如，应聘算法工程师岗位，应着重强调对机器学习、深度学习算法的掌握，如"熟练掌握线性回归、决策树、卷积神经网络(CNN)、Transformer 等算法原理及应用"；同时，列出熟练使用的编程语言和工具库，如"精通 Python 编程，熟练运用 TensorFlow、PyTorch 深度学习框架，熟悉 NumPy、Pandas 进行数据处理"。对于一些辅助技能，如 Linux 操作系统基本操作、Git 版本控制，也可适当提及，体现综合能力。

项目经验是简历的重中之重，它直观反映了求职者的实践能力和解决问题的水平。描述项目时，应严格遵循 STAR 法则。

- 情境(situation)：说明项目的背景和目标，例如"在 XX 校园智能垃圾分类项目中，为解决传统垃圾分类效率低、准确率不高的问题，团队旨在开发一套基于计算机视觉的智能垃圾分类系统"。
- 任务(task)：明确个人在项目中承担的具体任务，如"负责数据收集与预处理工作，包括通过网络爬虫获取垃圾分类图像数据集，并使用 OpenCV 进行图像清洗、裁剪、增强等操作"。
- 行动(action)：详细阐述采取的技术手段和解决问题的过程，"利用卷积神经网络(CNN)中的 ResNet 模型搭建分类算法，通过调整学习率、优化网络结构等方法进行模型训练和调优"。
- 结果(result)：用具体数据量化成果，"最终使垃圾分类模型的准确率达到 92%，在校园试点应用中，显著提升了垃圾分类效率，相关成果获校级科技创新比赛二等奖"。

此外，简历中的文字表述应简洁专业，避免冗长的句子和模糊的描述；使用项目符号分点罗列关键信息，增强可读性；控制简历篇幅在 1~2 页内，确保招聘方能快速抓取核心内容。

12.4.2　面试技巧

AI 岗位面试通常分为技术面试、项目面试和综合面试等环节，每个环节都有其考察重点，求职者需要针对性地做好准备。

技术面试是检验求职者专业知识储备的关键环节。面试内容涵盖数学基础、算法原理、编程语言等多个方面。在数学基础部分，可能考察线性代数中的矩阵运算、特征值与特征向量，概率论中的概率分布、贝叶斯公式等知识，需要理解这些数学概念在 AI 算法中的应用场景。例如，面试官可能提问"简述矩阵运算在神经网络反向传播中的作用"，回答时需要清晰说明矩阵运算如何实现权重更新和误差传递。

算法原理是技术面试的核心考点，要熟练掌握常见机器学习和深度学习算法的原理、优缺点及适用场景。以决策树算法为例，不仅要能解释其构建过程(如何选择划分属性)，还要能分析过拟合问题的解决方法(如剪枝操作)。对于深度学习算法，如 Transformer，需要理解自注意力机制的原理、多头注意力的作用，以及该架构在自然语言处理任务中的优势。

编程语言相关问题侧重于实际应用能力，可能会要求现场编写代码实现某个功能，如"用 Python 实现一个简单的逻辑回归算法"。在编写代码时，要注意代码规范，添加必要的注释，同时向面试官讲解代码思路，展示清晰的逻辑思维和编码习惯。此外，技术面试可能涉及算法的时间复杂度和空间复杂度分析，需要熟练掌握相关计算方法，并能对不同算法进行性能比较。

项目面试中，面试官会围绕求职者简历上的项目经历展开深入提问，目的是了解项目的真实性、求职者在项目中的实际贡献，以及解决问题的能力。面试前，要对自己参与的项目进行全面复盘，梳理项目的技术难点、遇到的问题及解决方案。例如，若项目中遇到数据不平衡问题，需要清晰阐述采用的处理方法(如过采样、欠采样技术)及其效果。对于项目中使用的技术和工具，要能解释选择的原因，如"为什么在该项目中选择使用 YOLO 算法进行目标检测，而不是 Faster R-CNN"。同时，准备好应对一些假设性问题，如"如果重新做这个项目，你会在哪些方面进行改进"，展示对项目的深入思考和总结能力。

综合面试主要考察求职者的沟通能力、团队协作能力、学习能力和职业素养。在沟通表达方面，回答问题时应条理清晰、语速适中，使用专业术语准确表达观点。例如，当被问及"如何与团队成员沟通技术方案分歧"时，可回答"首先，我会认真倾听对方的观点，分析分歧点；然后，结合项目目标和技术可行性，用数据和案例阐述自己的想法；最后，共同探讨寻找最优解决方案"。在团队协作能力考察中，可通过分享项目中团队合作的经历，说明自己在团队中的角色和贡献，以及如何解决团队冲突。对于学习能力的展示，可提及自己学习新知识、新技术的方法和经历，如"我通过在线课程和开源项目学习了扩散(Diffusion)模型，并将其应用于图像生成的个人实践项目中"。此外，要展现出对人工智能行业的热情和职业规划，给面试官留下积极向上、有目标的良好印象。

12.4.3 技术博客与 GitHub 建设

技术博客和 GitHub 是人工智能从业者展示个人技术实力、分享学习成果和参与技术社区交流的重要平台，也是吸引潜在雇主关注的有效途径。

技术博客的撰写是一个知识整理和深度思考的过程。在选题上，可围绕 AI 领域的热门技术、学习过程中的难点问题、个人项目经验等展开。例如，撰写"Transformer 架构详解：从原理到实践"，详细介绍 Transformer 的结构组成、自注意力机制原理，并附上代码实现和应用案例；或者分享"解决机器学习模型过拟合问题的实战经验"，结合具体项目，分析过拟合产生的原因，以及采用的正则化、早停法等解决方法。

在内容创作上，要注重逻辑性和可读性。文章开头用简洁的语言点明主题，以吸引读者；中间部分按照要点进行论述，结合图表、公式、代码示例等多种形式进行讲解，确保内容清晰易懂；结尾部分进行总结归纳，提出个人见解或未来展望。例如，在讲解卷积神经网络(CNN)时，可通过绘制网络结构图，标注各层功能，再结合 MNIST 数据集分类的代码示例，让读者更好地理解 CNN 的工作原理。同时，定期更新博客，保持活跃度，积极与读者互动，回复评论和私信，提升个人影响力。GitHub 作为全球最大的代码托管平台，在 AI 求职中具有重要价值。首先，要精心挑选上传的项目，优先选择具有代表性、技术含量高的项目，如完整的 AI 应用开发项目、算法优化实践项目等。每个项目的 README 文件至关重要，需要详细说明项目的功能、技术栈、安装使用方法、项目亮点等内容。例如，在一个基于深度学习的图像风格迁移项目中，README 文件可包括项目效果展示图、使用的 PyTorch 框架和相关算法(如 VGG 网络、Gram 矩阵计算)，以及如何运行代码进行风格迁移操作。

此外，保持良好的代码提交记录和规范的代码编写习惯也很关键。每次提交代码时，编写清晰准确的提交说明，便于他人理解代码修改的意图；遵循代码编写规范，如 Python 的 PEP8 规范，提高代码的可读性和可维护性。积极参与开源项目，为其他项目贡献代码或提出有价值的 Issue，展示自己的协作能力和技术水平。通过持续建设 GitHub，打造个人技术品牌，让招聘方直观地看到你的实践能力和技术潜力。

课后习题

一、选择题

1. 在 AI 领域简历撰写中，以下关于技能清单的描述正确的是(　　)。
   A. 随意罗列掌握的所有技能
   B. 按照掌握程度由高到低，优先展示与目标岗位相关的技术
   C. 只写编程语言，不写 AI 框架
   D. 辅助技能无须提及

2. 技术面试中，面试官提问"简述随机森林算法的原理"，这主要考察求职者(　　)方面的知识？
   A. 数学基础　　　　　　　　　B. 编程语言应用
   C. 算法原理　　　　　　　　　D. 项目经验

3. 以下关于 GitHub 在 AI 求职中的作用，说法错误的是(　　)。
   A. 展示个人技术实力的平台
   B. 只需要上传项目代码，无须写 README 文件
   C. 良好的代码提交记录能体现项目参与度
   D. 参与开源项目可展示协作能力

4. 在使用 STAR 法则描述项目经验时，A 代表的是(　　)。
   A. 情境　　　　　　　　　　　B. 任务
   C. 行动　　　　　　　　　　　D. 结果

5. 综合面试主要考察求职者的(　　)。
   A. 仅沟通能力
   B. 仅团队协作能力
   C. 沟通能力、团队协作能力、学习能力和职业素养等多方面
   D. 仅专业技术能力

二、填空题

1. 简历中描述项目经验时，可采用_____法则，从情境、任务、行动和结果四个方面展开。
2. 技术面试常考察数学基础、算法原理、_____等内容。
3. 技术博客撰写在选题上，可围绕 AI 热门技术、_____、个人项目经验等展开。
4. GitHub 项目的_____文件需要详细说明项目功能、技术栈、安装使用方法等内容。
5. 编程语言相关的技术面试问题，侧重于考察求职者的_____能力。

三、简答题

1. 简述 AI 领域简历撰写时，如何突出个人核心竞争力？
2. 在项目面试中，面试官通常会从哪些方面提问？求职者应如何准备？
3. 说明建设个人技术博客对 AI 求职的意义和具体方法。

4. 列举至少三种在 AI 技术面试中可能考察的数学基础知识点，并说明其在 AI 算法中的应用场景。

5. 阐述在 GitHub 上展示项目时，保持良好代码提交记录和规范编写代码的重要性。

四、案例分析题

小张是一名计算机专业本科一年级学生，希望毕业后进入 AI 领域工作。他撰写了一份简历，技能清单中写着"会 Python、了解一些 AI 知识"，项目经验仅简单描述"参与过学校的编程比赛"，未提及具体工作和成果。在技术面试中，当被问到"解释一下卷积神经网络的工作原理"时，他只能简单说出有卷积层，无法深入阐述。在 GitHub 上，他仅上传了一些零散的代码片段，没有完整项目，且代码无注释，提交记录混乱。

(1) 分析小张在求职准备过程中存在的问题。

(2) 针对这些问题，提出具体的改进建议，帮助他提升求职竞争力。

参考文献

[1] 刘峡壁，张毅，钱卫东，李嫄，袁中果，等. 人工智能入门[M]. 北京：中国人民大学出版社，2023.3.

[2] 牛百齐，王秀芳. 人工智能导论[M]. 北京：机械工业出版社，2023.1.

[3] 尹宏鹏. 人工智能基础[M]. 重庆：重庆大学出版社，2023.1.

[4] 胡征. 解密人工智能：原理、技术及应用[M]. 北京：化学工业出版社，2022.10.

[5] 罗卿，常城. 人工智能深度学习综合实践[M]. 北京：人民邮电出版社，2022.8.

[6] 张伟，李晓磊，田天. 人工智能技术基础及应用[M]. 北京：机械工业出版社，2022.8.

[7] 张 红，卞 克. 人工智能基础教程[M]. 北京：人民邮电出版社，2023.10.

[8] 刘江，章晓庆，胡衍. 人工智能导论[M]. 北京：化学工业出版社，2023.10.

[9] 李楠，等. 人工智能通识讲义[M]. 北京：机械工业出版社，2022.4.

[10] 罗娟，刘璇，贺再红，李小英，陈娟，蔡宇辉. 计算与人工智能概论[M]. 北京：人民邮电出版社，2022.3.

[11] 胡玲，许维进. 人工智能应用基础[M]. 北京：中国铁道出版社有限公司，2022.3.

[12] 周浦城，等. 深度卷积神经网络原理与实践[M]. 北京：电子工业出版社，2020.10.

[13] 江永红. 深入浅出人工神经网络[M]. 北京：人民邮电出版社，2019.6.

[14] 宋永端. 人工智能基础及应用[M]. 北京：清华大学出版社，2021.2.

[15] 赵克玲，瞿新吉，任燕. 人工智能概论[M]. 北京：清华大学出版社，2021.1.

[16] 肖汉光，王勇，等. 人工智能概论[M]. 北京：清华大学出版社，2020.9.

[17] 廉师友. 人工智能概论(通识课版)[M]. 北京：清华大学出版社，2020.8.

[18] 姜春茂. 人工智能导论[M]. 北京：清华大学出版社，2021.5.

[19] 赵海燕、吴潮潮、朱道也.人工智能基础[M]. 北京：清华大学出版社，2024.12.

[20] 刘鹏，程显毅，李纪聪. 人工智能概论[M]. 北京：清华大学出版社，2023.8.

[21] 耿煜. 人工智能导论. 北京：高等教育出版社，2022.1.

[22] 宋楚平，陈正东. 人工智能基础与应用[M]. 北京：人民邮电出版社，2021.

[23] 黄佳. 零基础学机器学习[M]. 北京：人民邮电出版社，2020.

[24] 吕云翔，王渌汀.Python 机器学习实战[M]. 北京：清华大学出版社，2021.

[25] 斋藤康毅. 深度学习入门：基于 Python 的理论与实现[M]. 北京：人民邮电出版社，2018.

[26] 阿斯顿·张，扎卡里·立顿 C，李沐，亚历山大·斯莫拉 J.动手学深度学习(PyTorch 版)[M].北京：人民邮电出版社，2023.

[27] 宗成庆. 统计自然语言处理(第 2 版)[M]. 北京：清华大学出版社，2013.

[28] 李航. 统计学习方法(第 2 版)[M]. 北京：清华大学出版社，2019.

[29] 车万翔，郭江，崔一鸣. 自然语言处理：基于大语言模型的方法[M]. 北京：机械工业出版社，2025.

[30] 张奇，桂韬，黄萱菁. 自然语言处理导论[M]. 上海：复旦大学出版社，2024.

[31] 陈敬雷. 自然语言处理原理与实战[M]. 北京：清华大学出版社，2023.

[32] 李轩涯，曹焯然，计湘婷. 自然语言处理实践(第 2 版)[M]. 北京：清华大学出版社，2023.

[33] 霍布森·莱恩，等. 自然语言处理实战[M]. 北京：人民邮电出版社，2020.

[34] 丁小晶，马全一，冯洋. 大语言模型原理、微调与 AGENT 开发[M]. 北京：机械工业出版社，2025.

[35] 李德毅. 人工智能导论[M]. 北京：中国科学技术出版社，2019.

[36] 斯加鲁菲 P. 人工智能通识课[M]. 张瀚文，译. 北京：人民邮电出版社，2020.

[37] 王万良，王铮. 人工智能通识导论[M]. 北京：高等教育出版社，2025.

[38] 杨晔，田莉霞。人工智能导论(第 2 版) [M]. 大连：大连理工大学出版社，2024.

[39] 卢湖川，王栋。人工智能概论[M/OL]. 北京：科学出版社，2025.

[40] 周志华. 机器学习[M]. 北京：清华大学出版社，2016.

[41] 科曼，莱瑟森，里维斯特，等。算法导论[M]. 潘金贵，顾铁成，李成法，等译.北京：机械工业出版社，2006.

[42] 帕特森 D A，亨尼西 J L. 计算机组成与设计：硬件/软件接口[M]. 王党辉，译. 北京：机械工业出版社，2016.

[43] 蔡自兴，徐光祐. 人工智能及其应用(第 4 版)[M]. 北京：清华大学出版社，2016.

[44] 周志华. 机器学习[M]. 北京：清华大学出版社，2016.

[45] 王万良，王铮. 人工智能通识导论[M]. 北京：高等教育出版社，2024.

[46] 刘坤，陈海永. 图像处理与机器视觉[M]. 北京：机械工业出版社，2025.

[47] 林懿伦，戴星原，李力，王晓，王飞跃. 人工智能研究的新前线：生成式对抗网络[J]. 自动化学报，2018，44(5)：775-792.

[48] 岳颀，张晨康. 多模态场景下 AIGC 的应用综述[J]. 计算机科学与探索，2025，19(01)：79-96.

[49] 周泊霖，孙敬鑫. 多模态人机融合：智慧出版视域下 AIGC 数字协同机理与模式演进研究[J]. 出版广角，2024，(21)：57-64.

[50] 吴英. 5G 技术与应用[M]. 北京：机械工业出版社：2024.

[51] 陈泳翰，桑圆圆. 人工智能边缘计算开发实战[M]. 北京：化学工业出版社：2023.

[52] 王健，张蕊，姜楠. 量子机器学习综述[J]. 软件学报，2024，35(8)：3843-3877.